Versuch

eines

Abc Buchs der Krystallkunde

von

Karl von Raumer

Bergrath und Professor zu Halle.

Erster Theil.

Mit Kupfern.

Berlin,

bei G. Reimer.

1820.

Inhalt.

* * *

I. Das Würfelgeschlecht.

Verwandtschaftsverhältnisse des Würfelgeschlechts.

A. Die eigentliche Würfelsippe.

B. Die Nebensippe des 4flachs.

Zusätze.

*) Dieselbe Eintheilung wiederholt sich in den §§. 9—13, 15—16 25, 26, 28—32.

C. Die Nebensippe des Kies12flachs.

Anhang.

II. Das Geschlecht des Rautenflachs.

Druckfehler.

S. 152 Z. 5 v. u. statt: Ecken l Ecke.

S. 169 Z. 12 v. u. Hinter „Winkel" füge hinzu: Eine waagrechte Gere mit 2 senkrechten Kanten.

S. 170 Z 4 v. u. statt: seiner Geren l. seiner Polgeren.

S. 171 Z. 6 v. o. statt: Kantenaxen l. Polkantenaxen.

S. 174 Z 6 v o. statt: nenneu l. nennen.

Ebendaselbst Z. 8 v. o. statt stumpfen l. stumpfer.

Vorrede.

Ein Katechismus ist kein Glaubens- und Sitten-System, ein Abc Buch keine philosophische Sprachlehre. So enthält auch dieses Abc Buch keine wissenschaftliche umfassende Darstellung und geschichtliche Entwicklung der Krystallkunde. Nicht die Wissenschaft an sich und ihre Ausbildung ist hier Zweck, sondern das Lehren der Wissenschaft. Ich suchte als Lehrer die rechten Anfänge für Anfänger, und von da aus natürliches sicheres Fortschreiten ohne Sprung und Ueberspannung. Aus dem, was ich bei mehrjährigem Unterricht gefunden, ging ein früher gedruckter Aufsatz, über das Lehren der Minerkunde *), und großentheils auch gegenwärtiges Abc Buch hervor. — Ich will einiges kurz wiederholen, was jener Aufsatz über das Lehren der Minerkunde im Allgemeinen enthält. Der Anfänger, sagte ich, müsse zuerst Steine besehn, wie ein Kind,

*) Er findet sich in einem Bändchen, was ich unter dem Titel: „Vermischte Schriften" herausgegeben.

vom Lehrer durch keine Bemerkungen und Fragen gestört, sich ganz dem sinnlichen Genuß hingeben. Farbe, Glanz, Durchsichtigkeit, Gestalt, kurz alle sinnlichen Eigenschaften eines Steins machen auf ihn einen innig einigen Eindruck, dessen einfacher entsprechender Ausdruck der (dem Anfänger mitzutheilende) Name des Steins ist. — Hierauf, sagte ich, solle der Lehrling zu Betrachtung von Minergattungen fortschreiten, welche nach Maasgabe einzelner sinnlicher Eigenschaften, nach Farbe, Durchsichtigkeit, Gestalt u. s. w. geordnet sind. Aus dieser (zweiten) Betrachtung entwickle sich eine sondernde, mehr besonnen verständige Auffassung aller e i n z e l n e n sinnlichen Eigenschaften, deren innigste Einheit eben den ursprünglich einigen Gesammteindruck erzeugte. —

Auch die regelmäßigen Gestalten der Miner, oder die Krystalle sollen nun vom Lehrling eigens betrachtet werden. Nicht genug, daß er sie einzeln auffasse, er muß auch aus den gehörig geordneten Reihen die Umgestaltungen und Verwandtschaften derselben ersehen. Hat er dies an natürlichen Krystallen versucht, so gebe man ihm Modelle d e r s e l b e n Krystalle; in ihnen gewissermaaßen die G e s t a l t der Miner f ü r s i c h, da er in den Modellen e i n z i g die Gestalt, gar nicht die Masse ins Auge faßt. Er lege nun selbst die Verwandschaftsreihen. — Mit dieser Betrachtung und Uebung verbinde er zugleich — als Probe des richtigen Auffassens — das Beschreiben der Krystalle und ihrer Umgestaltungen. Dem klaren Eindruck entspreche klarer Ausdruck. — Der Lehrling beginne mit Gattungen, deren Krystalle dem einfachen Geschlechte des Würfels angehören, und schreite allmählig zu Gattungen von mehr und mehr verwickelter Krystallisation fort *).

Erst wenn er die Krystalle aller ausgezeichneten Gattungen, auch der schwierigern, auf die angegebene Weise angeschaut, gereiht und beschrieben hat, erst dann suche ich aus dem sinnlichen Betrachten, in welchem freilich schon ein stiller Keim des Verstandes lebt und treibt, das besonnen verständige Betrachten zu entwickeln. Ich leite ihn — möglichst leise — zur Entdeckung des mathematischen Gesetzes, welches der sinnlichen Anschauung **zunächst** liegt, dessen heimliche Kraft ein verständiges Auge beim Anblick der schönen Gestalten fühlt **).

*) Soweit ist das Gesagte meist aus dem oben angeführten Aufsatze entnommen. Ich brauche nicht zu erinnern, daß diese Lehrweise nur mit Hülfe einer leidlich vollständigen Minersammlung, wie ich in Breslau unter Händen hatte, befolgt werden konnte. Daß es keiner prächtigen, mit Seltenheiten ausgestatteten Sammlung bedürfe, habe ich in dem erwähnten Aufsatze aus einander gesetzt.

**) Es macht z. B. bei Betrachtung eines Würfels einen un-

Auf welche Weise, in welcher Folge ich nun die mathematischen Gesetze der Krystalle entwickle, habe ich in vorliegendem Abc Buche darzulegen gesucht.

Aus dem Gesammteindruck eines natürlichen Krystalls erzeugt sich, wie wir sahen, im Schüler zuerst die sondernde Betrachtung der einzelnen sinnlichen Eigenschaften — der Farben, des Glanzes, der regelmäßigen Gestalt. Nun erwächst wiederum aus dem Gesammteindruck der Gestalt an sich, ein sonderndes Betrachten ihrer Flächen, Kanten, Ecken, Axen u. s. w. und der Wechselverhältnisse dieser ihrer mathematischen Einzelheiten. Wird jenes Betrachten durchgeführt, so verwandelt sich das ursprüngliche sinnliche Wohlgefallen an der Schönheit eines Kristalls, in ein mehr geistiges, durch klare verständige Einsicht in die Zusammenstimmung und Einigung aller jener Einzelnheiten, zu Einer schönen Gestalt.

Es wird aber nicht allein das mathematische Gesetz der einzelnen Kryställe, sondern das ihrer

mittelbaren bestimmten sinnlichen Eindruck, daß seine Flächen- und Kantenwinkel rechte sind, nicht aber, daß sich die Quadrate der Kante, Diagonale und Axe verhalten wie 1 : 2 : 3. — Der Leser vergleiche, was Harnisch in seinem Handbuche über das teutsche Volksschulwesen (Breslau 1820) S. 232, über Raumlehre der Anschauung und des Verstandes, treffend mit großer Klarheit sagt.

Umgestaltung und Verwandtschaft erforschet und begriffen.

Bei diesen Betrachtungen fühlt der Schüler bald das Bedürfniß mancher Kenntnisse aus der Raumlehre. Zunächst bedarf er der Einsicht in das Wesen der gleichlaufenden Linien, mehrerer regelmäßigen und unregelmäßigen Figuren, insbesondere der Dreiecke, ihrer Gleichheit und Aehnlichkeit, er muß ferner richtige Begriffe von der Gleichheit und Aehnlichkeit der Körper haben u. s. w. Der Lehrer entwickle dies am rechten Orte, wenn es der Gegenstand der Betrachtung fordert; und zur rechten Zeit, wenn sich das Bedürfniß beim Lehrling regt und er reif ist zum Verstehen. Kenntniß der höhern Mathematik ist beim Gebrauch dieses Abc Buchs nicht nöthig. Ich sagte, daß ich hier vornämlich die mathematischen Gesetze erforsche, welche der sinnlichen Anschauung ganz nahe liegen, die mit besonnener Gewißheit aussprechen, was das Auge fühlt. Wie ein Küstenfahrer auf kleinem Boote das hohe Meer meidet, so meide ich das hohe Meer der höhern Mathematik, den Calcul, welcher das sinnliche Bild ganz aus dem Auge verliert. Niemand lege dies so aus, als wäre ich mit thörichter Beschränktheit gegen eine gründliche mathematische Ausbildung der Krystallkunde, deren sie sich besonders unter uns durch die vortrefflichen Krystallforscher, Weiß und Mohs, erfreut.

Ich spreche hier nur vom Unterricht, ja nur von den ersten Anfängen desselben. — In dem Maaße, als der Lehrling sich entwickelt, möge sich ihm das ursprünglich sinnliche Bild mehr und mehr vergeistigen und zu einem mathematischen Urbilde und Gedanken verklären. Aber anfangen muß er mit der klarsten, festesten, sinnlichen Auffassung der Gestalt. Fehlt solche Auffassung, so ist des Schülers rein mathematische Entwicklung ein geistiges Luftschloß ohne Grundlage.

Gewöhnlich beginnen Lehrvorträge und Lehrbücher mit Einleitungen, in welchen die allgemeinsten Begriffe, Ansichten und Uebersichten gegeben werden. Man sucht sich voreilig zuvorkommend mit den Anfängern über Dinge zu verständigen, die sie eben erst verstehn lernen sollen, zu deren Verständniß sie daher unreif sind.

In Abc Büchern fehlen solche Einleitungen. Mit Kindern macht man so wenig Umstände, als Handwerker mit neuen Lehrjungen. Ich liebe es auch nicht, einen Fremden vor der Gartenthür weitläuftig über den Garten zu unterhalten. Ich führe ihn lieber ohne weiteres hinein, und gehörig darin herum. Hat er lebendige Augen, so wird er Bäume und Blumen nicht übersehn, und wo sich eine schöne Aussicht bietet, von selbst still stehn, höchstens einer kleinen Erinnerung bedürfen. Sind wir zusammen den ganzen Garten durchwandert, dann spreche ich gern mit ihm über die zweckmäßigen, sinnigen, schönen Anlagen, weil er nicht mehr fremd ist und mich versteht. — So gern ich nun mein Abc Buch, gleich den andern, ohne alle Einleitung abgefaßt hätte, so fühlte ich doch, daß es nothwendig sey, zum richtigen Verständniß und Gebrauch desselben beim Unterricht für Lehrer und Selbstlehrlinge einiges Allgemeine in der Kürze vorauszuschicken. Zum Schluß habe ich den Inhalt des ganzen Buchs in Aufgaben gefaßt. Ich wünsche daß Schüler und Selbstlehrlinge mit Lesen und Lösen jener Aufgaben anfangen, und dann erst meine Darstellung vergleichen. Mit Hülfe von zweckmäßigen Modellen ist diese Arbeit nicht schwer *). Hat der Lehrling alle Aufgaben selbst gelöst, so wird er Ansichten und Ueberblicke, welche ich am Schlusse

* Leider mangelt es aber noch sehr an Modellen. Aus der Einleitung wird der Leser ersehn, wie ich es mir angelegen seyn lasse, daß dergleichen angefertigt werden, wo möglich gut und doch wohlfeil. Kommt in dieser Hinsicht etwas zu Stande, so danke ich es vornemlich meinen jungen Freunden und Schülern, Sauermann in Breslau, Maßmann in Ber-

einzelner Betrachtungen und des ganzen Werks gebe, leicht fassen, ja selbst leicht finden. — Ich hatte beim Schreiben nicht blos den Unterricht in der Minerkunde vor Augen. Mehrere Lehrer der Mathematik haben geäußert: man irre hinsichtlich der Anfänge des mathematischen Unterrichts. Nicht von den Elementen müsse man ausgehn, nicht vom Punkt zur Linie, von dieser zur Fläche, von der Fläche zum Körper fortschreiten. Vielmehr seyen die Körper das Gegebene, mit deren Betrachtung der Schüler anfangen und auflösend (analytisch) zu Flächen, Linien und Punkten gelangen müsse. So solle er diese Elemente erst selbst finden, dann könne er mit ihnen zusammensetzend (synthetisch) verfahren. — Jene Lehrer würden wahrscheinlich beim Unterricht ihrer Ansicht ausdauernder folgen, kennten sie nur den großen Reichthum an Körpern, welcher der Mathematik aus Erforschung der Krystalle, zugeflossen ist. So beschränken sie sich darauf, die 5 regelmäßigen Körper, dann Säule, Kugel, Kegel und Walze durchzunehmen. Die Verwandtschaft der Körper ist ihnen so gut als unbekannt. Mögte

lin, Bäntsch in Freiberg und Wackernagel in Giebichenstein. Sie waren mir schon bei Ausarbeitung dieses Werks durch mühsames und geschicktes Verfertigen von hölzernen und Papp-Modellen sehr behülflich.

ihnen mein Buch mit Zuziehung von Modellen Hülfe leisten.

In sprachlicher Hinsicht muß ich über meine Schrift dies sagen. Unter meinen Schülern waren mehrere die nie griechisch gelernt, denen daher griechische Namen und Ausdrücke sehr zu schaffen machten. Das gab zu vielen Verwechselungen Anlaß. Sie nannten das Oktaeder ein Tetraeder, das Dodekaeder ein Ikosaeder u. s. w. Hierdurch ward ich zu erst bewogen, teutsche Namen für griechische anzunehmen *). Ich gebe hier das kurze Verzeichniß dieser teutschen Wörter nebst der beigefügten erklärenden Uebersetzung in die herkömmlichen griechischen Wörter.

4flach	— —	Tetraeder.
8flach	— —	Oktaeder.
Rauten12flach	—	Rhomboidaldodekaeder oder Granatdodekaeder.
Kies12flach	—	Schwefelkiesdodekaeder oder Pentagondodekaeder.
Kies20flach	—	Schwefelkiesikosaeder.

*) Nur Pyramide und Leuzit behielt ich vor der Hand bei. Spitzsäule für Pyramide ist höchst unbequem, besonders wegen des öfteren Begegnens von Säule und Spitzsäule. Leuzit (abgekürzt statt des Wernerschen Ausdrucks: Leuzitkristallisation)

wählt

Kies30flach — Schwefelkiestriakontaeder.

48flach — — Tetrakontaoktaeder.

Rautenflach — Rhomboeder.

Gere — — Diagonale *).

Grundgeren einer Ecke nenne ich die Geren, welche Grundlinien von Dreiecken sind, deren Spitzen in diese Ecken fallen.

Die meisten dieser teutschen Wörter sind kürzer und daher für Zusammensetzungen bequemer, als die entsprechenden griechischen Wörter. Großentheils im Leben oder in der Schule schon gebraucht, bedürfen sie nicht meiner besondern Empfehlung zur Erhaltung des Bürgerrechts.

Denen aber, welche für die herkömmlichen griechischen und lateinischen Namen nur deshalb stimmen, weil sie eben herkömmlich, gegen die neuen teut-

wählte ich wegen der Kürze und Bequemlichkeit für Zusammensetzungen. Gern will ich beide Worte für passende bequemere teutsche Worte fahren lassen.

*) Des Wortes Gere bedienen sich Tischler u. s. w. für Diagonale eines Quadrats. Ich habe es für alle und jede Diagonalen gebraucht. Keppler sagte dafür „Zwerlini, Querlini, Durchzug'. Daher überzwerch für diagonal. Einige andere von mir gebrauchte neue Ausdrücke werden gehörigen Orts erklärt werden.

teutschen, weil sie nicht herkömmlich, gebe ich einmal zu bedenken, daß die Minerkunde mit den weniger herkömmlichen Namen „Tetraeder, Oktaeder" bei weitem nicht ausreicht. Welche große Zahl den Alten unbekannte Gestalten, haben wir nicht kennen gelernt, die zu benennen sind. Ist nun der Name neu zuschaffen, so wird wohl jeder Teutsche, auch der an Tetraeder und Oktaeder Ge- und Verwöhnte, leichter einen neuen teutschen Namen fassen und verstehen, als einen neuen griechischen. Welchem Teutschen ist nicht 120flach, 90flach, 48flach faßlicher, als Hekatonikosaeder, Enneakontaeder, Tetrakontaoktaeder.

Zweitens will ich für die erwähnten Gegner der Sprachreinigung etwas aus einem alten Buche mittheilen. Es gab nämlich der große Keppler 1616 einen „Außzug auß der Vralten Messe Kunst Archimedis" heraus. Zum Schlusse dieses Werks findet sich eine

„Erklärung der gebrauchten geometrischen Wörter und Terminorum".

Unter diesen Wörtern sind folgende:

Seitte, latus plani. Lenge, longitudo. Breitlatitudo. Höhe, altitudo. Tiefe, profunditas. Fläche, plana superficies. Kraiß, Circkel, circularis linea. Umbkraiß, circumferentia. Bogen, arcus. Winkel, Spitz, angulus. Scharff, acutus. Stumpf, obtusus. Rautten, rhombus. Gleich, aequalis. Enlich, similis. Raum, spatium. Gewicht, Schwäre, pondus. Würffel, cubus. Kugel, globus. sphaera. Kegel, conus."

Ich denke meine Leser werden kaum ihren Augen trauen, wenn sie sehn, welche teutsche Worte zu Kepplers Zeit für teutsche Leser einer lateinischen „Erklärung" bedurften.

Niemand wird wähnen es gehe aus dieser Erklärung hervor, daß man zu Kepplers Zeit die Worte: Seite, Länge, Breite, Tiefe u. s. w in Teutschland nicht für die entsprechenden Begriffe gebraucht habe. Jeder ungelehrte Teutsche verstand sie gewiß, und die Erklärung scheint mir nur für solche teutsche Gelehrte bestimmt, welche selbst so ganz ins Lateinische übersetzt waren, daß Keppler für sie teutsche Worte ins Lateinische übersetzen mußte, damit sie ihn verständen. Ich führe das Beispiel an, um zu zeigen, wie sehr die Herrschaft der teutschen Sprache in der Wissenschaft seit Kepplers Zeit zugenommen. Wir dürfen hoffen, diese Herschaft werde immer mächtiger werden.

Sind beim Bilden der in dieses Buch aufgenommenen neuen teutschen Wörter, nicht sprachwidrige Misgriffe geschehn, — worüber ich mir durchaus kein Urtheil anmaaße — so werden jene Wörter hoffentlich, wie die von Keppler gebrauchten, auch mit der Zeit in der Wissenschaft herkömmlich werden.

Die wenigen Schriften über die Kristallkunde von Romé de l'Isle, Hauy, Brochant u. s. w., sind zu bekannt, als daß es nöthig wäre, eigens aufzuführen, was ich ihnen schuldig bin, noch weniger brauche ich zu erwähnen, was ich Wernern verdanke.

Ich habe dies Buch einen „Versuch“ genannt, weil ich nur zu gut weiß, wie viel ihm zur Vollendung mangelt.

Doch suchte ich redlich Einsicht in die Naturgesetze und einen richtigen Weg des Unterrichts. Meine Arbeit war bei allen Unvollkommenheiten nicht ohne Segen.

Mögte sie fernerhin zur Erweckung der Wahrheit dienen und zur Förderung richtiger Erkenntniß der Werke Gottes!

Herr wie sind deine Werke so groß und viel, du hast sie alle weislich geordnet, und die Erde ist voll deiner Güter!

Giebichenstein, den 22. Oktober 1820.

Einleitung.

I.

Krystalle.

Der Lehrer zeige den Schülern einfache regelmäßige Krystalle, etwa Würfel von Flußspath, Bleiglanz. Wo möglich bereite er eine Auflösung, z. B. von Alaun, damit sie sehn, wie sich allmählig Krystalle bilden. Ist er an einem Orte, wo Vitriol, Zucker, Alaun rc. bereitet wird, so kann er den Schülern in den Fabriken den Krystallisationsprozeß zeigen.

Besonders mache er darauf aufmerksam, daß die Natur selbst die Krystalle erzeugt, daß dem Flußspath, dem Bleiglanz, die Würfelgestalt *wesentlich* ist. Er zerschlage einen Bleiglanzwürfel. Wenn dieser in unzählige kleine glänzende Würfelchen zerspringt, so fühle und erblicke der Schüler hierin die innerlichste Wesentlichkeit der Naturgestalten.

Der Lehrling wird dies auch erkennen, wenn man ein Modell von Holz oder Pappe daneben legt. Er wird sehn, wie Menschenverstand und Menschenhand auch regelmäßige Gestalten bilden können, die Gestalt aber der gestalteten Masse — Pappe und Holz — nicht innerlich wesentlich eigen ist.

Bemerkt der Schüler etwa bei Betrachtung einer Druse von Flußspathwürfeln, daß doch kein Krystall ein vollkommener Würfel sey, fühlt er, daß ein Schein gesetzloser Willkühr das Gesetz der Bildung verschleiert, so mag er die wichtige Scheidung zwischen dem wesentlich Gesezlichen und dem anscheinend Gesetzlosen der Krystalle finden. Diese beruht darauf, daß die Größe der Krystallwinkel unwandelbar ist, während die Größe der Krystallflächen wechselt. — Bei den meisten Schülern dürfte aber diese Scheidung besser verschoben werden.

II.

Stellung des Krystalls.

Jeder Krystall muß bei der Betrachtung auf eine bestimmte, seiner Gestalt gemäße, Weise gestellt oder gehalten werden, wodurch die Eigenthümlichkeit und Schönheit dieser Gestalt am meisten in die Augen springt, am Faßlichsten wird. Das 4flach und der Würfel müssen auf eine ihrer Flächen gestellt werden, das 8flach auf eine Axe u. s. w.

Man stelle jeden der 3 genannten Körper auf eine Kante, und man wird sich von der Nothwendigkeit einer richtigen Stellung überzeugen, durch den Misanblick, den verworrenen ja widerlichen Eindruck, den sie bei der falschen Stellung machen. Wer einen Krystall zeichnen, oder auch nur beschreiben soll, erfährt dies.

Der Lehrer halte die Modelle eines Würfels, 4flachs, 8flachs und anderer einfachen Körper dem Schüler in verschiedenen Stellungen vor, und frage: welche Stellung die richtige sey. Mit dieser Wahl der richtigen Stellung muß bei der Betrachtung jedes Krystalls angefangen werden. Es ist ein gutes Zeichen für den mathematischen Schönheitssinn, wenn der Anfänger unter mehreren Stellungen, in welchen man ihm ein Krystallmodell hinhält, die richtige herausfindet; ein böses Zeichen, wenn er meint, die Stellung sey gleichgültig.

Der Anfänger erhält zuerst einfache Gesammteindrücke von Krystallen, er fühlt die Schönheit ihrer Gestalten, ohne sich ihrer mathematischen Verhältnisse bewußt zu werden. Aus diesen ersten einfachen Gesammteindrücken entwickelt sich allmählig besonnene mathematische Einsicht in die Schönheit. Wem der einfache Schönheitssinn für die einfachen Gesammteindrücke fehlt, dem fehlt der Kern, aus welchem sich ein ächtes mathematisches Begreifen ausbildet.

III.

Flächen, Kanten, Ecken der Krystalle.

Wenn der einfache Gesammteindruck eines Krystalls empfangen ist, so beginnt die Scheidung jenes Eindrucks in seine Elemente. Wir sehn am Krystall Flächen, welche seine Oberfläche oder Umgränzung bilden, Kanten, deren jede eine Gränzlinie zwischen zweien Flächen ist, und Ecken, Punkte, in welchen 3 oder mehr Flächen und Kanten zusammenstoßen.

Die Flächen sind theils regelmäßige — gleichseitige und gleichwinklige Dreiecke, Vierecke rc., theils mehr oder minder unregelmäßige aller Art.

Die Kanten theilen sich in stumpfe, rechtwinklige und scharfe. Die stumpfste Kante ist kleiner als 2 Rechte oder als 180°, die schärfste größer als 0°, die rechtwinklige Kante von 90° steht in der Mitte.

Fällt man 2 Linien auf jede der 2 Flächen welche eine Kante bilden, eine, senkrecht auf denselben Punkt dieser Kante, so ist der Winkel, den jene 2 Linien bilden der Kantenwinkel. Man mißt ihn durch einen Winkelmesser. (Goyonmeter).

Die Summe der Flächenwinkel, welche um eine möglichst stumpfe Ecke liegen, muß kleiner als 4 Rechte seyn. Denn die Summe der Winkel, welche rings um einen Punkt der Ebene liegen, beträgt 4 Rechte. Ein solcher Punkt kann aber als das unerreichbare Ziel der stumpfsten Ecke betrachtet werden. — Die Summe der Flächenwinkel der möglich spitzesten Ecke muß größer als 0 seyn. —

Je nachdem 3, 4, 5 ꝛc. Kanten an einer Ecke zusammenstoßen, wollen wir dieselbe eine 3, 4, 5kantige Ecke nennen *)

Flächen, Kanten und Ecken eines Körpers sind entweder gleicher Art oder verschiedenartig. So hat der Würfel 6 gleiche Flächen, 12 gleiche Kanten, 8 gleiche Ecken. Das Rauten12flach hat 12 gleiche Flächen, 24 gleiche Kanten, aber 8 3kantige und 6 4kantige Ecken. Der Leu it hat 24 gleiche Flächen, aber 2 verschiedene Arten von Kanten, 3 verschiedene Arten von Ecken.

Eine regelmäßige 6seitige Säule hat 2 Arten von Flächen und Kanten, aber nur eine Art Ecken. Man unterscheidet nämlich bei einer Säule eine Art Flächen und Kanten, welche der Axe # und deren Zahl von 3 bis ins Unendliche gehen kann — Seitenflächen und Seitenkanten — von Endflächen, welche die Axe schneiden und deren Zahl stets 2; und Endkanten, Gränzlinien zwischen

*) Hr Kersten in der Uebersetzung von Brochants Werk „die Kristallisation“ hat dafür: 3, 4, 5 flächige Ecke. Ich bildete die Zusammensetzungen: gleich-, ungleich-kantige Ecken, d. i. Ecken, an welchen eine Zahl gleicher Kanten zusammentrift, und Ecken, in welchen ungleiche Kanten zusammenstoßen. Ich gieng weiter, und bezeichnete, obwohl uneigentlich, doch kurz und unzweideutig, die Axen, welche durch gleichkantige oder ungleichkantige Ecken begränzt werden, mit dem

Na-

Seiten und Endflächen, deren Zahl doppelt so groß als die Zahl der Seitenkanten *).

An einem Körper findet sich nie eine einzelne Fläche, Kante oder Ecke einer Art, sondern wenigstens ein Paar. Jeder Fläche eines Krystalls läuft in der Regel eine ähnliche Fläche gleich, jeder Kante eine oder mehrere gleiche Kanten, jeder Ecke liegt an derselben Axe eine ähnliche Ecke gegenüber **).

Um dem Schüler das hier Vorgetragene beizubringen, verfahre man etwa so: Man lasse ihn zuerst an Modellen der 5 regelmäßigen Körper die Zahl der Flächen, Kanten, Ecken angeben, dann wie die Flächen gestaltet sind, ob die Kanten scharf, rechtwinklig oder stumpf, wie vielkantig die Ecken.

Von den vollkommen regelmäßigen Körpern gehe man zu denen über, deren Flächen, Kanten und Ecken von verschiedener Art sind. Da muß der Schüler nicht blos im Allgemeinen die Zahl von Flächen, Kanten und Ecken angeben, sondern er soll bestimmen wie viel und welche Arten von Flächen 2c. und wie viele Flächen von jeder Art.

Namen: gleich- oder ungleichkantige Axen. So hat der Leuzit 6 gleich 4kantige Ecken, 12 ungleich 4kantige Ecken, 3 gleich 4kantige Axen, 6 ungleich 4kantige Axen.

*) Werners Tafel betrachte ich mit mehrern als niedrige Säule.

**) Nur bei dem 4flach finden sich Ausnahmen. Vergleiche Brochants angeführtes Werk.

Die gleichartigen Flächen, Kanten und Ecken, müssen nicht regellos zusammengezählt, sondern, wo es nur immer geht, gruppenweise zusammengefaßt werden. Als Beispiel diene der Mittelkrystall von Würfel und 8flach. Seine 24 Kanten sind nicht einzeln zusammenzuzählen, sondern so zusammenzufassen. Entweder ich überblicke, wie je 4 um 6 Würfelflächen ($6 \times 4 = 24$) oder wie je 3 um 8 Flächen des 8flachs ($8 \times 3 = 24$) liegen. Die Kanten des Leuzits lassen sich als 6×4 und 8×3 Kanten zusammenfassen, jene an den 6 gleich4kantigen, diese an den 8 3kantigen Ecken zusammenstoßend.

Hierbei ist aber vorzüglich darauf zu achten, daß eben nur Gleichartiges zusammengefaßt werde. Das letzte Beispiel aufzunehmen, so würde man freilich auch die richtige Kantenzahl des Leuzits herausbringen, wenn man die 12 ungleich 4kantigen Ecken ins Auge faßte. $12 \times 4 = 48$. Aber 24 dieser Kanten sind von den 24 andern verschieden, und dürfen daher nicht mit diesen zusammengefaßt werden. Es ist selbst nicht gleichgültig ob man sagt: der Leuzit hat 6×4 und 8×3 Kanten, oder 4×6 und 3×8. Letzteres zeugt von Mangel an Anschauung. Am wenigsten darf die Kanten- und Eckenzahl aus der gegebenen Zahl und Art der Flächen durch eine Berechnung (Euclid. XV. 6.) herausgebracht werden, Anschauung und Rechnung müssen vielmehr ganz zusammenfallen.

Für Schüler, welche völlige Neulinge in der Raumlehre sind, lassen sich bei Betrachtung der Flächen die regelmäßigen Figuren durchnehmen, etwa vom Dreieck bis zum Zwölfeck. Hierauf insbesondere die verschiedenen Arten des △ecks, Vierecks 2c. Es ist hier auch die Bezeichnung der Winkel nach Graden beizubringen, am Besten, indem man den Gebrauch des Winkelmessers lehrt.

IV.

Krystallverwandlung.

Kein Krystall steht einsam, unveränderlich, für sich, seine Gestalt verwandelt sich vielmehr in andere Gestalten.

Diese Gestaltverwandlung kann auf 2 entgegengesetzte Weisen dargestellt werden, als geschähe sie durch Wegnehmen oder durch Zusetzen. Jene ist Werners und Romé de l'Isles Darstellungsweise, diese die Hauysche.

Werner und Romé stellten es so vor, als werde ein Holzkrystall durch Abstumpfen, Zuschärfen und Zuspitzen in einen andern verwandelt.

Abstumpfen heißt: eine Ecke oder Kante wegschneiden — an die Stelle einer Ecke oder Kante Eine neue Fläche — Abstumpfungsfläche — bilden. — Die Abstumpfung einer Kante ist regelmäßig, wenn die Abstumpfungsfläche mit den beiden Flächen, die in der abgestumpften Kante zusammengränzen, gleiche Winkel bildet. — Die Abstumpfung einer gleichkantigen Ecke ist regelmäßig, wenn sie von allen Kanten, die in der Ecke zusammenstoßen, gleich viel wegschneidet, und sonach rechtwinklig durch die Axe geht, deren Endpunkt jene Ecke ist. — Das Gegentheil der regelmäßigen Abstumpfung ist die schiefe. —

Zuschärfen heißt: an die Stelle einer Fläche, Kante oder Ecke Zwei neue Flächen setzen. Der Ausdruck bedeutet so viel, als eine Schärfe bilden, weil jede Schärfe, z. B. die eines Messers, durch 2 Flächen gebildet wird. — Die Flächen heißen Zuschärfungsflächen, die von beiden gebildete Kante: Zuschärfungskante. Man bestimme hierbei den Punkt oder die Linie, auf welche das zu schärfende Messer aufzusetzen ist. Z. B. Soll die Endfläche einer 4seitigen Säule zugeschärft urden, so kann man die Zuschärfungsflächen eben so wohl auf 2 Seitenkanten als auf 2 Seitenflächen aufsetzen.

Zuspitzen heißt: an die Stelle einer Ecke oder Fläche eine neue Ecke oder Spitze durch drei oder mehr neue Flächen bilden. Diese Flächen heißen Zuspitzungsflächen, die Kanten, deren jede von je 2 Zuspitzungsflächen gebildet wird, Zuspitzungskanten, die neue Ecke, in welcher alle Zuspitzungsflächen und Zuspitzungskanten zusammentreffen, ist die Zuspitzungsecke.

Es muß, wie beim Zuschärfen, bemerkt werden, auf welche Punkte oder Linien das Messer beim Zuspitzen aufgesetzt wird. Z. B. bei einer rechtwinkligen 4seitigen Säule, deren Endflächen mit 4 Flächen zuzuspitzen sind, können die Zuspitzungsflächen auf die Seitenflächen oder auf die Seitenkanten aufgesetzt werden. —

Diese 3 Begriffe von Abstumpfen, Zuschärfen und Zuspitzen, welche in der Krystallehre unendlich oft vorkommen, müssen dem Schüler fest eingeprägt werden. Man gebe ihm deshalb nach Betrachtung der einfachen Körper, z. B. des Würfels, 8flachs rc., dieselben Körper mit abgestumpften oder zugeschärften Kanten, zugespitzten Ecken rc. und lasse sie beschreiben. Noch fester prägt sich dies ein, wenn der Schüler selbst die Modelle jener einfachen Körper von Holz oder zur Noth von Seife oder Möhren abstumpft, zuspitzt, zuschärft. Denn diese Ausdrücke werden nur dann richtig verstanden und gebraucht, wenn man das Schneiden nicht aus den Augen verliert *).

Ist der Schüler geübt, gleichartige und ungleichartige Flächen, Kanten und Ecken eines Körpers gehörig zu unterscheiden, so wird ihn bei aufmerksamer Betrachtung der Krystallverwandlung ein wichtiges Gesetz, das (von Hauy zuerst ausgesprochene) Gesetz des Ebenmaaßes, mehr oder minder klar entgegentreten. Dies lautet: wird eine Fläche, Kante, Ecke eines Krystalls verändert, so werden alle gleichartigen Flächen, Kanten und Ecken desselben auf gleiche Weise verändert, abgestumpft oder zugeschärft oder zugespitzt. Dagegen ist keine mathematische Nothwendigkeit, daß dann un-

*) Mehrere nähere Bestimmungen der Art des Abstumpfens, Zuschärfens und Zuspitzens, will ich erst im Verfolg geben.

gleichartige Flächen, Kanten und Ecken auf dieselbe Weise oder überhaupt verändert werden. Das 4flach hat z. B. 6 gleiche Kanten, 4 gleiche Ecken. Wird eine seiner Kanten abgestumpft, so geschieht dies allen Kanten, wird eine seiner Ecken abgestumpft, so geschieht dies allen Ecken. Betrachten wir dagegen das Rauten12flach. Dies hat 6 4kantige, 8 3kantige Ecken. Wird eine seiner 4kantigen Ecken abgestumpft, so geschieht dies allen 4kantigen Ecken, nicht aber deshalb den 3kantigen, wird eine seiner 3kantigen Ecken abgestumpft, so geschieht dies allen 3kantigen Ecken, nicht aber deshalb den 4kantigen. Wir werden im Verfolg dies Gesetz sehr häufig erwähnen. *)

Vom Schüler ward zuerst gefordert, an einem Krystalle die verschiedenen Arten von Flächen als verschiedenartig zu trennen, die gleichartigen zusammen zu fassen. Später entsteht die schwierigere Frage: wenn du beim zusammengesetzten Krystall (Krystall von verschiedenartigen Flächen) die einzelnen Arten von Flächen jede für sich so vergrößerst, daß alle übrigen Flächen schwinden, was für einzelne einfache Körper entstehn dann? Oder entsteht durch Vergrößerung dieser oder jener Art von Flächen kein vollständiger neuer Körper? Müssen mehrere Arten Flächen zusammentreten, um einen solchen zu bilden? Z. B. man hat einen Würfel mit abgestumpften Ecken und Kanten. Es ist nicht genug die 2 Arten von Abstumpfungsflächen, jede für sich, aufzu-

*) Zwei Ausnahmen von diesem Gesetz scheinen statt zu finden. Wir werden sie kennen lernen.

fassen, beide von den Würfelflächen zu unterscheiden, sondern es frägt sich: wenn die Abstumpfungsflächen der Ecken oder die der Kanten so vergrößert werden, daß alle übrigen Flächen schwinden, welche einfachen Körper entstehn dann? — Diese Frage zu beantworten, bedarf der Anfänger Reihen von Krystallen oder Krystallmodellen. Hat er einen Würfel mit abgestumpften Ecken, so bedarf er einer Reihe, welche mit dem Würfel beginnt, dem sich ein Würfel mit schwach abgestumpften Ecken anschließt. Diesem folgen Gestalten, in welchen die 8 Abstumpfungsflächen zunehmen, die Flächen des ursprünglichen Würfels abnehmen und zuletzt 0 werden, da denn das 8flach hervorgeht. Hat er einen Würfel mit abgestumpften Kanten, so bedarf es einer Reihe, welche aus dem einfachen Würfel durch den Würfel mit abgestumpften Kanten in das Rauten12flach führt.

Giebt man dem Schüler die, einen solchen Uebergang aus einem einfachen Körper in einen zweiten einfachen Körper, darstellenden Modelle, um dieselben in gehöriger Folge zu legen, so ist aufs Strengste darauf zu sehn, daß die Modelle nicht blos in richtiger Folge, sondern auch in völlig übereinstimmender Stellung gelegt werden. Wenn z. B. bei dem Uebergange aus dem Würfel ins 8flach, der Würfel auf einer seiner waagerechten Flächen so steht, daß die 4 senkrechten Flächen gerade in Mitternacht, Mittag, Morgen und Abend gerichtet sind, so muß der Würfel mit (mehr oder minder) abgestumpften Ecken, auch auf einer waagrechten Fläche so stehn, daß

daß seine senkrechten Flächen gerade in Mitternacht rc. gerichtet sind. Zuletzt werde das 8flach (auf einer hohlen Unterlage) so auf eine Ecke — bei senkrechter Axe — gestellt, daß seine 4 Mittelecken in Mitternacht rc. gerichtet seyn. Eine Uebergangsfolge, deren Glieder nicht in völlig übereinstimmender Stellung sind, verwirrt, statt daß bei völliger Uebereinstimmung das Betrachten der Folge zum klarsten, sichersten Auffassen der Umwandlung führt.

Wir werden weiterhin viele Uebergangsfolgen betrachten, und besonders erforschen, wie sich jedesmal die 2 einfachen Körper, welche an beiden Enden der Reihe stehn, zu einander verhalten. In den 2 angeführten Fällen, Würfel und Achtflach — Würfel und Rauten-12flach. —

Hat ein zusammengesetzter Körper die Flächen von 2 oder mehreren einfachen Körpern, so frägt es sich: welchen dieser einfachen Körper soll man bei der Beschreibung als den veränderten Körper betrachten? Ich beziehe mich auf das oben gegebene Beispiel. Ich beschrieb so: ein Würfel mit abgestumpften Kanten und Ecken. Wann muß die Beschreibung lauten: ein Rauten12flach mit abgestumpften 3 und 4kantigen Ecken — Wann so: ein 8flach mit abgestumpften Kanten und Ecken? Vorläufig die nicht hinlänglich scharfe Antwort: man lege bei der Beschreibung die Gestalt des Körpers (als des Veränderten) zum Grunde, welche in dem zusammengesetzten Krystall am meisten in die Augen springt, den Gesammteindruck bestimmt. Herrschen — im angeführten Falle — die Würfelflächen vor, so beschreibe man den Körper als einen Würfel mit abgestumpften Ecken und Kanten, herrschen die des Rauten12flachs vor, dann als Rauten12flach rc.

Ich sagte oben: Romé und Werner hätten die Krystallverwandlung dargestellt, als geschähe sie durch Wegnehmen. Dies führte ich aus, da ich zeigte, wie beide Naturforscher sich die Veränderungen als durch Abstumpfen, Zuschärfen, Zuspitzen eines gegebenen Holzkörpers gedacht.

Hauy, sagte ich, denke sich dagegen die Krystallverwandlung, als geschähe sie, im Gegentheil, durch Hinzusetzen. Wenn Werner z. B. den Würfel durch Abstumpfen seiner Kanten in ein Rauten12flach verwandelt, so stellt Hauy vor, als geschähe dies, indem sich auf jeder Würfelfläche eine vierseitige Pyramide erhöbe, deren Grundkantenwinkel 45° rc. *).

Dies führt, wie wir sehn werden, auf den schon früher bekannten Gegensatz umschriebener und eingeschriebener Körper. Romé u. Werner schreiten vom

*) Die Hauysche Art die Krystallverwandlung zu betrachten, kann dem Schüler am Besten durch Modelle anschaulich gemacht werden, welche so eingerichtet sind, daß man den gegebenen einfachen Körper durch Aufsetzen anderer Körper, die mit Stiftchen befestigt werden, in einen neuen Körper verwandelt. Im angeführten Falle gebe man das Modell eines Würfels, auf dessen 6 Flächen, 6 4seitige Pyramiden mit Stiftchen befestigt werden, wodurch das Rauten12flach erzeugt wird.

umschriebenen Körper zu dem eingeschriebenen fort, Hauy umgekehrt, vom eingeschriebenen zum umschriebenen. —

Im Verfolg werden wir finden, daß sich ein Krystall, A, nicht blos unmittelbar in einen zweiten, C, verwandelt, sondern auch mittelbar, da sich A zuerst in B, B in C umgestaltet.

Krystalle, welche sich nun unmittelbar oder mittelbar, auf eine dem Gesetz des Ebenmaaßes entsprechende Weise, in einander umgestalten, heißen verwandte Krystalle.

Eine Krystalsippe ist ein Inbegriff verwandter Krystalle. — Den Begriff eines Krystallgeschlechts, als Inbegriff verwandter Krystallsippen, werde ich später zu entwickeln suchen. —

V.

Krystallmodelle.

Ich erwähnte schon, daß man die Krystalle in Holz, Pappe u. s. w. nachgebildet. Und zwar nicht blos einzelne Gestalten, sondern auch die Folgereihen von Gestalten, welche sich bei Umwandlung eines Krystalls in andere Krystalle bilden. Gewöhnlich macht man alle Gestalten solcher Reihen von gleicher Größe. Z. B. bei einer Folge vom Würfel ins 8flach, ist der Würfel ungefähr so groß als das 8flach. — Man kann aber auch die Folge der Modelle verkleinernd schneiden. In der eben angeführten schritte man von einem Würfel zu dem 8flach fort, dessen Axe der Würfelkante gleich, und von dem 8flach weiter zu einem zweiten Würfel, dessen Kante ⅓ der Axe des 8flachs.

Für Modelle von gleicher Größe scheint dies zu sprechen, daß sie die Aufmerksamkeit des Schülers ganz auf die Gestalt, abgesehn von aller Größe, lenken. Er muß sich beim Legen der Folgen einzig nach der Gestalt zurechte finden, da er hingegen bei Modellen mit abnehmender Größe an der Verkleinerung eine Art Anhalten hat. —

Allein diese Verkleinerung ist — wofern nicht große Sprünge in den Reihenfolgen der Modelle statt finden — in der Regel nicht so stark hervortretend, daß sie den Lehrling ganz unzweideutig leitete. — Dagegen haben die Modelle mit abnehmender Größe die entschiedensten Vorzüge vor den herkömmlichen gleich großen. Ich bemerke nur diese.

1. Es ist nothwendig die aufgestellten Krystallfolgen vom Schüler auf Wernersche Weise beschreiben zu lassen. Sind nun die Modelle von ungefähr gleicher Größe, so stehn Modelle und Beschreibung im bestimmtesten Widerspruche. Z. B. die Uebergangsfolge aus dem Würfel in das 8flach wird so beschrieben. 1) Ein Würfel. 2) Ein Würfel mit schwach abgestumpften Ecken. 3) Der Mittelkrystall zwischen dem Würfel und dem 8flach. — Bis hierher liegt gewöhnlich derselbe Würfel zum Grunde und die Beschreibung paßt. Fährst du aber nun vom Mittelkrystall fort: ich stumpfe weiter und weiter ab, bis zuletzt die Würfelflächen schwinden und das 8flach hervorgeht; so widerspricht bei den gewöhnlichen Modellen der Anblick der Modellreihe dieser Beschreibung.

Denn die Axe des 8flachs, welches der Beschreibung nach als aus dem ersten Würfel durch solche Abstumpfung herausgeschnitten, betrachtet werden müßte, ist gewöhnlich weit länger als die Kante jenes Würfels — und dieser sollte sie gleich seyn.

Ist die Uebergangsfolge dagegen in Krystallmodellen von abnehmender Größe gelegt, so paßt die Beschreibung genau zu den Modellen. Solche Uebergangsfolge nöthigt

2. den Schüler aufs Genaueste in die Verwandtschaftsverhältnisse der Körper einzugehn. Vergleicht er insbesondere die äußersten Körper jeder Reihe, so wird er die Punkte und Linien aufsuchen, welche in diesen Körpern einander entsprechen. Es wird zugleich eine bei Anfängern sehr gewöhnliche Verwechselung vermieden, welche durch Krystallmodelle von ungefähr gleicher Größe selbst mit veranlaßt wird, nämlich die Verwechselung von Verhältnissen, welche einem eingeschriebenen Krystall zukommen, mit denen die einem umschriebenen eigen sind. Hiervon weiterhin Beispiele. —

Außer diesen Modellen *), welche die Krystallumgestaltung in einer Reihenfolge darstellen, muß ich das empfehlen. Man mache z. B. einen Würfel von Pappe, eine Fläche lasse man offen. In diesen Würfel bilde man ein 8flach, dessen Ecken in die Flächenmitten jenes Wür-

*) Wahrscheinlich wird der durch seine Globen rühmlich bekannte Hr. Kummer in Berlin, solche Modelle in einer vortrefflichen Masse zum Verkauf nach Hrn. Bäntsch's sehr gut gerathenen Holzmodellen, anfertigen. Ich werde zur Zeit das Nähere hierüber in der Isis anzeigen.

fels treffen. Eine Fläche dieses 8flachs lasse man wieder offen, und bilde in dieses 8flach einen 2ten Würfel, dessen Ecken in die Flächenmitten des 8flachs treffen. Man lasse wiederum von diesem zweiten Würfel eine Fläche offen, und beschreibe in ihn ein 2tes 8flach. — Wie in diesem Falle, verfahre man mit den äußersten Körpern aller Reihenfolgen. Ein solches Modell bietet auf Einen Blick das Verhältniß jener Körper *).

Bei dieser Gelegenheit will ich der Krystallnetze erwähnen. Es wird verlangt: die Flächen, welche die Oberfläche eines Körpers bilden, in Einer Ebene zu verzeichnen, und zwar nicht einzeln, sondern zusammenhängend. Die so verzeichneten Flächenlinien lassen sich dann

*) Herr Bezold, Königl. Baierscher Bergofficiant, hat zuerst mit ungemeinem Fleiß, Mühsamkeit und Geschick Papmodelle zu dem Hauy'schen Werke über die Mineralogie gemacht. Nach der Art wie Hauy z. B. bei den in Kupfer gestochenen Kalkspathkrystallen gethan, hat er die primitive Form in den holen Krystall hineingebildet. Er arbeitete diese Modelle, so viel ich weiß, für den Herrn Geheimen Rath von Leonhard. Ich sah einige derselben bey Herrn Professor Schweigger. Diese veranlaßten mich zuerst Wackernagel zu bitten, Modelle der Art zu machen, wie ich eben im Texte beschrieben. Er hat dies höchst fleißig und sauber ausgeführt. Der sehr geschickte Herr Buchbindermeister und Papparbeiter Grebe in Berlin, bekannt durch eine von ihm neu herausgegebene Anweisung zur Buchbinderkunst, wird wahrscheinlich nach Wackernagels Vorarbeit mit Beyhülfe Maßmanns diese Modelle (es sind für jetzt ungefähr 20) zum Verkauf anfertigen. Ein Probemodell, welches er mir zustellen lies, war sehr gut gerathen. Ich werde, sobald er fertig ist, das Nähere in der Isis anzeigen.

in Pappe theils aus- theils einschneiden, und die Flächen selbst in die bestimmten Körper zusammenfalten.

Der leitende mathematische Grundsatz bei jenem Verzeichnen ist: die Winkel um den Punkt einer Ebene betragen zusammen 4 Rechte, die Flächenwinkel, welche um eine Ecke liegen, aber weniger als 4 Rechte. Sollen nun die Flächen, welche um eine Ecke liegen, um einen Punkt in einer Ebene verzeichnet werden, so umgeben ihre Winkel nicht den Punkt ringsum, es bleibt vielmehr eine Lücke, welche gerade so groß, als die Summe der Winkel um die Ecke kleiner als 4 Rechte ist.

Als Beispiel mögen Würfel und 4flach dienen. Die Flächenwinkel, welche um eine Würfelecke liegen, betragen 3 Rechte. Verzeichnet man 3 Würfelflächen so, daß sie in einen Punkt der Ebene zusammentreffen, so bleibt eine Lücke, welche einen Rechten beträgt. Diese Lücke läßt sich entweder zwischen den 3 Flächen vertheilen, so daß zwischen je 2 Flächen ein offener Winkel von $\frac{1}{3}$ Rechtem (oder 30°) bleibt, oder man vereinigt die 3 Drittel Rechte in Einen rechten Winkel. — Die Summe der Flächenwinkel, welche um eine Ecke des 4flachs liegen, beträgt 3×60 oder 180°. Verzeichnet man 3 Flächen des 4flachs, welche in einer Ecke zusammentreffen, um einen Punkt einer Ebene, so bleibt wiederum eine Lücke von 2 Rechten. Man läßt auch hier entweder zwischen je 2 verzeichneten Flächen einen offenen Winkel von 60°, oder vereinigt solche 3 offene Winkel in einen einzigen von 180° — in eine gerade Linie. —

Wenn die Schüler nur irgend Geschick in Holz zu schneiden oder in Pappe zu arbeiten zeigen, so lasse man von ihnen die Verwandtschaftsfolgen der Krystalle in Holz oder Pappe darstellen, und zwar in Modellen mit abnehmender Größe. *)

*) Wahrscheinlich werden Sauermann und Wackernagel eine Anweisung, Krystallnetze zu verfertigen, ausarbeiten und die Netze selbst in Steindruck herausgeben.

I.

Das Würfelgeschlecht.

I.

Das Würfelgeschlecht.

§. 1.

Die Sippen des Würfelgeschlechts.

Es sind ihm keine Sippen untergeordnet, wohl aber 2 Nebensippen zugeordnet, nämlich die des regelmäßigen 4flachs und des Kies12flachs.

§. 2.

Die Hauptkörper des Würfelgeschlechts.

A. Der eigentlichen Würfelsippe.

1. Der Würfel.
2. Das 8flach.
3. Das Rauten12flach.
4. Der Leuzit (die Leuzitkrystallisation [1]).

1) Es sey mir erlaubt, den langen Wernerschen Namen „Leuzitkrystallisation" in „Leuzit" zu verkürzen.

B. Der Nebensippe des 4flachs.

1. Das 4flach.

C. Der Nebensippe des Kies12flachs.

1. Das Kies12flach.

2. Das Kies24flach.

Wir wollen die genannten Körper, das Kies12flach und Kies24flach ausgenommen, zuerst einzeln betrachten, viele Verhältnisse derselben jedoch erst später bei Entwicklung der Verwandtschaften.

§. 3.

Der Würfel.

Er werde auf eine Fläche gestellt.

Er hat 6 Gevierte, 12 rechtwinklige Kanten, 8 Ecken, an deren jeder 3 rechte Winkel und 3 Kanten zusammenstoßen. 12 Geren sind einander gleich, eben so 4 (Eck) Axen. Jede der 3 Flächenaxen ist gleich einer Kante und 4 #en Kanten #, jede der 6 Kantenaxen ist gleich einer Gere und 2 #en Geren #.

Jede Gere bildet mit 2 ihr angrenzenden einander #en Kanten rechte Winkel.

Hält man den Würfel zwischen einer senkrechten Axe, so bilden je 3 Grundgeren der oberen, je 3 Grundgeren der untern Axenecke 2 waagrechte, die Axe rechtwinklig schneidende gleichseitige Dreiecke.

Diese Dreiecke sind Grundflächen der durch sie abgeschnittenen Ecken oder 3seitigen Pyramiden.

Fig. 1 Fig. 1. Man hälfte einen Würfel durch 2 #e Geren ab und cd und durch 2 angrenzende #e Kanten ac

und bd. Der Schnitt entblößt das Rechteck abcd Dies Rechteck wollen wir forthin das **Würfelrechteck** nennen. ad und cb sind 2 sich in f kreuzende Axen.

Man halte nun den Würfel zwischen der senkrechten Axe ad.

Ich ziehe die Linie von der Ecke c nach der Gerenmitte e, so ist dies eine Höhenlinie des erwähnten Grunddreiecks der Würfelecke a, oder der 3seitigen Pyramide. Den Grundkantenwinkel aec dieser Pyramide finden wir durch Messung zu ungefähr 55° [2]). Da nun der zweite Winkel im Dreieck eah der Winkel ahe $= 90^\circ$ ist, so muß der Winkel eah $= 180^\circ - (90^\circ + 55^\circ) = 35^\circ$ seyn.

Der Winkel hac im Dreieck cah ist $90^\circ - 35^\circ = 55^\circ$. **Die Würfelaxe ad bildet sonach mit der Würfelgere ab einen Winkel von 35°, mit der Würfelkante ac einen Winkel von 55°.**

Betrachten wir das Dreieck abf. Der Winkel baf ist $=$ am Winkel abf $= 35^\circ$. Daher ist der Winkel afb $= 180^\circ - (35^\circ + 35^\circ) = 110^\circ$. Ihm gleich ist sein Scheitelwinkel. Die zwei andern Scheitelwinkel um den Punkt f sind demnach jeder von 70°.

Die Würfelaxen kreuzen sich also unter 110° und 70°; erstere Winkel liegen den Geren, letztere den Kanten des Würfels zu.

Daß sich die Axen in dem Kreuzpunkte hälften, die Kanten- und Flächen-Axen in demselben Punkte gehälf-

2) Ich gebe die Grade der Winkel in runden Zahlen an, ohne Zusatz von Minuten und Secunden. So verfuhr auch Romé de l'Isle. Für ein A b c Buch genügt dies.

tet werden, ist leicht zu beweisen. Der Punkt ist mithin Mittelpunkt des Würfels, Punkt der gleichweit von allen Ecken, Flächen- und Kanten-Mitten entfernt ist.

Fig. 2 Fig. 2. Würfelrechteck. $\triangle$ ahe $\sim$ $\triangle$ chd da beide gleichwinklig. Die Seiten, welche gleichen Winkeln gegenüber liegen, verhalten sich also gleich.

ah : hd = ae : cd. Da nun

cd = 2 ae so ist hd = 2 ah.

Die Axe ad wird also durch ce in $\frac{1}{3}$ und $\frac{2}{3}$ zertheilt.

Die Abstumpfung einer Würfelecke durch ihre Grundgeren schneidet also $\frac{1}{3}$ von der Würfelaxe ab.

§. 4.

Das 8flach.

Hält man es gehörig zwischen einer senkrechten Axe, so erscheinen 4 Dreiecke als Flächen einer obern, 4 als Flächen einer untern Pyramide; 4 Kanten als Kanten der obern, 4 als Kanten der untern Pyramide, 4 als Kanten an der waagrechten gemeinschaftlichen Grundfläche beider; 2 Ecken als Polecken der senkrechten Axe, 2 Paar Ecken welche die gemeinschaftliche Grundfläche begrenzen, als Polecken zweier waagrechten Axen.

Das 8flach hat nun 8 gleichseitige $\triangle$e, 12 stumpfe Kanten, 6 4kantige Ecken.

Die bloße Betrachtung eines 8flachs lehrt folgendes, was sich durch Vergleichung desselben mit dem Würfel, wie wir sehen werden, beweisen läßt.

Je 4 in einer Ebene liegende Kanten bilden ein Geviert, 3 mal 4 Kanten bilden also 3 Gevierte, die sich unter rechten Winkeln schneiden. 3 Axen bilden 6 Geren der 3 Gevierte, da jede Axe Gere zweier Gevierte ist. Die Axen schneiden und hälften sich in der Mitte der 3 Gevierte, die zugleich Mitte des 8flachs.

Fig. 3. abc ein gleichseitiges △ des 8flachs. 3 Höhenlinien bf, cd, ae hälften Seiten und Winkel des △s und stehn senkrecht auf den gehälfteten Seiten. Im △ bfc ist z. B. Fig. 3

der Winkel bei b $= 30^{\circ}$
— — — c $= 60^{\circ}$
— — — f $= 90^{\circ}$

und fc $= \frac{1}{2}$ bc. In jedem △ dessen Winkel 90°, 60° und 30° ist also die Seite welche dem Winkel von 30° gegenüber liegt, halb so groß als die Seite welche dem rechten Winkel gegenüber liegt (die Hypotenuse). In Fig. 3. ist △ agf ≌ △ bge, da af = be und 3 Winkel beider △e unter einander gleich sind. Daher ist ag = bg und wie auf gleiche Weise bewiesen wird = gc. Eben so ist gf = ge = gd. g ist also der Mittelpunkt des △s abc.

$$
\begin{array}{l}
gf = \frac{1}{2}\ ag \\
gf = ge. \\
\hline
ge = \frac{1}{2}\ ag,
\end{array}
$$

oder ag ist $\frac{2}{3}$, ge $\frac{1}{3}$ der Linie ae.

Jede Linie aus dem Mittelpunkte eines gleichseitigen △s nach einer Seitenmitte ist also halb so lang, als eine Linie aus demselben Mittelpunkte nach einem Winkelpunkte.

Fig 4 Fig. 4. Die Linie de, welche eine Kantenaxe des 8flachs schneidend 2 △mitten verbindet ist $\frac{1}{3}$ der (Eck) Axe ac und dieser #.

Denn △ abc ∾ △ bde. (Euclid VI. 6.) Daher de # ac, und de : ac = eb : bc = bd : ab = 1 : 3.

Fig 5 Fig. 5. Die Linie de, welche eine Axe des 8flachs schneidend 2 △mitten verbindet, ist $\frac{2}{3}$ der Kantenaxe ac (und dieser #) mithin auch $\frac{2}{3}$ der Kante.

△ dbe ∾ △ abc. (Euclid VI. 6). Daher de # ac und de : ac = ad : ab = ce : cb = 3 : 2.

§. 5.

Das Rauten12flach.

Man halte es senkrecht zwischen 2 4kantigen Ecken. Es hat 12 gleiche Rauten. 4 erscheinen als Flächen einer obern, 4 als Flächen einer untern 4seitigen Pyramide, 4 liegen der Axe #, und könnten als Abstumpfungen der Ecken an der gemeinschaftlichen Grundfläche der Doppelpyramide — bis in die Mitte der gemeinschaftlichen Grundkanten — betrachtet werden.

Es hat 24 gleiche Kanten. 4 der obern, 4 der untern Pyramide, und 4 × 4 um die 4 senkrechten Flächen.

Es hat 6 4kantige Ecken, 2 Polecken der senkrechten Axe, 2 Paar Polecken zweier waagrechten Axen.

Es hat 8 3kantige Ecken, 4 liegen an den obern, 4 an den untern Pyramidenkanten.

Die Kanten lassen sich auch so zusammenfassen. 6 $\times$ 4 laufen in 6 4kantigen Ecken zusammen, oder: 8 $\times$ 3 laufen in 8 3kantigen Ecken zusammen.

Man kann das Rauten12flach auch senkrecht zwischen 2 3kantigen Ecken halten. Dann erscheint es als eine regelmäßige 6seitige Säule, an beiden Enden mit 3 Flächen zugespitzt, die Zuspitzungsflächen auf die abwechselnden Säulenkanten aufgesetzt, und zwar so, daß auf den 3 Säulenkanten welche die obern Zuspitzungsflächen tragen, keine untern Zuspitzungsflächen aufsitzen.

Nun erscheint der Körper so. 6 senkrechte Säulenflächen, 3 obere, 3 untere Zuspitzungsflächen — 6 senkrechte Säulenkanten, 3 obere und 3 untere Zuspitzungskanten, 6 obere, 6 untere von Säulen- und Zuspitzungsflächen gebildete Kanten — 2 3kantige Polecken, der obern wie der untern liegen 3 3kantige Ecken überzwerch gegenüber; 3 4kantige Ecken welche an den obern, 3 welche an den untern Zuspitzungskanten liegen [3]). —

3) In der Folge wird es sich ergeben, daß die Stellung des Rauten12flachs zwischen einer senkrechten 4kantigen Axe seiner Verwandtschaft mit dem Würfel und 8flach, die zwischen einer senkrechten 3kantigen Axe seiner Verwandtschaft mit dem 4flach entspricht.

§. 6.

Der Leuzit.

Man halte ihn senkrecht zwischen 2 gleich 4kantigen Ecken. So erscheint er als doppelt 8seitige Pyramide, deren Polecken mit 4 Flächen zugespitzt sind, die Zuspitzungsflächen auf die abwechselnden Pyramidenkanten aufgesetzt. 8 gleiche Kanten begrenzen die gemeinschaftliche waagrechte Grundfläche.

So gehalten sieht man 8 obere, 8 untere Pyramiden=, 4 obere, 4 untere Zuspitzungs=Flächen. Alle 24 Flächen sind Trapeze mit 2 gleichen längern und 2 gleichen kürzern Seiten.

Der Leuzit zeigt ferner 6 gleiche 4kantige gleichkantige Ecken, die ich Hauptecken nennen will. 2 begrenzen die senkrechte Axe, zwischen welcher man den Körper hält, die 2 Paar übrigen begrenzen 2 waagrechte in der 8seitigen gemeinschaftlichen Grundfläche liegende Axen. Diese 3 Axen sollen Hauptaxen heißen. Der obern und untern 4kantigen Polecke liegen überzwerch 4 obere und 4 untere 3kantige Ecken gegenüber. Diese 4 Paar Ecken begrenzen 4 3kantige Axen.

4 Kanten der obern, 4 der untern Polecke führen zu 4 und 4 ungleich 4kantigen Ecken, 4 andere solche Ecken sind abwechselnde Ecken an der waagrechten gemeinschaftlichen Grundfläche. Diese 6 Paar Ecken begrenzen 6 ungleich 4kantige Axen.

Der Leuzit hat demnach 6 gleich 4kantige, 12 ungleich 4kantige und 8 3kantige Ecken. —

6 × 4 längere Kanten treffen in den 6 Hauptecken, 8 × 3 kürzere in den 8 3kantigen Ecken zusammen.

§. 7.
Das 4flach.

Es stehe auf einer Fläche. Diese Fläche so wie 3 andere sich in eine Spitze zusammenneigende sind gleichseitige △e.

3 3kantige Ecken liegen an der Grundfläche, eine jenen gleiche bildet die Spitze.

3 scharfe gleiche Kanten liegen an der Grundfläche, 3 andere jenen gleiche verbinden die Spitze mit den Grundecken.

4 Linien aus den 4 Ecken auf die 4 gegenüberliegenden Flächen senkrecht gefällt, bilden die Axen.

Setze die Messerschärfe längs einer 4flachskante und schneide durch 2 an beide Enden der Kante angrenzende Höhenlinien zur Mitte der gegenüber liegenden Kante. Das durch diesen Schnitt entblößte von einer Kante und 2 Höhenlinien begrenzte △ wollen wir 4flachs Durchschnitt nennen.

Fig. 6. 4flachs Durchschnitt. Verbinde die Flächenmitten durch de. Fig. 6

△ dec ∾ △ abc. Euclid VI. 6.

Daher de ‡ und ⅓ der Kante ab. Denn es verhält sich de : ab = cd : ca = ce : cb = 1 : 3.

Verwandtschaftsverhältnisse des Würfelgeschlechts.

A. Die eigentliche Würfelsippe.

§. 8.

1) Würfel und 8flach.

Um die Verwandtschaftsverhältnisse anschaulich zu machen bedarf es

1. Krystallmodelle welche in abnehmender Größe alle Umgestaltungsfolgen darstellen. (Siehe die Einleitung.) Den ersten größten Krystall einer solchen Folge will ich durch hinzugefügtes A, den letzten kleinsten durch hinzugefügtes Z bezeichnen.
2. Bedarf es eines hohlen Modells des Krystalls A jeder Folge, in welchem der Krystall Z eingebildet ist. Ersterer Krystall heißt auch der umschriebene, letzterer der eingeschriebene.

Ich wünschte, jeder Leser hätte solche Modelle vor Augen.

A. Der umschriebene Würfel.

Durch regelmäßige Abstumpfung der Würfelecken erhalte ich zunächst einen Körper von 6 8ecken und 8 △en, dessen 8ecke sich bei weiterer Abstumpfung in Gevierte verwandeln. Jedes Geviert ist halb so groß als das Geviert des Würfels A, seine Seite = der halben Gere, seine Gere = der Seite des Würfels A. Die 12 Ecken fallen in die Mitten der Kanten des Würfels A.

Stumpfe ich nun # den 3seitigen Abstumpfungsflächen weiter ab, so schneiden sich je 2 dieser Flächen in einer der 12 Ecken, es entstehn 12 neue Kanten, und so das 8flach mit abgestumpften Ecken. Die Flächen des 8flachs sind 6ecke, die Abstumpfungsflächen — Ueberbleibsel der Flächen des Würfels A — bleiben Gevierte. — Schneide ich nun # den Flächen des 8flachs weiter, bis diese Ueberbleibsel schwinden — bis je 4 Abstumpfungsflächen der Ecken des Würfels A in dessen Flächenmitten eine 4kantige Ecke bilden — so entsteht das 8flach Z. Der Krystall dieser Folge von 6 Gevierten und 8 △en ist als Mittelkrystall zwischen dem Würfel und 8flach zu betrachten, da derselbe weder Kanten des Würfels noch des 8flachs hat.

Wir bilden nun das erhaltene 8flach Z in den hohlen Würfel A. Die 6 Ecken des 8flachs treffen, wie wir sahen, in die 6 Geviertmitten des Würfels. Die 3 Axen des 8flachs Z sind also = den Flächenaxen = den Kanten des Würfels A. Jede Kante des 8flachs läuft von einer Geviertsmitte des Würfels zur benachbarten, alle 12 sind demnach gleich, alle △e des 8flachs sind gleichseitig. Die Linie von einer Würfelgeviertmitte zur benachbarten ist = der Linie welche # einer Gere von dem Hälftpunkte einer Würfelkante zum Hälftpunkte der benachbarten Kante derselben Fläche gezogen wird, also = der halben Würfelgere. Dieser ist demnach die Kante des 8flachs Z gleich.

Fig. 7. Das Geviert abcd ist eine Fläche entblößt durch einen Schnitt durch die Mitten 4 #r Kanten des umschriebenen Würfels. 4 Kanten des eingeschriebenen Fig. 7

8flachs bilden das Geviert efgh [4]). 3 mal 4 solcher Kanten bilden also 3 Gevierte, deren 6 Geren mit 3 Axen des 8flachs und den 3 Flächenaxen des umschriebenen Würfels eins sind, indem jede Axe Gere zweier sich unter rechtem Winkel schneidender Gevierte ist (§. 4.). Die Axen schneiden sich unter rechten Winkeln im Mittelpunkte des Würfels A wie des 8flachs Z.

Fig. 8 Fig. 8. Würfelrechteck abcd.

Man denke sich die 4 Ecken a, b, c, d jede durch ihre Grundgeren abgestumpft. Die Linien dc, ag, ce, gb sind also Höhenlinien der gleichseitigen Grund△e der abgestumpften Würfelecken. Diese Höhenlinien schneiden sich in i und h und hälften sich, wie leicht zu erweisen.

Es sind nun die 4 Abstumpfungsflächen der Würfelecken als 4 für sich ausgebildete Flächen des eingeschriebenen 8flachs zu betrachten, dessen Axe eg. ei, ig, gh und he sind 4 in einer Ebene liegende Höhenlinien der 4 Flächen, h und i Kantenmitten dieses 8flachs.

Aus Betrachtung der 8ten Figur ergiebt sich nun:

1. Da wir (Fig. 1.) den Winkel aec (= bed, dgb, agc) zu 55° fanden, so ist der Winkel ced = agb = 180° — (2 × 55°) = 70°. Das heißt: 2 an einer Ecke einander gegenüber liegende Flächen des 8flachs bilden Winkel von 70°.

2. ehgi eine gleichseitige Raute, daher der Winkel ehg = eig jeder = 180° — 70° = 110°. Das

4) Dies Geviert ist dem des Mittelkrystalls (der Fläche) gleich.

ist: der Kantenwinkel des 8flachs ist 110°.

3. △ bie von 70°, 55° und 55°, also gleichschenklig. bi = ie. Die Linie bn ist senkrecht auf ei. △ bni von 90° 70° 20°. In einem solchen ist, wie wir bei näherer Betrachtung des 4flachs sehn werden, die Hypotenuse bi 3 mal so groß als die Kathete ni, welche dem Winkel von 20° gegenüber liegt. Ist ni ⅓ bi, so ist es auch ⅓ ei (= bi), die Höhenlinie des 8flach △s ist also in n so getheilt, daß ⅔ nach der 8flach Ecke e, ⅓ nach der Kantenmitte i zu liegt. n ist daher Mittelpunkt des 8flach △s. Eben so k, m, l. Die Winkel um k, l, m, n sind rechte. kl und mn sind also senkrechte Linien von der Mitte eines 8flach △s auf die Mitte des #en △s, mithin Flächenaxen des eingeschriebenen 8flachs. Sie sind aber auch Theile der Axen des umschriebenen Würfels. Da wir ak = ld = ⅓ der Axe ad fanden, so folgt daß kl (= nm) die Flächenaxe des eingeschriebenen 8flachs ⅓ der (Eck) Axe des umschriebenen Würfels ist. Auch folgt daß sich die Flächenaxen des 8flachs wie die Axen des Würfels unter 110° und 70° schneiden. Die Winkel von 110° liegen den Ecken des 8flachs zu — wie beim Würfel den entsprechenden Flächen — die Winkel von 70° den Kanten des 8flachs — wie beim Würfel den entsprechenden Kanten.

Daß sich die Flächenaxen des 8flachs zugleich in f hälften, ist aus Vergleichung mit den in f sich hälftenden Würfelaxen, deren Ueberbleibsel sie sind, klar.

4. Zieht man die 8flach Axe eg, so erhält man 2 gleiche und ähnliche gleichschenklige Δe eig und bid. Daher fi die Höhe des einen = io der Höhe des 2ten. Eben so ist hp = hf. Es ist also die Kantenaxe des umschriebenen Würfels $1 \frac{2}{2}$ 5) der Kantenaxe des eingeschriebenen 8flachs. Dies ergiebt sich schon aus dem früher Gesagten. Die Kantenaxe des Würfels ist = seiner Gere, die Kantenaxe des 8flachs = seiner Kante. Da die Kanten des eingeschriebenen 8flachs aber = $\frac{1}{2}$ der Gere des umschriebenen Würfels, so ist sie auch $\frac{1}{2}$ von dessen Kantenaxe.

B. Das umschriebene 8flach.

Stumpft man die 6 Ecken des 8flachs ab, und zwar bis in die Mitte der Kanten, so entsteht der Mittelkrystall zwischen dem Achtflach A und dem Würfel Z. Jedes von dessen Δen ist $\frac{1}{4}$ des 8flach Δes. Schneidet man # den Abstumpfungsflächen weiter, bis je 3 in der Mitte eines 8flach Δs eine 3kantige Ecke bilden, so entsteht ein Würfel.

Die Gestalten sind dieselben wie in der vorigen Folge, die Folge selbst aber ist umgekehrt, indem jetzt

Vom

5) $\frac{2}{2}$, $\frac{4}{6}$, $\frac{9}{12}$ rc. d. i. 2 Hälften, 4 Sechstheile, 9 Zwölftheile werde ich so als gegebene einzelne Theile immer von 1, $\frac{2}{3}$, $\frac{3}{4}$ unterscheiden.

vom Achtflach A aus verkleinernd zum Würfel Z fortgeschritten wird.

Bilden wir diesen Würfel in das hohle 8flach A ein. Seine 8 Ecken fallen in die △ Mitten des 8flachs, seine Axen sind also eins mit den Flächenaxen des 8flachs. Die Kante des Würfels, welche 2 Flächenmitten des umschriebenen 8flachs # dessen Axe verbindet, ist ⅓ der Axe dieses 8flachs; die Gere welche 2 Flächenmitten des umschriebenen 8flachs rechtwinklig durch die Axe verbindet, ist ⅔ der 8flachkante [6]). Vergleiche Fig. 4 und 5. Es wird daher die Axe etwa 2er waagrechter Kanten des umschriebenen 8flachs (= einer 8flachkante) über die ihr entsprechende Axe 2er senkrechten Kanten des eingeschriebenen Würfels (= einer Würfelgere) an jeder Seite um ⅙ der 8flachkante selbst, hinausragen.

C. Fig. 9. Durchschnittsebene EFGH durch 4 in einer Ebene liegende Höhenlinien des 8flachs, die wir künftig vorzugsweise den 8flachdurchschnitt nennen wollen. In diesen Durchschnitt ist das Würfelrechteck ABCD des dem 8flach eingeschriebenen Würfels verzeichnet, in dieses Rechteck ist ein 2ter 8flachs Durchschnitt efgh, in diesen Durchschnitt ein zweites Würfelrechteck abcd eingeschrieben. Fig. 9

Der 8flachsdurchschnitt kann so verzeichnet werden. Mache fh = der Kante BD, eg = der halben Gere AB desselben Würfels. Ziehe beide so, daß sie

6) Euclid Buch 15. Satz 4. „In ein gegebenes Oktaeder einen Würfel zu beschreiben" ist in der Ausgabe von Lorenz und Mollweide unrichtig gelößt, richtig in der des Clavius.

sich rechtwinklig in einem Punkte n kreuzen und hälften, und verbinde ihre Höhenlinien efgh.

Es ist ein Würfel ABCD um einer abcd in dasselbe 8flach beschrieben, wie verhalten sich beide zu einander?

Die Kante des letzteren bd ist $\frac{1}{3}$ der Axe fh des 8flachs, welche = BD, der Kante des umschriebenen Würfels. Die Kante des eingeschriebenen Würfels ist mithin $\frac{1}{3}$ der Kante des umschriebenen.

△ CFD ∾ △ afb. Daher

ab : CD = fb : FD = fa : FC = 1 : 3.

Die Sere des eingeschriebenen Würfels ist $\frac{1}{3}$ der Sere des umschriebenen.

Fig. 8 fanden wir cb = $\frac{1}{3}$ CB.

Die Axe des eingeschriebenen Würfels ist $\frac{1}{3}$ der Axe des umschriebenen.

Sonach ist jede Linie des eingeschriebenen Würfels $\frac{1}{3}$ der gleichartigen Linie des umschriebenen Würfels.

Ist aber die Kante des umschriebenen Würfels das 3fache der Kante des eingeschriebenen, so ist die Fläche des umschriebenen das 9fache der Fläche des eingeschriebenen, der Körper des umschriebenen das 27fache des eingeschriebenen.

Es ist ein 8flach um ein 8flach in denselben Würfel beschrieben, wie verhalten sich beide zu einander?

Fig. 9. Die Axe FH des umschriebenen ist das 3fache der Kante BD des ihm eingeschriebenen Würfels, mithin das 3fache der Axe fh des eingeschriebenen 8flachs, welche der Würfelkante BD gleich.

Eben so ist, wie wir sahen, die Flächenaxe CB des umschriebenen 8flachs das 3fache der Flächenaxe cb des eingeschriebenen.

Die Kantenaxe EG (oder Kante) des umschriebenen ist das 3fache der Kantenaxe eg (oder Kante) des eingeschriebenen, wie sich leicht beweisen läßt, und die Figur zeigt.

Sonach ist jede Linie des umschriebenen 8flachs das 3fache jeder gleichartigen Linie des eingeschriebenen 8flachs.

§ 9.

2) Würfel und Rauten12flach.

A. Der umschriebene Würfel.

Stumpft man die Kanten eines Würfels ab, so erhält man einen Körper von 6 Gevierten — den Würfelflächen—und 12 6seitigen Abstumpfungsflächen. Stumpft man so weit ab, daß die Gevierte schwinden, indem je 4! Abstumpfungsflächen in der Mitte einer Würfelfläche eine 4kantige Ecke bilden, so erhält man ein Rauten12flach. Die 6 4kantigen Ecken dieses 12flachs Z, entsprechen also den Flächenmitten des Würfels A, berühren diese Mitten, wenn man das 12flach in den hohlen Würfel A einbildet: Die 3 Axen dieser Ecken sind eins mit den 3 Flächenaxen des umschriebenen Würfels, kreuzen sich wie diese unter rechten Winkeln, und sind wie diese der Kante des Würfels A gleich. — Die langen Geren der 12flachs Rauten sind = den Linien, welche von einer Flächenmitte des umschriebenen Würfels zur benachbarten Flächenmitte gezogen werden, also = der halben Axe jenes Würfels.

Fig. 10 Fig. 10. abcd ein Geviert entblößt durch einen Schnitt rechtwinklich durch die Mitte 4 #er Würfelkanten. fg, gh, he, ef würden 4 lange Axen des eingeschriebenen Rauten12flachs seyn. Die Figur zeigt wie je 2 unter rechtem Winkel zusammenstoßen, 4 aber ein Geviert bilden. 3 mal 4 lange 12flachs Axen bilden also 3 Gevierte, die sich — wie die 3 4kantigen Axen, die Axen dieser Gevierte — unter rechten Winkeln schneiden. Sie verhalten sich demnach ganz wie die Kanten des 8flachs. (Fig 7)

B. Der eingeschriebene Würfel.

Stumpft man die 6 4kantigen Ecken des Rauten12flachs ab, und fährt damit fort, bis jeder der 6 Schnitte durch 4 kurze Grundaxen der abgestumpften Ecke geht, so erhält man einen Würfel.

Bildet man diesen Würfel Z in das hohle 12flach A ein, so treffen seine Ecken mit den 8 3kantigen Ecken, seine Kanten mit den 12 kurzen Axen des 12flachs zusammen. Je 4 in einer Ebene liegende kurze Axen bilden also ein Würfelgeviert. — Eine Linie aus der Mitte einer kurzen Axe rechtwinklich durch die 4kantige Axe zur Mitte der #en Axe, entspricht der Linie, welche die Mitte der #en Würfelkanten derselben Fläche verbindet. Wie diese = der Würfelkante, so ist jene Linie = der kurzen Axe des 12flachs.

Die Linie von einer 3kantigen Ecke rechtwinklich durch die 4kantige Axe zur gegenüber liegenden 3kantigen Ecke des 12flachs ist = der Gere des Würfels = der langen Rautengere des 12flachs.

Fig. 11. Die bezeichnete Linie ab verbindet 2 Enden a und b zweier gleichen #en Kanten ac und bd, deren zwei entgegengesetzte Enden c und d durch die lange Gere verbunden werden. ab ist daher # und = der langen Gere cd und wie diese = der Flächenaxe des 12flachs. Fig. 11

Eine Linie von einer Rautenmitte zur Mitte der benachbarten mit ihr eine Kante bildenden Raute, ist = der Linie, welche 2 gehälftete an einander stoßende Seiten eines Gevierts des eingeschriebenen Würfels verbindet, mithin = der halben Würfelaxe = der halben langen Rautengere = der halben Flächenaxe des Rauten-12flachs.

Die 4 Axen des eingeschriebenen Würfels sind eins mit den 4 3kantigen Axen des umschriebenen 12flachs. Letztere kreuzen und hälften sich mithin auch unter 110° und 70°, und zwar so, daß die Winkel von 110° den 6 4kantigen Ecken — welche den Würfelflächen entsprechen — die von 70° den kurzen Geren — welche den Würfelkanten entsprechen — zu liegen.

Fig. 12. adef Raute des 12flachs. — Fig. 12

ac und cb seyen die Kanten, ab die Gere eines Würfels. Mache ce = ac und cd = cf = ab. Ziehe ad, de, ef, af, so entsteht die Raute adef, deren kurze Gere ae = 2en Kanten ac, die lange Gere df = 2 Geren desselben Würfels, deren 2 Geren also in dem — nur verdoppelten — Verhältnisse der 2 Geren einer Raute des 12flachs stehen, daher sie eine solche Raute vorstellt.

Ginge man von einem Würfel aus, dessen Kante ab (und be) dessen Gere ae, so würde in der Raute adef die kurze Gere ae = der Gere, die lange df = 2 Kanten desselben Würfels seyn. Die Raute adef wäre daher der Raute efgh Fig. 9 ähnlich, deren lange Gere hf = 1 Kante, die kurze Gere eg aber = ½ Gere desselben Würfels ist. Da nun letztere Raute von 110° und 70°, so ergiebt sich hieraus schon, daß gegenwärtige Raute denselben Winkel habe, was ich weiter unten bestätigen werde. —

Da die Rautenmitten mit den Kantenmitten des eingeschriebenen Würfels gleich sind, so schneiden sich je 2 Rautenaxen des 12flachs wie je 2 Kantenaxen des Würfels unter rechten Winkeln.

Bey der Umgestaltung des 12flachs in einen Würfel wurden, wie wir sahen, 6 4kantige Pyramiden, jede durch 4 kurze Geren des 12flachs weggeschnitten. Ihre Grundflächen sind Flächen des eingeschriebenen Würfels. Setzt man 2 auf 2 benachbarte Würfelflächen, so müssen ihre 2 in der Würfelkante zusammengränzenden Flächen Eine Fläche bilden. Jede der beiden Pyramidengrundkanten muß daher 45° beide 90° und mit der Würfelkante 180° seyn.

Fig. 13 Fig. 13. Durchschnitt des 12flachs durch 4 lange Geren. Die Mitten der Geren fallen mit den Mitten 4 #er Kanten des eingeschriebenen Würfels zusammen. eb und bf, fc und cg ꝛc. sind △s Höhenlinien der auf die

Würfelflächen aufgesetzten Pyramiden. Es ergiebt sich nun:

1. Daß, wie erwähnt, der Winkel bfi = cfg = 45° beide = 90°, verbunden mit dem Winkel der Würfelkante ifg = 180°.
2. Fälle bd die 4kantige Axe. Das △ bif ist von 90° 45° 45°. Also bi = if. Ebenso ist dk = kg. bi ist aber = kd da beide = einer halben Kante des eingeschriebenen Würfels. Beide zusammen sind also gleich der ganzen Kante oder Flächenaxe ik des eingeschriebenen Würfels. bd die 4kantige Axe ist daher = 2 ik = dem Doppelten der Kante des eingeschriebenen Würfels.

Sie ist also auch doppelt so lang als die kurze Gere des 12flachs.

Aus dem früher Gesagten ergiebt sichs, daß bei jeder der abgeschnittenen 4 Pyramiden die △s Höhenlinie, welche = der halben langen Rautengere = ist der halben Gere der Grundebene, des Grundgeviertes. —

Man denke sich den eingeschriebenen Würfel aus 6 4seitigen Pyramiden zusammengesetzt, deren Grundflächen die Würfelflächen, deren Spitzen im Mittelpunkt des Würfels liegen, deren Höhe daher = der halben Würfelkante. Ihre Grundkantenwinkel sind = 45°, da sie gehälftete Würfelkantenwinkel. Ihre △s Höhenlinien, von einer Würfelkantenmitte zum Würfelmittelpunkt sind = den halben Würfelgeren, also = den halben langen Rautengeren des umschriebenen 12flachs. Diese Pyramiden sind also denen völlig gleich, welche auf die 6 Würfelflächen aufgesetzt werden müssen, um ein Rauten12flach zu bilden. Dies erscheint daher als ein Würfel, dem 6 4seitige Pyramiden, aus welcher ein 2ter ihm gleicher Würfel besteht, aufgesetzt sind. Der körperliche Inhalt des so entstandenen Rauten12flachs ist demnach doppelt so groß als der des ihm eingeschriebenen Würfels. —

Betrachten wir 2 jener Pyramiden, aus denen der Würfel zusammengesetzt ist, deren Grundflächen 2 #e Würfelflächen. Es werden immer 2 in einer Richtung liegende Pyramidenkanten beider Pyramiden zusammen Eine Würfelaxe bilden. Hieraus folgt, daß die Kante des Rauten12flachs, welche der Kante einer solchen Würfelpyramide gleich, ebenfalls halb so groß als eine Axe des eingeschriebenen Würfels, oder als die 3kantige Axe des Rauten12flachs selbst ist.

Die kurze Rautengere ist länger als die Kante. Wäre sie ihr gleich, so betrüge der stumpfe Rautenwinkel 120°, was unmöglich, weil dann 3 um die 3kantige Ecke liegende gleiche Winkel = 360° = 4 Rechten wären, und keine Ecke bilden würden. Wäre die Gere kürzer als die Kante, so würde der stumpfe Rautenwinkel grösser als 120° seyn. Ist aber die kurze Rautengere länger als die Kante, so ist ihr Doppeltes — die 4kantige Axe — auch länger als die verdoppelte Kante, als die 3kantige Axe.

Fig. 14 Fig. 14. Durchschnittsfläche eines Rauten12flachs. Der Schnitt geht durch 2 #e kurze Geren und 2 Paar #e Kanten [7]).

7) Vorläufig hier die leichteste Weise, den Durchschnitt zu verzeichnen. Man entwerfe die Raute Fig. 12, hälfte ihre Seiten-

$\triangle$ abc $\cong$ $\triangle$ agc.

$$\left.\begin{array}{l} ac = ac \\ ab = gc \\ bc = ag \end{array}\right\} \text{da die 12flachskanten = den halben 3kantigen Axen.}$$

Daher Winkel abc = agc = 110°.

Es ist also der Winkel, den 2 an derselben 4kantigen Ecke des 12flachs einander gegenüber liegenden 12flachs Kanten bilden, gleich dem größern Winkel, den 2 3kantige sich kreuzende Axen machen = 110°.

Da die verglichenen $\triangle$e gleichschenklig sind — weil alle Kanten und alle halben 3kantigen Axen unter sich gleich — so sind die 2 und 2 Winkel an der gemeinsamen Grundlinie ac von 35°. Es ist nun

1. Der Winkel bef den die Kante mit der 3kantigen Axe macht = 2en Winkeln von 35° = 70°.
2. Der Winkel def, den die kurze Gere mit der 3kantigen Axe bildet, ist ganz derselbe, den die Kante des eingeschriebenen Würfels mit der Würfelaxe macht, und daher = 55°.
3. Der Winckel bcd, den die Kante des Rauten12flachs mit der kurzen Gere macht, ist die Summe der 2 vorigen = 70° + 55° = 125°.

Fig. 15. 3 um eine 3kantige Ecke liegende Flächen des Rauten12flach's. Fig. 15

und verbinde die Hälftpunkte durch Linien welche der kurzen Gere #. Letztere Linien werden den kurzen Geren des Durchschnitts Fig. 14. entsprechen, die 4 halben Rautenseiten aber den Kanten dieses Durchschnitts. Unter: „Durchschnitt eines Rauten12flachs" ohne weitern Zusatz, werde ich fernerhin immer den von Fig. 14. verstehn.

Wir fanden den Winkel abc = 110°.

Da nun ab # ed, bc # df, so ist Winkel edf = abc = 110°. Der stumpfe Winkel der 12flachsraute ist 110°, der spitze also 70°.

Fig. 16 Fig. 16. Durchschnitt des Rauten12flachs wie Fig. 14.

1. Ziehe von c die Linie ci senkrecht auf be und verlängere sie bis k.

In △ cbi sind die Winkel 90° 70° 20°, daher bi = $\frac{1}{3}$ bc. Da nun die Kante bc = der halben 3kantigen Axe be, so ist bi = $\frac{1}{6}$ be.

Wird fo ganz wie ck gezogen, so ist pe = $\frac{1}{6}$ be = bi.

2. Ziehe von der 3kantigen Ecke a die Linie ahl senkrecht auf be und cd, daher # kic und # fpo.

Ziehe dmn wie ahl, diesem #.

△, abh ≅ △ dme (1 Seite 3 Winkel) daher bh = me und cb = cd = mi, da cimd ein Rechteck.

Da nun be = 2 cd, so ist be — mi = cd = bi + me = bi + bh.

Da aber bi = $\frac{1}{3}$ bc = $\frac{1}{3}$ cd, so ist bh = $\frac{2}{3}$ cd = $\frac{2}{6}$ be. g hälftet be, daher ist bi = ih = hg = $\frac{1}{6}$ be. Eben so ist gm = mp = pe = $\frac{1}{6}$ be.

3. △ bki ∼ △ bah, da ki # ah. Also bk : ba = bi : bh = 1 : 2. Also ak = kb.

4. ihcl ist ein Rechteck, also ih = cl = $\frac{1}{6}$ be, also = $\frac{1}{3}$ cd.

Aus 1. 2. 3. 4. folgt:

Zieht man aus einer 4kantigen Ecke des Rauten12flachs eine Linie rechtwinklig durch die 3kantige Axe auf die gegenüber liegende Fläche, so schneidet diese Linie $\frac{1}{6}$ der 3kantigen Axe ab und trifft die Mitte der gegenüber liegenden Fläche.

Zieht man von einer 3kantigen Ecke rechtwinklig durch dieselbe 3kantige Axe eine Linie senkrecht auf die gegenüber liegende Kante, so schneidet diese Linie $\frac{2}{6}$ der Axe uud $\frac{2}{6}$ der besagten Kante ab.

2 Linien der ersten, 2 der andern Art durch dieselbe senkrechte 3kantige Axe oben und unten gezogen, theilen dieselbe in 2 und 2 nach beiden Polen gelegene 6 Theile und ein in der Mitte liegendes Dreitheil. Nimmt man den Mittelpunkt der Axe als Theilungspunkt hinzu, so zerfällt dieselbe in 6 gleiche Theile.

Fig. 17. Raute des Rauten12flachs. Ziehe af senkrecht auf die Kante bc, ce senkrecht auf ad. Das △ abf ist von 90°, 70°, der dritte Winkel ist also 20°. bf welches dem Winkel von 20° gegenüber liegt, ist daher $\frac{1}{3}$ der Hypotenuse ab. Da ab = bc, so ist bf = $\frac{1}{3}$ bc. Eben so ist ed = $\frac{1}{3}$ ad. Fig. 17

Man halte das Rauten12flach senkrecht zwischen einer senkrechten 3kantigen Axe. Man schneide die obern und untern 3kantigen Polecken durch je 3 an ihre kurzen Geren grenzenden 3kantigen Ecken so weg, daß die obere Schnittebene durch 6 Linien wie af, die untere durch 6 Linien wie ce geht. Beide Schnitte schneiden rechtwinklig durch die 6 senkrechten Kanten, daher auch rechtwinklig durch die ihnen #e senkrechte 3kantige Axe, und verkürzen, (wie sich aus Fig. 16. ergiebt) diese Axen an beiden Enden um $\frac{1}{3}$ und jede Kante ebenfalls um $\frac{1}{3}$. Man erhält so eine regelmäßige 6seitige Säule, deren Höhe $\frac{1}{3}$ der 3kantigen Axe des ursprünglichen Rauten12flachs ist. Ihre Säulenkanten (Fig. 17. ae und fc) sind $\frac{2}{3}$ der ursprünglichen Kanten.

Hälftet man diese Säulen-Kanten, und schneidet rechtwinklig durch ihre Hälftpunkte und zugleich durch die Axe der Säule — und durch die ursprüngliche 3kantige Axe des 12flachs — so hälftet dieser Schnitt die Säule wie das 12flach. Daß die angegebenen Hälftpunkte die Kanten des Rauten12flachs so zertheilen, daß $\frac{1}{3}$ nach der 3kantigen, $\frac{2}{3}$ nach der 4kantigen Grenzecke jeder zertheilten Kante zu liegen, ist klar.

C. a. Es sey ein Würfel um, einer in dasselbe Rauten12flach beschrieben, wie verhalten sich beide zu einander?

Fig. 18 Fig 18. ABCDEF und abcdef Durchschnitte 2er 12flache, ACDF und acdf Würfelrechtecke.

1. Wir wissen daß pn oder cd $=$ $\frac{1}{2}$ be, daß die Kante des eingeschriebenen Würfels $\frac{1}{2}$ der 4kantigen Axe des ihm umschriebenen 12flachs. be $=$ CD. Diese Axe ist aber $=$ der Kante des umschriebenen Würfels. Also ist die Kante des umschriebenen Würfels $=$ 2en Kanten des eingeschriebenen.

2. Wir wissen daß be $=$ CD $= \frac{1}{2}$ BE. Hiernach und nach 1 ist BE eingetheilt.

   $\triangle$ Foe $\sim$ $\triangle$ fon da sie gleichwinklig.

   Fo : fo $=$ oe : on $=$ 2 : 1 daher

   fo $= \frac{1}{2}$ Fo. Eben so ist

co = ½ Co. Daher
fo + co = ½ Fo + Co. Also fc = ½ FC.
Die Axe des umschriebenen Würfels ist = 2 Axen des eingeschriebenen.

3. △ Fo D ∾ △ fod, da sie gleichwinklig.
Fd : fd = Fo : fo = 2 : 1.
Die Gere des umschriebenen Würfels ist = 2 Geren des eingeschriebenen.

4. Ist die Kante des umschriebenen Würfels = 2en Kanten des eingeschriebenen, so ist das Geviert des umschriebenen 4 mal, der Körper 8 mal so groß als des eingeschriebenen.

b. Es sey ein Rauten12flach um, eines in denselben Würfel beschrieben, wie verhalten sich beide zu einander?

1. Wir wissen, daß die 4kantige Axe des 12flachs BE = 2en Kanten des ihm eingeschriebenen Würfels = 2 CD. Die 4kantige Axe be des eingeschriebenen 12flachs, b ist aber = CD. Also ist die 4kantige Axe des umschriebenen 12flachs = 2en 4kantigen Axen des eingeschriebenen.

2. Wir wissen daß FC = 2 fc. Die 3kantige Axe des umschriebenen 12flachs ist = 2en 3kantigen Axen des eingeschriebenen.

3. Wir wissen daß CD = 2 cd. Die kurze Gere des umschriebenen 12flachs ist = 2en kurzen Geren des eingeschriebenen.

4. Wir wissen daß FD = 2 fd d. i. die der langen Rautengere entsprechende Linie des um-

schriebenen 12flachs — von einer 3kantigen Ecke rechtwinklich durch die 4kantige Axe zur gegenüber liegenden 3kantigen Ecke — ist = 2 ähnlichen Linien des eingeschriebenen.

5. Daß die Kante BC des umschriebenen 12flachs = 2 bc = 2en Kanten des eingeschriebenen findet man durch Vergleichung der ähnlichen △e BoC und boc.

So ergiebt es sich, daß von je 2 gleichartigen Linien des um- und des eingeschriebenen Rauten12flachs und Würfels, die dem umschriebenen Körper angehörige immer doppelt so groß ist, als die des eingeschriebenen.

Das 12flach be ist seinem körperlichen Gehalt nach = 2 Würfeln ad.

Der Würfel AD = 8 Würfeln ad. Daher das 12flach BE = 16 Würfeln ad.

Das umschriebene 12flach ist also 8 mal so groß als das eingeschriebene.

§. 10.

3) 8flach und Rauten12flach.

A. Das umschriebene 8flach.

Stumpft man die 12 Kanten des 8flachs ab, so entsteht ein Körper von 8 △en und 12 6ecken. Schneidet man ⫲ der Abstumpfungsflächen so weit, bis je 3 in der Mitte eines 8flach △s eine 3kantige Ecke bilden, so entsteht ein Rauten12flach.

Die 8 3kantigen Ecken des 12flachs, fallen daher in die Flächenmitten des 8flachs, die 3kantigen Axen in die Flächenaxen. Die Kante des 12flachs ist = der halben Flächenaxe des 8flachs, da sie der eigenen halben 3kantigen Axe gleich.

Die Linie, welche # der Axe 2 △s Mitten des 8flachs verbindet und $\frac{1}{3}$ der Axe ist, entspricht der kurzen Gere des 12flachs. Da diese Gere $\frac{1}{2}$ der 4kantigen Axe des 12flachs, so ist diese Axe selbst $\frac{2}{3}$ der Axe des umschriebenen 8flachs, welche letztere daher durch die vollendete Kantenabstumpfung an jedem Ende um $\frac{1}{6}$ verkürzt wird. — Die Linie von einer 3kantigen Ecke des 12flachs rechtwinklig durch die 4kantige Axe zur gegenüber liegenden 3kantigen Ecke, welche Linie = der langen Rautengere = der Flächenaxe des 12flachs, entspricht beim umschriebenen 8flach die Linie welche 2 Flächenmitten rechtwinklig durch eine Axe verbindet. Wie diese ist jene $\frac{2}{3}$ der Kante des 8flachs.

Beim 8flach mit abgestumpften Kanten sind die Anfänge von je 6 12flachkanten unter sich und mit einer Flächenaxe # weil diese Axe der 3kantigen Axe des 12flachs entspricht. Jede solche Kante bildet mit 2 #en Flächen des 8flachs rechte Winkel.

B. Das eingeschriebene 8flach.

Stumpfe ich die 8 3kantigen Ecken des 12flachs erst schwach, zuletzt durch je 3 lange ein gleichseitiges △ bildende Grundgeren ab, so entblöße ich 8 Flächen eines im 12flach liegenden 8flachs.

Die 6 4kantigen Ecken des 12flachs fallen mit den Ecken, seine 12 langen Geren mit den Kanten des eingeschriebenen 8flachs zusammen. Die kurze Gere des 12flachs ist = der halben Axe des 8flachs. —

Betrachten wir diese Verwandlung umgekehrt so, daß wir auf jede Fläche des eingeschriebenen 8flachs eine 3seitige Pyramide aufsetzen, deren Grundfläche = dem 8flach △. Die Grundkante dieser Pyramide ist 35°, weil 2 mal 35° + 120° (dem Kantenwinkel des 8flachs) = 180°, so daß je 2 Flächen 2er benachbarten Pyramiden die in einer 8flachkante zusammentreffen, Eine Raute bilden. Wir sahen daß die Axe einer solchen Pyramide ⅓ der 12flachkante und ⅙ der 3kantigen 12flachaxe war. (Fig. 16. bi und pe). Da nun von jedem Ende der 3kantigen 12flachsaxe ⅙ weggeschnitten wird, so ist die übrig bleibende Flächenaxe des 8flachs (ip Fig. 16) ⅔ der verkürzten 3kantigen Axe. Umgekehrt ergiebt es sich, daß die Axe jener 3seitigen, der Fläche des 8flachs aufzusetzenden Pyramide ¼ der Flächenaxe des 8flachs betragen muß. (Fig. 16. bi = ¼ ip). Wir werden weiterhin sehn, daß das 4flach als aus 4 solchen 3seitigen Pyramiden zusammengesetzt betrachtet werden kann, deren Grundflächen die Flächen des 4flachs, deren Spitzen im Mittelpunkt des 4flachs zusammentreffen.

C a. Beschreibt man ein 8flach um, eins in dasselbe Rauten12flach, wie verhalten sich beide 8flache zu einander?

Die Axe des umschriebenen 8flachs ist = 3 kurzen Geren des eingeschriebenen 12flachs, die Axe des eingeschriebenen 12flachs = 2 solchen Geren (und = der 4kantigen 12flachs Axe). Also verhalten sich beide 8flachaxen = 3 : 2.

b. Es sey ein Rauten12flach um, eins in dasselbe 8flach beschrieben, wie verhalten sich beide zu einander?

Die 4kantige Axe des umschriebenen 12flachs ist = der Axe des eingeschriebenen 8flachs, die des eingeschriebenen 12flachs ist = $\frac{2}{3}$ der Axe desselben 8flachs, also verhält sich die 4kantige Axe des umschriebenen 12flachs zu der des eingeschriebenen = 3 : 2.

Fig. 19. Zum Veranschauligen des Gesagten und zur nähern Ausführung diene Fig. 19. ABCDEF, abcdef 2 Durchschnitte von Rauten12flachen, BGEH, bgeh, Durchschnitte von 8flachen durch 4 in einer Ebene liegende Höhenlinien. Fig. 19

1. cd ist Linie zwischen 2 △mitten des 8flachs BE und zugleich kurze Gere des Rauten12flachs be. Es ist bekannt daß

$$EB = 3\ cd$$
$$eb = 2\ cd$$
$$eb = \tfrac{2}{3}\ EB$$

die Axe eb des eingeschriebenen 8flachs ist $\frac{2}{3}$ der Axe des umschriebenen EB. Hiernach ist EB eingetheilt.

2. △ BoH ∾ △ boh, da sie gleichwinkig.

Ho : ho = Bo : bo = 3 : 2. Eben so Go : go = 3 : 2.

Also gh = $\frac{2}{3}$ GH. Die Kantenaxe und Kante des eingeschriebenen 8flachs ist $\frac{2}{3}$ der Kante des umschriebenen.

3. Nach 2 ist auch
BH : bh = Bo : bo = 3 : 2. Also bh = $\frac{2}{3}$ BH.
Die Höhenlinie des eingeschriebenen 8flachs ist $\frac{2}{3}$ der Höhenlinie des umschriebenen.

4. △ Boc ∾ △ bok, da sie gleichwinklig.
oc : ok = Bo : bo = 3 : 2. Eben so fo : io = 3 : 2.
Also ik = $\frac{2}{3}$ fc.
Die Flächenaxe des eingeschriebenen 8flachs ist $\frac{2}{3}$ der des umschriebenen.

So verhalten sich alle gleichartigen Linien beider 8flache wie 2 : 3.

Leicht läßt sich das Gefundene auf das Verhältniß des um- und eingeschriebenen Rauten12flachs anwenden.

1. eb = $\frac{2}{3}$ EB. Die 4kantige Axe des eingeschriebenen 12flachs ist $\frac{2}{3}$ der des umschriebenen.
2. gh = $\frac{2}{3}$ GH. Die Flächenaxe und lange Gere des eingeschriebenen 12flachs ist $\frac{2}{3}$ der des umschriebenen.
3. cd = $\frac{2}{3}$ CD. Die kurze Gere des eingeschriebenen 12flachs ist $\frac{2}{3}$ der des umschriebenen. Dies ergiebt sich aus Vergleichung der ähnlichen △e DoC und doc.
4. cf = $\frac{2}{3}$ CF. Die 3kantige Axe des eingeschriebenen 12flachs ist $\frac{2}{3}$ der des umschriebenen. Dies ergiebt sich daraus daß wir wissen Ff = Cc ist $\frac{1}{6}$ FC.

Und so verhalten sich je 2 gleichartige Linien des ein- u. umgeschriebenen 12flachs wie 2 : 3.

D. Ein Würfel und ein 8flach sind um dasselbe Rauten12flach beschrieben, wie verhalten sich beide zu einander?

Die Kante des Würfels ist $\frac{2}{3}$ der Axe des 8flachs. Denn sie ist = der 4kantigen Axe des 12flachs, = 2 kurzen Geren des 12flachs, die kurze Gere aber ist = $\frac{1}{3}$ der 8flach Axe.

Ein Würfel und ein 8flach sind in dasselbe Rauten12flach beschrieben, wie verhalten sich beide zu einander?

Die Axe des 8flachs (= der 4kantigen 12flachsaxe) ist das Doppelte von der Kante des Würfels (= der kurzen Rautengere). Die Gere des Würfels, da sie = der langen Rautengere, ist der 8flachkante gleich.

Beschreibt man einen Würfel um, ein 8flach in dasselbe Rauten12flach, so verhält sich der Würfel zum 8flach wie ein dem 8flach unmittelbar umschriebener Würfel. Beschreibt man ein 8flach um, einen Würfel in dasselbe Rauten12flach, so verhält sich das 8flach zum Würfel, wie das dem Würfel unmittelbar umschriebene 8flach.

Fig. 20. Zum Veranschauligen und zur nähern Ausführung des Gesagten diene Fig. 20. Fig. 20

Um denselben Durchschnitt des Rauten12flachs afbdhc ist der Würfel ABCD das 8flach FGHE,

in denselben Durchschnitt der Würfel abcd, das 8flach fghe beschrieben. Alle Linieneintheilungen und Winkelangaben ergeben sich aus dem Früheren.

3 *

1. Die Zeichnung zeigt wie das eingeschriebene 8flach fghe zugleich dem umschriebenen Würfel ABCD eingeschrieben sey — dann wie der eingeschriebene Würfel abcd zugleich dem umschriebenen 8flach FGHE eingeschrieben sey. Hier treten also ganz die Verhältnisse ein, welche wir bei Betrachtung der Verwandtschaft von Würfel und 8flach gefunden haben.

2. EG = $\frac{6}{8}$ nq = $\frac{6}{8}$ AB.

   Die Kantenaxe oder Kante des umschriebenen 8flachs ist $\frac{3}{4}$ der Gere des umschriebenen Würfels.

3. eg = ab. Die Kante des eingeschriebenen 8flachs ist = der Gere des eingeschriebenen Würfels.

4. hf = BD
   hf = $\frac{2}{3}$ HF
   ―――――――――
   BD = $\frac{2}{3}$ HF

   Die Kante des umschriebenen Würfels ist $\frac{2}{3}$ der Axe des umschriebenen 8flachs.

5. bd = $\frac{1}{2}$ fh. Die Kante des eingeschriebenen Würfels ist $\frac{1}{2}$ der Axe des eingeschriebenen 8flachs.

6. bc = $\frac{1}{2}$ BC. Die Flächenaxe des umschriebenen 8flachs ist $\frac{1}{2}$ der Axe des umschriebenen Würfels.

7. st = $\frac{2}{3}$ bc. Die Flächenaxe des eingeschriebenen 8flachs ist $\frac{2}{3}$ der Axe des eingeschriebenen Würfels.

Es ergiebt sich, daß sich das umschriebene 8flach anders zum umschriebenen Würfel verhält, als das eingeschriebene 8flach zum eingeschriebenen Würfel.

§. 11.

4) Rauten12flach und Leuzit.

A. Das umschriebene Rauten12flach.

Stumpft man die 24 Kanten des Rauten12flachs ab, so erhält man zuerst einen Körper von 12 Rauten und 24 6seitigen Abstumpfungsflächen. Fährt man mit dem Abstumpfen fort, bis je 4 Abstumpfungsflächen in einer Rautenmitte eine 4kantige Ecke bilden, so entsteht der in das 12flach beschriebene Leuzit.

12 ungleich 4kantige Ecken entsprechen also den Rautenmitten des 12flachs, 6 Axen welche dieselben verbinden, den Flächenaxen des 12flachs. Diese sind also = den langen Geeren des 12flachs.

Die lange Leuzitgere zwischen je 2 der 12 4kantigen Ecken ist = der Linie von der Mitte einer Raute des 12flachs zur Mitte der benachbarten mit ihr eine Kante bildenden Raute = der halben Linie von einer 3kantigen 12flachs Ecke rechtwinklig durch die 4kantige Axe zur gegenüber liegenden 3kantigen Ecke = der halben langen Gere des 12flachs. Die lange Leuzitgere ist also die Hälfte einer der 6 4kantigen Axen.

Die Linie von einer der 12 ungleichkantigen Leuzit-Ecken rechtwinklig durch eine Hauptaxe zur gegenüber liegenden ungleichkantigen Ecke, entspricht der Linie von einer Rautenmitte des 12flachs rechtwinklig durch die 4kantige Axe zur Mitte der gegenüber liegenden Raute, ist also = der kurzen Gere des umschriebenen 12flachs = der halben 4kantigen Axe desselben. Verdoppelt man also die angegebene Leuzitlinie, so erhält man die 4kantige Axe des umschriebenen 12flachs, auf welcher, als auf einer Hypotenuse, 2 der 6 4kantigen Leuzitaxen ein gleichschenkliges rechtwinkliges △ bilden würden.

B. Das eingeschriebene Rauten12flach.

Stumpft man die 12 ungleichkantigen Leuzitecken zuerst schwach, zuletzt so stark ab, daß jeder Schnitt durch 4 Grundgeren einer solchen Ecke geht, so erhält man eine Körperfolge, der vorigen (von A.) ähnlich, nur daß diese zweite nicht vom 12flach, sondern umgekehrt vom Leuzit aus geht, und durch die letzten Schnitte das in demselben ruhende 12flach entblößt.

Die Punkte der 6 Hauptleuzitecken bleiben, und entsprechen den 6 4kantigen Ecken des eingeschriebenen 12flachs, 3 Hauptleuzitaxen daher den 3 4kantigen Axen, 12 Linien, deren jede 2 benachbarte Hauptleuzitecken verbindet, den langen Geren desselben 12flachs.

Die Punkte der 3kantigen Leuzitecken bleiben ebenfalls bei der Umgestaltung und entsprechen den Punkten der 3kantigen Ecken des eingeschriebenen 12flachs, 4 3kantige Leuzitaxen daher dessen 3kantigen Axen.

12 Linien, deren jede 2 3kantige Leuzitecken rechtwinklig durch eine der 6 4kantigen Axen oder # einer Hauptaxe verbindet, treffen in die kurzen Geren des 12-

flachs. Da die kurze Gere des 12flachs die Hälfte seiner 4kantigen Axe, so ist auch jede der angegebenen Leuzitlinien die Hälfte einer Hauptleuzitaxe, die ja selbst einer 4kantigen 12flachsaxe gleich.

Halte den Leuzit zwischen einer senkrechten Hauptaxe. Ein Schnitt durch 4 obere, einer durch 4 untere 3kantige Ecken rechtwinklig durch die Axe, schneidet, wie sich aus Vergleichung mit den ähnlichen Schnitten beim 12flach ergiebt, $\frac{1}{4}$ der Hauptaxe weg. Ein 3ter Schnitt durch die waagrechte gemeinschaftliche Grundfläche, vereint mit den vorigen, 4theilt die Axe.

Die Linie von einer 3kantigen Leuzitecke # einer ungleich 4kantigen Axe und rechtwinklig durch eine Hauptaxe zur gegenüber liegenden 3kantigen Ecke, entspricht beim eingeschriebenen 12flach der Linie von einer 3kantigen Ecke rechtwinklig durch eine 4kantige Axe zur gegenüber liegenden 3kantigen Ecke. Da diese = der langen 12flachs Gere, die Linie zwischen 2 benachbarten Hauptleuzitecken desgleichen, so ist letztere Linie = der angegebenen Verbindungslinie zwischen zwei 3kantigen Ecken. —

Die 3kantige Axe des Leuzits fanden wir = der 3kantigen Axe des eingeschriebenen 12flachs. 24 kürzere Leuzitgeren sind = 24 Kanten desselben 12flachs. — Da die 12flachskante = der halben 3kantigen Axe, so ist die kürzere Leuzitgere = der halben 3kantigen Leuzitaxe. —

Die Winkel unter welchen sich 2 3kantige Leuzitaxen kreuzen sind = den Winkeln unter welchen sich 2 3kantige Axen des 12flachs kreuzen = 110° und 70°

Die Winkel von 110° liegen den Hauptecken zu, die von 70° den ungleich 4kantigen Ecken. —

Der Winkel den 2 an einer Hauptecke gegenüber liegende kurze Geren bilden ist = dem Winkel den 2 an einer 4kantigen 12flachsecke gegenüber liegende Kanten bilden = 110°.

Den Leuzit, welcher einem 12flach umschrieben ist, kann man aus diesem so entstehn lassen, daß man auf jede 12flachsraute eine 4kantige Pyramide aufsetzt, deren Grundfläche = der Raute. Je 2' in einer 12flachskante zusammenstoßende Flächen 2er Pyramiden müssen ein Leuzittrapez bilden. Da der Kantenwinkel des 12flachs = 120° so müssen die 2 mit einer 12flachskante sich einenden Pyramidenkanten 180° — 120° = 60°, jede daher 30° betragen. Die Höhenlinie jedes Pyramiden △s ist = einer halben langen Leuzitgere, denn 2 Höhenlinien 2er Pyramiden △e die zusammen ein Leuzittrapez bilden, vereinen sich zu einer langen Leuzitgere.

Fig. 21 Fig. 21. Ein Durchschnitt durch 2 einander in der ungleich 4kantigen Ecke gegenüber liegende Höhenlinien (oder 2 halbe Leuzitgeren) einer aufgesetzten Leuzitpyramide. Wir fanden die Winkel bei a und c = 30°. Daher ist der Winkel bei b = 120°. — Fälle die Axe bd der aufgesetzten Pyramide senkrecht auf ac. bd ist ein Theil der ungleich 4kantigen Leuzit-Axe. Im △ bdc von 90° 60° 30° ist bc = 2 bd. Die Axe bd ist also = ½ der halben oder ¼ der ganzen längern Leuzitgere. Da wir fanden, diese Gere sey ½ einer der 6 ungleich 4kantigen

Axen, so ist bd $\frac{1}{8}$ einer solchen Axe, und 2 bd d. i. 2 Axen 2er aufgesetzten Pyramiden sind $= \frac{2}{8} = \frac{1}{4}$ jener 4kantigen Axe. Diese wird also an jedem Ende um $\frac{1}{8}$ verkürzt, wenn man die 2 aufgesetzten Pyramiden ihrer Polecken wegschneidet. Die verkürzten Axen entsprechen aber der Flächenaxe des eingeschriebenen 12flachs. Die Axe der aufgesetzten Pyramide (bd Fig. 21) ist $\frac{1}{6}$ dieser Flächenaxe oder der langen Gere des eingeschriebenen 12flachs. —

Wir halten den Leuzit zwischen einer senkrechten ungleich 4kantigen Axe, und schneiden die (oben betrachtete) obere und untere Pyramide weg. 2 Grundecken jeder Pyramide fallen mit 2 Hauptleuzitecken, 2 mit 2 3kantigen Ecken zusammen. Es würden nun 2 Linien die # der senkrechten Axe zwischen einer 3kantigen obern und untern und zwischen einer obern und untern Hauptecke gedacht werden, einander gleich seyn, da sie mit denselben 2 einander #en Ebenen der obern und untern Abstumpfungsfläche rechte Winkel bilden. Beide verhalten sich aber zur abgestumpften Axe wie $\frac{6}{8} : \frac{8}{8} = 3 : 4$. Durch Vergleichung mit ähnlichen Linien des eingeschriebenen 12flachs fanden wir schon die Gleichheit beider Linien.

Ein Schnitt der # den 2 erwähnten Abstumpfungsflächen der ungleich 4kantigen Axe. Er geht durch 4 3kantige, 2 Haupt-, 2 ungleich 4kantige Leuzitecken, durch 2 Paar #e kurze Geren und 2 Paar #e kurze Kanten. Er hälftet die 4kantige Axe, so wie der ihm entsprechende Schnitt beim umschriebenen 12flach durch 2 #e kurze Geren und 2 Paar #e Kanten die Flächenaxe hälftet, welche mit jener 4kantigen Leuzitaxe eins ist. — Mit den oft erwähnten Abstumpfungsschnitten der ungleich 4kantigen Axe verbunden, theilt er diese Axe in 2 . X $\frac{1}{8}$ und 2 X $\frac{3}{8}$. —

Wir halten den Leuzit zwischen einer senkrechten 3kantigen Axe. Da diese Axe mit der 3kantigen Axe, die 6 Hauptleuzitecken mit den 6 4kantigen Ecken des eingeschriebenen 12flachs eins sind, so folgt aus Vergleichung mit Fig. 17:

1. Wenn man die 2 3kantigen Ecken, welche die senkrechte Leuzitaxe begränzen, abstumpft, und zwar so, daß der obere Schnitt durch die 3 obern, der untere Schnitt durch die 3 untern Hauptecken geht, so schneidet man von jedem Ende der Axe $\frac{1}{6}$ ab.
2. Schneidet man # den beiden Abstumpfungsflächen weiter, so daß die Schnitte durch je 3 obere und 3 untere in einer (waagrechten) Ebene liegende 3kantigen Ecken gehn, so verkürzt man die 3kantige Axe an jedem Ende um $\frac{2}{8}$. Zugleich wird der obere Schnitt von 3 abwechselnden senkrechten obern, der untere von 3 abwechselnden senkrechten untern kürzeren Geren, $\frac{1}{3}$ wegschneiden, da diese Geren den Kanten des 12flachs entsprechen.
3. Schneide man # den unter 1 und 2 aufgeführten Schnitten durch 6 in derselben Ebene liegende längere Geren, und 6 ungleich 4kantige Ecken. Daß diese Ecken in derselben Ebene liegen, ergiebt sich aus Vergleichung mit dem umschriebenen 12flach. Denn sie entsprechen bei diesem

den Mitten von 6 Rauten, die # derselben 3kantigen Axe. Die langen Geren sind Verbindungslinien dieser Mitten. — Dieser Schnitt geht — nach obigem — auch durch die Mitten von 6 der senkrechten 3kantigen Axe #en Rauten des eingeschriebenen 12flachs und durch 6 derselben Axe #e 12flachs Kanten, welche mit 6 durchschnittenen senkrechten der Axe #en kürzeren Leuzitgeren eins sind. Diese Geren werden also — wie die 12flachskanten Fig. 17. — in $\frac{1}{3}$ zerlegt, das nach der 3kantigen, und $\frac{2}{3}$ die nach der Haupt-Leuzitecke zu liegen. — Die 3kantige senkrechte Leuzitaxe wird — wie die entsprechende 3kantige Axe des 12flachs durch den entsprechenden Schnitt — gehälftet.

Verbindet man die unter 1. 2. 3 aufgeführten 2 u. 2 und 1 Schnitte, so wird die 3kantige Axe in $6 \times \frac{1}{6}$ zerlegt.

Aus dem Vorigen ergiebt sich zugleich

1 daß die längere Leuzitgere durch die kürzere senkrecht durchschnitten und — wie leicht zu beweisen — gehälftet, die kürzere von der längeren aber in $\frac{1}{3}$ und $\frac{2}{3}$ zerlegt wird.

2 Der unter 2 aufgeführte Schnitt nahm von der kürzeren Gere das nach der Hauptecke zu gelegene $\frac{1}{3}$ weg. Dieser Schnitt in Verbindung mit der längeren Gere dreitheilt also die kürzere Gere. Fig. 22. Leuzitfläche. Zugleich hälftet er Fig. 22 die Kanten ab, bc in e und f. $\triangle$ abh $\sim$ $\triangle$ ebg, da eg # ah. Fig. 22

$$ab : eb = hb : gb = 2 : 1$$

3. Fig. 22. Ziehe ag und gr. ag = und # dc und gc = und # ad wie leicht zu beweisen. Im △ agb steht dem grösseren (über 90° betragenden) Winkel abg die größere Seite gegenüber. Daher die Kante ab > ag das selbst = der Kante dc. So läßt sichs beweisen daß 8 × 3 an den 3kantigen Leuziteckn zusammentreffende Kanten kurzer als die 24 übrigen sind.

C. a. Wie verhält sich ein Rauten12flach das um einen Leuzit beschrieben wird, zu einem 2ten in denselben Leuzit beschriebenen?

Die Flächenaxe des umschriebenen 12flachs entspricht einer ungleich 4kantigen Leuzitaxe, die Flächenaxe des eingeschriebenen derselben Axe, von welcher an beiden Polen eine 4kantige Pyramide durch ihre Grundgeren abgeschnitten ist. Sie ist mithin um 2 Axen der abgeschnittenen Pyramiden verkürzt, also, wie wir sahen, um $\frac{2}{8}$. Die Flächenaxe des umschriebenen 12flachs verhält sich also zur Flächenaxe des eingeschriebenen $= \frac{8}{8} : \frac{6}{8} = 4 : 3$. —

Eine Linie zwischen 2 3kantigen Leuziteckn und eine zwischen 2 Hauptleuziteckn, beide # einer ungleich 4kantigen Axe, fanden wir $\frac{6}{8}$ dieser Axe. Jene Linien sind = den langen Geren des eingeschriebenen 12flachs, so wie die 4kantige Axe selbst = der langen Gere des umschriebenen. Die lange Gere des umschriebenen 12flachs verhält sich also zur langen[8]) Gere des einge=

8) Dies folgt schon aus dem Vorigen, da ja die Flächenaxe eines 12flachs = seiner langen Gere.

schriebenen wie $\frac{8}{8}$: $\frac{6}{8}$ = 4 : 3. — Es verhält sich daher die lange Leuzitgere, welche $\frac{1}{2}$ ihrer ungleich 4kantigen Axe, zu den angegebenen 2 Leuzitlinien = 2 : 3.

Es müssen sich nun alle gleichartigen Linien beider 12flache wie 4 : 3 verhalten, woraus für den Leuzit selbst dieses folgt:

Die Linie zwischen 2 ungleich 4kantigen Leuzitecken rechtwinklig durch eine Haurtaxe = einer kurzen Gere des umschriebenen Rauten12flachs muß sich zur Linie zwischen 2 3kantigen Leuzitecken # einer Hauptaxe — welche der kurzen Gere des eingeschriebenen 12flachs entspricht — auch wie 4 : 3 verhalten. Zur Hauptleuzitaxe aber wie 2 : 3, da diese das Doppelte der letzteren Leuzitlinie ist. —

Halte die Hauptleuzitaxe senkrecht. Ein Schnitt durch 4 obere, einer durch 4 untere ungleich 4kantige Ecken schneiden also $\frac{2}{6}$ der Hauptleuzitaxe weg. Vereint man hiermit den Schnitt durch die gemeinschaftliche waagrechte Grundfläche, so wird die Axe in $\frac{2}{6}$ und $\frac{2}{3}$ zerlegt. — Fügt man den 3 Schnitten einen durch 4 obere, einen durch 4 untere 3kantige Ecken hinzu, so zerfällt die Axe in $2 \times \frac{2}{12}$, $2 \times \frac{1}{12}$ und $2 \times \frac{3}{12}$. —

Es ergiebt sich, daß die Hauptleuzitaxe sich zur ungleich 4kantigen Axe verhält, wie die 4kantige Axe des (eingeschriebenen) 12flachs zu $\frac{2}{3}$ der langen Gere desselben 12flachs.

b. Wie verhält sich ein Leuzit welcher um ein Rauten12flach beschrieben wird, zu einen in dasselbe 12flach beschriebenen?

Eine der 6 4kantigen Axen des umschriebenen Leuzits: einer des eingeschriebenen = 4 : 3. Eben so verhalten sich die langen Geren jener Leuzite als Hälften jener Axen.

Zum Veranschauligen und zur nähern Betrachtung Fig. 23 dieser Verhältnisse diene Fig. 23. 2 Leuzit- und 2 Rauten12flachdurchschnitte, um- und eingeschriebene [9]). Linien- und Winkelgrößen sind als aus dem Vorhergehenden bekannt, eingetragen.

Vergleichen wir nun das eingeschriebene Rauten12flach abc efg mit dem umschriebenen ABC EFG.

1. ik = $\frac{3}{4}$ hd. Die Flächenaxe oder lange Gere des eingeschriebenen 12flachs ist $\frac{3}{4}$ der Flächenaxe oder langen Gere des umschriebenen.

2. Das gleichschenklige △ oce ∾ △ oCE, da sie gleichschenklig. Also
oc : oC = ok : od = 3 : 4. Daher bei Verdopplung gc = $\frac{3}{4}$ GC. Die 3kantige Axe des eingeschriebenen 12flachs ist $\frac{3}{4}$ der 3kantigen Axe des umschriebenen.

9) Der Leuzitdurchschnitt abcdefgh (und ABCDEFGH) (Fig. 23) ist den bisher gegebenen Durchschnitten des Würfels, 8flachs und Rauten12flachs entsprechend gewählt. Er geht durch 2 Paar ≠e kürzere Geren, 2 Paar ≠e kurzere Kanten, 4 3kantige, 2 Haupt- 2 ungleich 4kantige Ecken. Unter Leuzitdurchschnitt schlechtweg verstehe ich künftig gegenwärtigen. Am besten dürfte man denselben so entwerfen Zuerst den Durchschnitt des Rauten12flachs abcefg. Hälfte ce in k, ag in i; ziehe ik. Verlängere ik nach d und h, so daß kd = ih = $\frac{1}{6}$ ik. Ziehe cd, de, gh, ha.

3. Daher auch

$$ce : CE = ok : od = 3 : 4.$$

Die kurze Gere des eingeschriebenen 12flachs ist $\frac{3}{4}$ der kurzen Gere des umschriebenen.

4. $ce = \frac{1}{2} bf$, $CE = \frac{1}{2} BF$; Daher $bf : BF = ce : CE = 3 : 4.$

Die 4kantige Axe des eingeschriebenen 12flachs ist $\frac{3}{4}$ der 4kantigen Axe des umschriebenen.

5. $\triangle boc \sim \triangle BoC$ da sie gleichwinklig.

$$bc : BC = oc : oC = 3 : 4.$$

Die Kante des eingeschriebenen 12flachs ist $\frac{3}{4}$ der Kante des umschriebenen.

Die Anwendung auf den um- und eingeschriebenen Leuzit ist leicht, da dieselben Linien wie im Vorhergehenden zu vergleichen sind. Nur dies ist hinzuzufügen.

$$Hh = Dd = \frac{1}{8} hd. \quad \text{Daher}$$

$$hd : HD = 3 : 4.$$

Die ungleich 4kantige Axe des eingeschriebenen Leuzits ist $\frac{3}{4}$ der ungleich 4kantigen Axe des umschriebenen.

Es verhält sich demnach jede Linie des eingeschriebenen Rauten12flachs zu der ihr gleichartigen Linie des umschriebenen wie 3 : 4, und eben so jede Linie des eingeschriebenen Leuzits zu der ihr gleichartigen des umschriebenen[10]).

10) Aus obiger Betrachtung ergiebt sich die Art ein Leuzittrapez zu beschreiben. Die Raute efgh des Rauten12flachs (Fig. 21b.) sey gegeben. Theile ihre halbe lange Gere durch k und ihre Seite durch i in $\frac{5}{8}$ und $\frac{3}{8}$. Ziehe 2 Linien (Fig.

§. 12.

5) Würfel und Leuzit.

A. Der umschriebene Würfel.

Man spitze jede Ecke des Würfels mit 3 Flächen zu, die Zuspitzungsflächen auf die Würfelflächen aufgesetzt. Berühren sich je 4 Zuspitzungsflächen in einer Würfelkante, so entsteht ein Mittelkrystall zwischen Würfel und Leuzit, der 6 Gevierte und 8 × 3 △e hat. Man würde diesen auch erhalten, wenn man auf jedes △ des Mittelkrystalls zwischen Würfel und 8flach eine stumpfe 3kantige Pyramide aufsetzte, deren Grundfläche jenes △ deckte.

Schneidet man nun # den 24 Zuspitzungsflächen weiter, bis je 4 derselben in einer Flächenmitte des Würfels eine 4kantige Ecke bilden, so entsteht der Leuzit.

6 4kantige Hauptleuziteecken treffen also in die 6 Flächenmitten des Würfels. Die Linie, welche je 2 solcher Ecken, die nicht an derselben Axe liegen, verbindet, ist = der Linie zwischen den Mitten 2er an einander gränzenden Würfelflächen = der halben Gere des Würfels. —

Die 3 Hauptleuzitaxen sind = den Würfelflächen Axen = den Würfelkanten.

Die

22) ac und db die sich unter rechtem Winkel kreuzen. Mache ah = hc = $\frac{2}{8}$ also ac = $\frac{4}{8}$ der langen Gere, mache dh = $\frac{3}{7}$, hb = $\frac{4}{7}$ der Seite jener Raute. Ziehe ad, dc, cb, ba, so ist abcd ein Leuzittrapez.

Die 24 Zuspitzungsflächen der Würfelecken können als Abstumpfungsflächen der Anfänge von 24 Kanten des Rauten12flachs betrachtet werden, welche der Würfel mit abgestumpften Kanten hat. Denn der Leuzit entsteht ja aus regelmäßiger Abstumpfung der Kanten des 12flachs. — Je 6 jener Kantenanfänge laufen einer Würfelaxe # welche selbst einer 3kantigen Axe des 12flachs entspricht. Je 6 regelmäßige Abstumpfungen jener Kanten laufen also auch # der Würfelaxe. Hält man daher den angegebenen Würfel mit zugespitzten Ecken senkrecht zwischen einer Axe, so liegen 6 Zuspitzungsflächen — an jeder der übrigen 6 Ecken eine — senkrecht und # der Axe, und können als Anfänge von einer regelmäßigen 6seitigen Säule betrachtet werden. — Die einzelne Zuspitzungsfläche welche der ganz ausgebildeten Leuzitfläche entspräche, würde durch einen Schnitt erhalten, der — man halte den Würfel wieder zwischen einer senkrechten Axe — von einer untern waagrechten Gere nach der Mitte der drüber liegenden Kante gienge. Die Höhenlinie des durch diesen Schnitt erhaltenen △s läuft von der Mitte der angegebenen Kante zur Mitte der waagrechten Gere, # der senkrechten Axe.

Fig. 24. Würfelrechteck. Fig. 24

Hälfte die 2 Kanten und 2 Geren und verbinde die Hälftpunkte durch ef, fg, gh, he, so sind diese 4 Linien Höhenlinien von 4 einzeln ausgebildeten Zuspitzungs△en des Würfels. Bildete man aber alle Zuspitzungsflächen jeder der 4 Ecken aus, so würden je 3 in den Würfelaxpunkten k, o, m, n, zusammentreffen, und statt der Linien kf, of, mh, nh, entständen 2 und 2 Leuzitkanten, wie sich dies weiter unten ergeben wird.

1. △ abc ∾ △ ebf. (Euclid VI. 6.)
ab : be = bc : bf = 2 : 1. Also auch ac : ef = 2 : 1.
Daher ef # ac, Winkel bef = 35°, Winkel bfe = 55°.
Eben so ist △ bcd ∾ △ fcg; △ acd ∾ △ hgd; △ abd ∾ △ aeh.

Alle Winkel des durch Axen gekreuzten Würfelrechtecks sind bekannt — aus der eben angegebenen Aehnlichkeit von △en ergeben sich alle übrigen Winkelgrößen der Fig. 24.

Auch daß fe # ac # hg
fg # bd # eb.

2. △ abl ∾ △ ebk, da ek # al.
bl : bk = ba : be = 2 : 1. Eben so
dl : dm = 2 : 1. Daher
bk = kl = lm = md = $\frac{1}{4}$ bd und
km = $\frac{1}{2}$ bd.
Dieselbe Theilung von ac in n, l, o.

3. △ bke von 110° und 2 × 35°, also
ek = bk = $\frac{bd}{4}$ = $\frac{km}{2}$.
Von ek auf en, mg, go überzutragen.

4. △ bkf von 70° und 2 × 55°, also
fk = bk = ek
von fk auf fo, mh, hn anzuwenden.

5. Die Rauten el, fl, gl, hl sind gleich. Also

$$ko = nm = \frac{eg}{2}$$

aus 1 — 5 folgt.

a. Was schon erwähnt. Die Hauptaxe (eg) des dem Würfel eingeschriebenen Leuzits ist der Flächenaxe oder Kante dieses Würfels gleich.

b. Die 3kantige Axe des eingeschriebenen Leuzits (km) ist um ¼ kürzer als die Axe des umschriebenen Würfels (bd).

c. Die kurze Leuzitgere (ek) ist ⅓ der 3kantigen Axe (km) und ¼ der Axe des umschriebenen Würfels (bd).

d. 2 kurze Leuzitgeren (ne und ke) bilden an einer Hauptleuzitecke (e) einen Winkel von 110°. Der Winkel den eine Zuspitzungsfläche (ke) mit (ea) der Fläche des Würfels bildet ist 145°.

e. Die Hauptaxe (eg) verhält sich zur 3kantigen Axe (km) wie die kurze Gere der 12flachsraute (von 110° und 70°) zur Seite derselben.

f. Die Linien (ko und nm) welche je 2 3kantige Leuzitecken # der Hauptaxe (eg) verbinden, sind ½ dieser Axe und der Kante des umschriebenen Würfels.

Die 4 letztern Resultate gehn schon aus Vergleichung des Leuzits mit dem Rauten12flach hervor. Was insbesondere das unter e aufgeführte betrifft, so würde es für die 2 gleichen Linien des dem Leuzit eingeschriebenen 12flachs so lauten: die 4kantige Axe des 12flachs verhält sich zur 3kantigen, wie die kurze Gere (= der Hälfte jener 4kantigen Axe), zur 12flachskante (= der Hälfte der 3kantigen Axe). — Man erkennt auch aus Fig. 24, daß wenn man 4 kurze Leuzitgeren ne, ek, og, gm, die in einer Ebene liegen, verlängert, dieselben sich in den Kantenmitten f und h des dem Leuzit umschriebenen Würfels schneiden. Die Verlängerungslinie jeder Gere kf, ist gleich der Gere ke selbst. Die 4 verlängerten Geren ef, fg ꝛc. deren jede einer 3kantigen Leuzitaxe gleich, bilden wieder eine Raute von 110° und 70°. — Dies gilt ebenfalls für das Rauten12flach, wenn man durch Verlängerung von 4 in einer Ebene gelegenen Kanten eine Raute (von 110° und 70°) bildet. Die Seite dieser Raute ist = der verdoppelten Kante = der 3kantigen Axe des 12flachs[11]).

B. Der eingeschriebene Würfel.

Man stumpfe 6 Hauptleuzitecken zuerst jede durch 4 an ihre Kanten gränzende ungleich 4kantige Ecken, mithin jede Axe um $2 \times \frac{2}{12}$ ab, so erhält man den Mittelkrystall von Leuzit und Würfel. Schneidet man # den Abstumpfungsflächen weiter, so daß jede Fläche durch 4 3kantige Ecken geht, welche der abgestumpften Ecke überzwerch gegenüber liegen, so entsteht der eingeschriebene Würfel. Jede Hauptaxe wird durch die Schnitte um $2 \times \frac{3}{12}$ d. i. um $\frac{1}{2}$ verkürzt. — Die Ecken des eingeschriebenen Würfels fallen also zusammen mit den 3kantigen Ecken des umschriebenen Leuzits, seine Axen mit den 3kantigen Axen, seine Kanten mit Linien welche je 2

11) Vergl. Anmerk. 5.

3kantige Leuzitecken # einer Hauptaxe verbinden, seine Geren mit Linien welche von einer 3kantigen Leuzitecke rechtwinklig durch eine Hauptaxe zur gegenüber liegenden 3kantigen Ecke gezogen werden. —

Es ergiebt sich, daß die Flächenaxe und Kante des eingeschriebenen Würfels = sind der halben Hauptleuzitaxe; seine Gere = der Linie, welche 2 Hauptleuzitecken, die nicht an derselben Axe liegen, verbindet, seine Axe, = der doppelten kürzern Leuzitgere.

C. a. Es sey ein Würfel um, einer in denselben Leuzit beschrieben, wie verhalten sich beide zu einander?

Fig. 25 sind ABCD und abcd Würfelrechtecke, AFBGDHCE und afbgdhce Leuzitdurchschnitte. Fig. 25

1. Die Kante AC = fh des umschriebenen ist = der Hauptleuzitaxe, die Kante des eingeschriebenen ac = $\frac{1}{2}$ fh = der halben Hauptleuzitaxe. Mithin ist die Kante des eingeschriebenen Würfels $\frac{1}{2}$ der Kante des umschriebenen.

2. Die Axe CB des umschriebenen Würfels fanden wir doppelt so groß als die 3kantige Axe cb des eingeschriebenen Leuzits, sie ist daher doppelt so groß als die Axe des eingeschriebenen Würfels, welche mit jener 3kantigen Axe zusammenfällt.

3. $\triangle$ ArB $\sim$ $\triangle$ arb, da sie gleiche Winkel haben.

$$Br : br = Ar : ar = AB : ab = 2 : 1.$$

Es ist also die Gere ab des eingeschriebenen Würfels = $\frac{1}{2}$ der Gere AB des umschriebenen.

Mithin ist auch die Kantenaxe des eingeschriebenen Würfels st = ½ der Kantenaxe ik des umschriebenen Würfels.

Sonach verhalten sich je 2 gleichartige Linien des um- und des eingeschriebenen Würfels wie 2 : 1.

Die Fläche des umschriebenen wird daher 4 mal, sein körperlicher Inhalt 8 mal so groß als des eingeschriebenen seyn. Beide Würfel verhalten sich daher ganz wie 2 Würfel, deren einer um, der andere in dasselbe Rauten12flach beschrieben ist. Natürlich, da die hier in Betracht kommenden 6 4kantigen und 8 3kantigen Ecken des 12flachs und des ihm umschriebenen Leuzits zusammenfallen.

b. Es sey ein Leuzit um, einer in denselben Würfel beschrieben, wie verhalten sich beide zu einander?

1. Die Hauptaxe fh des eingeschriebenen Leuzits ist = BD, der Kante jenes Würfels, also wie diese ½ FH, ½ der Hauptaxe des umschriebenen Leuzits.

2. Die 3kantige Axe bc des eingeschriebenen Leuzits ist ½ BC der Axe des umschriebenen Würfels, mithin ½ der 3kantigen Axe des umschriebenen Leuzits.

3. △ FBr ∾ △ Fbr.
   Fr : fr = BF : bf = 2 : 1.

Die kurze Gere des eingeschriebenen Leuzits ist ½ der kurzen Gere des umschriebenen.

4. Die Linien ac und bd entsprechen 2 kurzen Geren des 12flachs, welches dem Leuzit fh eingeschrieben ist, ts also der Flächenaxe oder langen Gere desselben 12flachs. Dieses verwandelten wir in den umschriebenen Leuzit, durch Aufsetzung einer 4kantigen Pyramide, deren Axe $\frac{1}{6}$ der Flächenaxe oder langen Gere des 12flachs. es = tg = $\frac{1}{6}$ st. Eben so sey kG = iE = $\frac{1}{6}$ ik. Da ik = 2 st, so ist kG = iE = 2 tg = 2 es. Theilen wir nun EG in 6 Theile, jeden Theil = tg = es, so wird sich

Eg : eg = $\frac{16}{12} : \frac{6}{18}$ = 2 : 1 verhalten. Sonach ist die ungleich 4kantige Axe des eingeschriebenen Leuzits ½ der des umschriebenen. [12])

Es verhalten sich also je 2 gleichartige Linien des um- und eingeschriebenen Leuzits wie 2 : 1.

§. 13.

6) 8flach und Leuzit.

A. Das umschriebene 8flach.

Man spitze jede Fläche des 8flachs mit 4 Flächen zu, die auf die Flächen des 8flachs aufzusetzen sind. Berühren sich je 4 Zuspitzungsflächen in einer Kante des

12) Nach dem Gesagten ist das Verhältniß der Hauptleuzitaxe fh zur ungleich 4kantigen Axe eg, wie das einer Würfelkante AC zu $\frac{2}{3}$ der Würfelkantenaxe oder Würfelgere, — oder wie das Doppelte der Würfelkante ac : $\frac{2}{3}$ der Würfelgere ab.

8flachs, so entsteht der Mittelkrystall zwischen 8flach und Leuzit, der aus 24 spitzen gleichschenkligen und 8 gleichseitigen △en besteht.

Schneidet man # den Zuspitzungsflächen so weit, bis je 3 in der Mitte eines 8flach△s eine 3kantige Ecke bilden, so entsteht der Leuzit. —

8 3kantige Leuzitecken treffen demnach in die Flächenmitten des umschriebenen 8flachs. Eine Linie welche 2 3kantige Leuzitecken # einer Hauptaxe verbindet, ist = der Linie, welche 2 △mitten des 8flachs # einer Axe verbindet. Jene Leuzitlinie ist $\frac{1}{2}$ der Hauptleuzitaxe, diese 8flachslinie $\frac{1}{3}$ der 8flachaxe. Die Hauptleuzitaxe ist daher $\frac{2}{3}$ der Axe des umschriebenen 8flachs. Die Linie zwischen 2 benachbarten Hauptleuzitecken, ist = der Linie, welche 2 3kantige Leuzitecken rechtwinklig durch eine Hauptaxe verbindet, diese aber = der Linie, welche 2 Flächenmitten des umschriebenen 8flachs rechtwinklig durch eine Axe verbindet = $\frac{2}{3}$ der 8flachkante.

Die Flächenaxe des umschriebenen 8flachs ist = der 3kantigen Leuzitaxe = der doppelten kurzen Leuzitgere.

Es sey ein 8flach mit abgestumpften Kanten gegeben, an welchem die Anfänge der Kanten des Rauten-12flachs. Die betrachtete 4flächige Zuspitzung der Ecke des 8flachs, ist nun regelmäßige Abstumpfung jener Kantenanfänge. — Hält man das 8flach zwischen einer senkrechten Flächenaxe, so liegen 6 Zuspitzungsflächen — oder Abstumpfungsflächen von 6 12flachskanten — an jeder Ecke eine, senkrecht # der senkrechten Flächenaxe.

Jede dieser Zuspitzungsflächen macht mit den 2 △en, zwischen denen man das 8flach hält, rechte Winkel. So erscheinen die 6 Flächen als Anfänge von Seitenflächen einer 6seitigen Säule, deren Endflächen jene 2 Flächen des 8flachs sind. — Jede Zuspitzungsfläche macht also mit der ihr an der zugespitzten Ecke gegenüber liegenden Fläche einen rechten Winkel.

Fig. 26. adgk Durchschnitt eines 8flachs. Fig. 26

An jeder Ecke d und k denke man sich 2 einander gegenüber liegende Zuspitzungsflächen (Leuzitflächen) vollendet. Die Aufsatzkanten würden demnach die △mitten b, f, m, h schneiden, und jede Schnittfläche — wie wir sahen — senkrecht auf die gegenüber liegende Fläche des 8flachs stehn. Daher fc, eine Höhenlinie der Schnittfläche, senkrecht auf der 8flachshöhenlinie ad, und so die 3 übrigen Höhenlinien. — In n und r schneiden sich je 2 Zuspitzungsflächen einer 8flachecke in 2 Hauptecken des eingeschriebenen Leuzits, und fr, br, hr und mr stellen demnach kurze Leuzitgeren vor.

1. Trapez dcne. Bekannt sind die Winkel von 90° 90° 70°. Der 4te ist daher 360° — 250° = 110°. Diesem gleich ist sein Scheitelwinkel in n, das ist der Winkel, den 2 einander gegenüber liegende kürzere Leuzitgeren an einer Hauptecke bilden. So fanden wir den Winkel schon aus Vergleichung des Leuzits mit dem Rauten12flach und dem Würfel. Mit der Hauptaxe nr bildet die kurze Gere fr also einen Winkel von 55°.

2. △ fcd von 90° 70° 20°. Daher dc = $\frac{1}{3}$ df = $\frac{1}{3}$ db. Die vollendete Leuzitfläche schneidet also

von den an der zugespitzten 8flachecke ihr gegenüber liegenden Höhenlinie $\frac{1}{3}$ von $\frac{2}{3}$ d. i. $\frac{2}{9}$ ab. (Siehe die Figur).

3. Wir wissen daß Schnitte durch 4 obere und 4 untere △smitten des 8flachs rechtwinklig durch die senkrechte Axe gehn und diese 3 theilen. Es ist also

oq = od = qk.

Die waagrechte Kantenaxe hälftete oq, daher

op = pq = $\frac{1}{6}$ dk.

4. Ziehe die Flächenaxe des 8flachs mf ⧺ be, da beide senkrecht auf der Höhenlinie dg stehen.

△ bno ≌ △ ofp. (1 Seite 3 Winkel). Daher

a) bn = fp = $\frac{1}{2}$ fm. D. i. die kurze Leuzitgere ist $\frac{1}{2}$ der Flächenaxe des umschriebenen 8flachs, und wie wir schon früher fanden, $\frac{1}{2}$ der 3kantigen Leuzitaxe, die mit jener Flächenaxe eins.

b) no = op = $\frac{1}{6}$ dk.

pd = $\frac{3}{6}$ dk.

pd—(no + op) = nd = $\frac{1}{6}$ dk. Daher denn nd = no = op auch = pq = qr = rk = $\frac{1}{6}$ dk. D. i.

die Axe des 8flachs ist gesechstheilt.

c) nr die Hauptleuzitaxe ist in o, p, q, ge4theilt. Diese Axe sey senkrecht. Wir fanden schon früher dasselbe, daß nämlich 2 Schnitte durch 4 obere und 4 untere 3kantige Ecken und einer durch die waagrechte gemeinschaftliche

Grundfläche die Hauptaxe 4theile. (Siehe die Figur).

d) Es ist also $\frac{1}{3}$ dk = $\frac{1}{4}$ nr, d. i. $\frac{1}{6}$ der Axe des umschriebenen 8flachs ist $\frac{1}{4}$ der Hauptaxe des eingeschriebenen Leuzits. Jene Axe verhält sich also zu dieser = 6 : 4 = 3 : 2, was wir schon auf anderm Wege fanden.

5. s und v ungleich 4kantige Leuzitecken. Die Linien fh und bm, die als kurze Geren des dem Leuzit eingeschriebenen Rauten12flach b n f h o m betrachtet werden können, schneiden, wie wir wissen, von der ungleich 4kantigen Leuzitaxe sv, 2 × $\frac{1}{18}$ ab.

bmhf Würfelrechteck des dem 8flach eingeschriebenen Würfels. ng = la = $\frac{1}{6}$ ag. (Nach Fig. 9.)

Hieraus ergiebt sich die Theilung der Linie ag (Fig. 26.) insbesondere daß die ungleichkantige Leuzitaxe sv um $\frac{2}{18}$ kürzer ist als die Kantenaxe ag (oder Kante) des umschriebenen 8flachs.)

Die Hauptleuzitaxe verhält sich zur ungleich 4kantigen Leuzitaxe = $\frac{2}{3}$ der 8flachsaxe : $\frac{8}{9}$ der 8flachskante. Dies Verhältniß stimmt ganz mit dem aus Vergleichung des Leuzits mit dem 12flach gefundenen. Betrachten wir dies näher.

Die Flächenaxe des Rauten12flachs = seiner lan- Fg. 27.
gen Gere. 2 lange Geren bilden mit der 4kantigen Axe ein rechtwinkliges gleichschenkliges △ adc. Verlängere den Schenkel ad um $\frac{1}{3}$ seiner selbst bis b und ziehe bc, so wird im △ abc seyn:

ab : ac = $\frac{4}{3}$ der Flächenaxe : 4kantigen Axe des 12flachs.

ab : ac = die ungleich 4kant. Leuzitaxe : Hauptleuzitaxe.

Fg. 27b Fig. 27b. Zwei 8flachkanten, welche einander an derselben Ecke gegenüber liegen, bilden mit der 8flachaxe ein gleichschenkliges rechtwinkliges △ adc. Mache ae = $\frac{8}{9}$ ad und af = $\frac{2}{3}$ ac. Ziehe ef. Es verhält sich nach obiger Betrachtung.

Die Hauptleuzitaxe : ungleich 4kant. Leuzitaxe = af : ea.

d. i. wie $\frac{2}{3}$ der Axe : $\frac{8}{9}$ der Kante des umschriebenen 8flachs. —

Verlängere ad nach b, so daß db = $\frac{1}{2}$ ad. Ziehe bc. Das △ abc ist dem △ abc Fig. 27a ähnlich.

△ abc und △ aef.

ba : ea = ca : fa = 3 : 2.

Beide △e sind also ähnlich, und das Verhältniß der Seite, welche die Hauptleuzitaxe vorstellt, zu der, welche der ungleich 4kantigen Leuzitaxe entspricht, ist in beiden gleich. — Vergleichen wir hiermit das bei Betrachtung von Würfel und Leuzit aufgefundene Verhältniß zwischen der Hauptleuzitaxe und der ungleich 4kantigen Leuzitaxe. Wir fanden es gleich dem einer Würfelkante : $\frac{2}{3}$ der Würfelaxe, oder wie das Doppelte der Würfelkante zu $\frac{4}{3}$ der Würfelaxe.

Fg. 27c Fig. 27c stellt diese beiden Verhältnisse dar. ab, bc, Würfelkanten, ac Würfelaxe.

1) Hauptaxe : Ungl. 4k. Axe = ab : $\frac{2}{3}$ ac (oder ad).

2) ——— ——— = 2ab : $\frac{4}{3}$ ac = ae : af.

Vergleichen wir No. 1 mit dem (Fig. 27b) beym 8flach Aufgestellten. Da fanden wir:

Ungl. 4k. Axe : Hauptleuzitaxe = $\frac{8}{9}$ Kathete : $\frac{2}{3}$ Hypotenuse

Hauptleuzitaxe : Ungl. 4k. Axe = $\frac{9}{8}$ Kathete : $\frac{2}{3}$ Hypotenuse

Woraus sich ergiebt, daß die Hauptleuzitaxe länger als die ungleich 4kantige Axe ist [13]), daher auch die Linie, welche 2 3kantige Leuzitecken # einer Hauptaxe verbindet, länger als die lange Leuzitgere.

B. Das eingeschriebene 8flach.

Man stumpfe die 8 3kantigen Ecken des Leuzits ab. Geht jede Abstumpfungsfläche durch 3 Grundgeren der abgestumpften Ecke, so entsteht der Mittelkrystall zwischen 8flach und Leuzit; geht sie durch 3 Hauptleuzitecken, welche der abgestumften Ecke überzwerch gegenüber liegen, so entsteht das 8flach.

Die Axe dieses eingeschriebenen 8flachs ist = der Hauptleuzitaxe; die 8flachkante = der Linie, die 2 benachbarte Hauptleuzitecken verbindet = der Linie von einer 3kantigen Ecke rechtwinklig durch eine Hauptaxe zur gegenüber liegenden 3kantigen Ecke. — Die Flächenaxe des 8flachs ist um $\frac{2}{3}$ kürzer als die 3kantige Leuzitaxe. (Vergleiche Leuzit und Rauten12flach).

C. a. Es ist ein 8flach um, eins in denselben Leuzit beschrieben, wie verhalten sich beide zu einander? —

Die Axe des eingeschriebenen ist = der Hauptleuzitaxe, mithin wie diese = $\frac{2}{3}$ der Axe des umschriebe-

13) Zugleich daß $\frac{2}{3}$ der Hypotenuse eines gleichschenkligen △s die mittlere Proportionallinie zwischen $\frac{8}{9}$ und $\frac{2}{3}$ einer Kathete dieses △s sey.

nen 8flachs. Die Flächenaxe des eingeschriebenen 8flachs ist $\frac{2}{6}$ = $\frac{1}{3}$ der 3kantigen Leuzitaxe, mithin der Flächenaxe des umschriebenen 8flachs.

Die Kante des eingeschriebenen ist = der Verbindungslinie zwischen 2 3kantigen Ecken rechtwinklig durch seine Hauptaxe, mithin = der Verbindungslinie zwischen 2 Flächenmitten des umschriebenen 8flachs rechtwinklig durch eine Axe = $\frac{2}{3}$ der Kante dieses 8flachs. Die Kanten des eingeschriebenen 8flachs fallen mit den langen Geren des (demselben Leuzit) eingeschriebenen 12flachs zusammen, und sind wie diese $\frac{6}{8}$ der ungleich 4kantigen Leuzitaxe.

Es ergiebt sich daß jede Linie des eingeschriebenen 8flachs $\frac{2}{3}$ der ihr gleichartigen Linie des umschriebenen 8flachs ist.

b. Es ist ein Leuzit um, einer in dasselbe 8flach beschrieben, wie verhalten sich beide zu einander?

Die Hauptaxe des eingeschriebenen ist $\frac{2}{3}$ der Hauptaxe des umschriebenen u. s. w.

Jede Linie des eingeschriebenen ist $\frac{2}{3}$ der gleichartigen Linie des umschriebenen.

Fig. 28 Fig. 28. Zum Veranschauligen dieser Verhältnisse diene Fig. 28. Durchschnitte 2er 8flache und 2er Leuzite. Die Figur stimmt ganz mit Fig. 19 überein, nur daß die kurzen Leuzitkanten

HG, GF, BC, CD }
hg, gf, bc, cd } hinzu kommen.

Aus Vergleichung von Fig. 28 mit Fig. 19 ergiebt es sich, daß ein um den Leuzit beschriebenes 8flach zu dem in denselben Leuzit beschriebenen sich ganz so verhalte, wie ein um ein Rauten12flach beschriebenes 8flach zu dem 8flach, welches in dasselbe 12flach beschrieben wird.

Eben so verhalten sich 2 Leuzite, deren einer um, einer in dasselbe 8flach beschrieben, wie 2 Rauten12flache, deren eins um, eins in dasselbe 8flach beschrieben worden. Hauptaxen, 3kantige Axen und kurze Geren dieser Leuzite stimmen ganz mit 4kantigen, 3kantigen Axen und Kanten jener Rauten12flache.

Daß auch die ungleich 4kantige Axe (Fig 28.) des eingeschriebenen Leuzits cg = $\frac{2}{3}$ der ungleich 4kantigen Axe CG des umschriebenen sey, zeigt die gegebene Eintheilung jener Axe, welche aus dem Verhältnisse des Rauten12flachs zum 8flach und Leuzit folgt.

§. 14.

Verhältniß von Würfel, 8flach und Rauten12flach welche um und in denselben Leuzit beschrieben sind, zu einander.

Jede Linie des eingeschriebenen
{ Würfels : gleichartigen Linie d. umschriebenen = 1 : 2
{ flachs : — — — — = 2 : 3
{ Rauten12flachs : — — — = 3 : 4

Die Kante des umschriebenen Würfels ist $\frac{2}{3}$ der Axe des umschriebenen 8flachs = $\frac{3}{4}$ der 4kantigen Axe des umschriebenen Rauten12flachs.

Die Gere des eingeschriebenen Würfels ist = der Kante des eingeschriebenen 8flachs = der langen Rautengere des eingeschriebenen Rauten12flachs.

Die Kante des eingeschriebenen Würfels ist ½ der Axe des eingeschriebenen 8flachs und = der kurzen Gere des eingeschriebenen 12flachs oder = ¼ der 4kantigen Axe desselben.

Der umschriebene Würfel ist zugleich umschriebener Würfel des eingeschriebenen 8flachs und Rauten12flachs; das umschriebene 8flach ist zugleich umschriebenes 8flach des eingeschriebenen Würfels und Rauten12flachs; aber das eingeschriebene Rauten12flach ist zugleich umschriebenes 12flach des eingeschriebenen Würfels und 8flachs.

Diese Verhältnisse lassen sich noch weit verfolgen.

Zu bemerken ist, daß sich die um den Leuzit beschriebenen Körper anders zu einander verhalten, als die ähnlichen in denselben beschriebenen.

Fig. 29 Fig. 29. Zum Veranschauligen der angeführten Verhältnisse diene Fig. 29. Sie stellt einen Leuzitdurchschnitt vor, um und in welchen die Durchschnitte eines Würfels, 8flachs und Rauten12flachs beschrieben sind. — Alle bemerkten Linieneintheilungen gehn unmittelbar oder mittelbar aus dem Frühern hervor.

Eine leichte Probe der Richtigkeit der Eintheilung ist, daß das Verhältniß einer bestimmten Linie eines eingeschriebenen Körpers zur gleichartigen Linie des umschriebenen gleich seyn muß dem Verhältniß je 2 anderer gleichartigen Linien beider Körper. Z. B.

Die Axe des eingeschriebenen 8flachs zur Axe des umschriebenen = 12 : 18

die Flächenaxe des eingeschriebenen 8flachs zur Flächenaxe des umschriebenen = 4 : 6

Die

die Kantenaxe oder Kante des eingeschriebenen 8flachs zur Kante des umschriebenen = 12 : 18 d. i. alle 3 Verhältnisse sind = 2 : 3.

B. Die Nebensippe des 4flachs.

§. 15.

1) 4flach und Würfel.

A. Der umschriebene Würfel.

Der Würfel stehe auf seiner Fläche. Man stumpfe 2 abwechselnde obere Ecken, 2 abwechselnde nicht an denselben 2 senkrechten Kanten gelegene untere Ecken ab, so erhält man einen Körper von 6 6ecken und 4 △en. Geht jede der 4 Abstumpfungen durch je 3 Grundgeren der abgestumpften Ecke, so entsteht das 4flach.

6 Kanten dieses 4flachs sind eins mit 6 Geren, 4 Ecken eins mit 4 nicht abgestumpften Ecken des umschriebenen Würfels.

Fig. 30. Würfelrechteck. Man stumpfe die in a und b fallenden Ecken durch ihre Grundgeren ab. ed und ce sind Höhenlinien der Grunddreiecke der abgestumpften Ecken oder der Flächen des 4flachs. Fig. 30

Nach Fig. 1. ist Winkel cea = deb = 55°. Der Winkel ced, das ist der Kantenwinkel des 4flachs, ist also 180° — (2 × 55°) = 70°. Daher denn jeder der 2 gleichen Winkel edc und ecd = 55°, d. i. jeder Winkel den eine Kante des 4flachs mit einer Höhenlinie an einer Ecke bildet. — Diese Winkelverhältnisse fanden wir schon Fig. 8., bei Vergleichung von Würfel und 8flach.

Fig. 31 Fig. 31. Durchschnitt eines 4flachs durch ac und cb, 2 Höhenlinien die in der Kantenmitte c zusammentreffen, und auf einer Kante ab ruhen. Diesen Durchschnitt wollen wir in der Folge schlechtweg 4flachsdurchschnitt nennen. [14])

Eine Axe, d. i. eine senkrechte Linie aus einer 4flachs-Ecke auf die ihr gegenüber liegende Fläche, trifft die Mitte dieser Fläche, wie aus der Gleich- und Aehnlichkeit 3er △e, welche die Axe mit 3 Kanten, und 3er △e welche sie mit 3 Höhenlinien bildet, hervorgeht. Denn die 3 waagrechten Grundlinien jener △e sind gleich groß, d. i. der Punkt in welchem die senkrechte Axe die waagrechte Grundfläche trifft, ist gleich weit von den 3 Ecken der Grundfläche entfernt. Eben so sind die 3 waagrechten Grundlinien der 3 andern △e gleich groß, d. i. der Punkt in welchem die senkrechte Axe die waagrechte Grundfläche trifft, ist gleich weit von den 3 Kantenmitten der Grundfläche.

Fig 31. bd und ae sind Axen. e und d sind Mittelpunkte der 4flachs △e, daher ec = $\frac{1}{3}$ cb und dc = $\frac{1}{3}$ ac. ec = dc.

△ aec

ac = 3 dc = 3 ce.

14) Fig. 12. zeigt, wie die Raute des Rauten12flachs zu entwerfen sey. Gegenwärtiger Durchschnitt ist eine solche nach der kurzen Gere gehälftete Raute. Auch als ein halber Durchschnitt des 8flachs (Fig .9.) kann er betrachtet werden.

Bekannt sind 2 Winkel von 90° und 70°. Der 3te Winkel = 180° — (90 × 70) = 20°.

Im △ aec von 90°, 70°, 20° ist also die Hypotenuse ac 3 mal so groß als die Seite ce, die dem Winkel von 20° gegenüber liegt. [15])

20° ist hiernach den Winkel der die 4flachsaxe mit der Höhenlinie, 55° — 20° = 35° der Winkel, den sie mit der Kante des 4flachs bildet.

Fig. 31. △ afd ≅ △ bfe.

be = ad.

Bekannt sind die Winkel von 90° und 20°, der 3te Winkel (bei f) in jedem der △e ist daher von 70°. Es ist also.

af = fb

df = fe

af = 3 fd (da die Winkel von 90° 70° 20°) also

= 3 fe. Ebenso

bf = 3 fe = 3 fd.

Die Axen ae und bd kreuzen sich also im Punkte des Köpers f unter 70° und 110° so [16]), daß dieser Punkt gleich weit von den Ecken a und b liegt, und gleich weit von den Flächenmitten d und e, also Mittelpunkt des Körpers ist.

15) Genauer im △ von 90°

70° 31′ 44″

19° 29′ 16″

16) Unter denselben Winkeln wie die Würfelaxen, deren Theile sie sind, wie die Flächenaxen des 8flachs, wie die 3kantigen Axen des Rauten12flachs und Leuzits.

Der Theil einer Axe von der Ecke bis zu diesem Mittelpunkte ist 3mal so lang, als der Theil von demselben Mittelpunkte bis zur Flächenmitte.

Fälle die Kantenaxe cg. cf = fg. (Vergleiche Fig. 26. △ bdf in welchem dr = no) d. i. die Kantenaxe wird im Mittelpunkte f des 4flachs gehälftet.

Im △ bda ist $da^2 : db^2 : ab^2 = 1 : 2 : 3$, wie die Winkelgrößen zeigen. Also verhalten sich $\frac{2}{3}$ Höhenlinien des 4flachs : 4flachs Axe : 4flachs Kante = Würfelkante : Würfelgere : Würfelaxe.

Fig 32 Fig. 32. Würfelrechteck. Nach Fig. 2. schneidet ce $\frac{1}{3}$ der Würfelaxe ad ab. ce ist aber nach Fig. 30. eine Höhenlinie des 4flach△s, df mithin eine 4flachsaxe. Diese ist also $\frac{2}{3}$ der Axe des umschriebenen Würfels. Es ergiebt sich auch, daß man den Würfel, welcher um das 4flach zu beschreiben, erhält, wenn man auf jede Fläche des 4flachs eine rechtwinklig 3kantige Pyramide aufsetzt, deren Axe halb so lang ist als die Axe des 4flachs und deren Grundkantenwinkel 55°.

B. Der eingeschriebene Würfel.

Stumpfe die 6 Kanten des 4flachs ab, so entsteht ein Körper von 4 △en und 6 Sechsecken. Jedes 6eck hat 2 einander überzwerch gegenüber liegende rechte Winkel. Schneidet man # den 6ecken weiter, bis je 3 in einem 4flachs△ eine 3kantige Ecke bilden, so entsteht der Würfel.

4 Ecken des eingeschriebenen Würfels fallen also in 4 △mitten des 4flachs, seine Geren sind daher = den Linien, welche je 2 Flächenmitten des 4flachs verbinden,

= $\frac{1}{3}$ der Kante des 4flachs (Fig. 6). Das Nähere siehe im Folgenden.

C. a. Ein Würfel wird um, einer in dasselbe 4flach beschrieben, wie verhalten sich beide zu einander?

Fig. 33. In das Würfelrechteck ABCD ist der 4flachs-Durchschnitt CED eingeschrieben. ab, die Linie, welche die △smitten des 4flachs verbindet, ist, wie wir sahen, die Gere des eingeschriebenen Würfels. Fig. 33

1. ab = $\frac{1}{3}$ CD. Die Gere des eingeschriebenen Würfels ist = $\frac{1}{3}$ der 4flachskante CD = $\frac{1}{3}$ der Gere des umschriebenen Würfels.

2. oa = ob d. i. $\frac{1}{3}$ Da = $\frac{1}{3}$ Cb. Mache od = oc = oa = ob. Ziehe bd, dc, ca so ist abcd Rechteck des dem 4flach CED eingeschriebenen Würfels. Dies geht aus dem ≅ seyn der gleichschenkligen △e bod und aoc; — aob und cod und den hieraus folgenden Winkelgrößen von abcd hervor, (Siehe die Figur).

3. △ BoD ≅ △ bod, da sie dieselben Winkel haben.

bd : BD = bo : Bo = 3 : 9 = 1 : 3. Die Kante des eingeschriebenen Würfels ist $\frac{1}{3}$ der Kante des umschriebenen. Daß aber bo = $\frac{1}{3}$ Bo ergiebt sich daraus, daß es ja $\frac{1}{3}$ Co und Co = Bo. Ist aber bo = $\frac{1}{3}$ Bo, so ist bc = $\frac{1}{3}$ BC, die Axe des eingeschriebenen Würfels $\frac{1}{3}$ der Axe des umschriebenen.

Demnach ist jede Linie des eingeschriebenen Würfels $\frac{1}{3}$ der ihr gleichartigen Linie des umschriebenen.

Da die Kante des umschriebenen Würfels das 3fache der Kante des eingeschriebenen, so ist die Fläche des umschriebenen das 9fache, der Körper das 27fache des eingeschriebenen Würfels.

B. Ein 4flach (CFD) wird um, eins ced in denselben Würfel (abcd) beschrieben, wie verhalten sich beide zu einander?

1. cd = ab = $\frac{1}{3}$ CD. Die Kante des eingeschriebenen 4flachs ist = der Gere des umschriebenen Würfels, daher wie diese, $\frac{1}{3}$ der Kante des umschrieben 4flachs [17]).

2. ef = $\frac{1}{3}$ FF. Die Kantenaxe des eingeschriebenen 4flachs (= der Flächenaxe des Würfels abcd, diese selbst = $\frac{1}{3}$ der Flächenaxe des Würfels ABCD), ist $\frac{1}{3}$ der Kantenaxe des umschriebenen 4flachs.

3. Die Axe ch des eingeschriebenen 4flachs ist $\frac{2}{3}$ der Axe cb des ihm umschriebenen Würfels, welche selbst ($\frac{1}{3}$ CB daher) $\frac{1}{2}$ der Axe Cb des umschriebenen 4flachs. Also ist die Axe des eingeschriebenen 4flachs $\frac{1}{3}$ der Axe des umschriebenen.

Sonach ist jede Linie des eingeschriebenen 4flachs $\frac{1}{3}$ der ihr gleichartigen Linie des umschriebenen.

17) Hieraus folgt, wie wir im folgenden § genauer sehn werden, daß sich das 4flach ced so in das 4flach CED einschreiben läßt, daß seine 4 Ecken in die 4 Flächenmitten des umschriebenen 4flachs fallen.

§. 16.

2) Vierflach und Achtflach.

A. Das eingeschriebene 8flach.

Man stumpfe die Ecken des 4flachs ab, so erhält man einen Körper von 4 gleichwinkligen 6ecken und 4 gleichseitigen △en. Berühren sich die Abstumpfungsflächen in den Kanten des 4flachs; so entsteht das eingeschriebene 8flach.

Umgekehrt kann man dieses in das umschriebene 4flach verwandeln, wenn man auf eine Fläche des 8flachs und auf 3 Flächen welche jener Fläche an 3 Ecken gegenüber liegen auf jede Fläche ein 4flach aufsetzt, dessen Fläche = der des 8flachs.

Die Ecken des eingeschriebenen 8flachs entsprechen den Kantenmitten des umschriebenen 4flachs, seine Axen also den 4flach Kantenaxen. Die Kante des 8flachs ist = der halben Kante des 4flachs, die Höhenlinie des 8flach △s = der halben Höhenlinie des 4flach△s die Flächenaxe des 8flachs = der halben 4flachsaxe. Das △ des 4flachs ist das 4fache vom △ des 8flachs.

B. Das umschriebene 8flach.

Es liege ein 8flach auf einer Fläche. Man schneide # dieser Fläche und # 3en nach oben zusammengeneigten Flächen so lange, bis je 3 der Schnittflächen in der Mitte eines der 4 übrigen schwindenden △e des 8flachs eine 3kantige Ecke bilden, so erhält man ein 4flach.

Die Ecken dieses 4flachs treffen also in die Mitten der 4 schwindenden 8flach △e; seine Kanten entsprechen den Linien welche die Mitten zweier an einer Ecke gegenüber liegenden 8flach △e rechtwinklig durch die Axe verbinden. Sie sind also $\frac{2}{3}$ der 8flachkanten. Seine Axe ist der Flächenaxe des 8flachs gleich.

C. a. Ein 4flach sey um, eins in dasselbe 8flach beschrieben, wie verhalten sich beide zu einander?

Man denke sich ein 4flach, welches durch Abstumpfung der Ecken zuerst in ein 8flach verwandelt wird, bei fortgesetzter #er Abstumpfung aber, wenn sich je 3 Abstumpfungsflächen in der Mitte der 4flachs △e berühren, in das dem 8flach wieder eingeschriebene 4flach. Es fallen also die Ecken des einschriebenen 4flachs in die Flächenmitten des umschriebenen 4flachs selbst. Seine Kanten sind demnach = den Linien welche 2 Flächenmitten des umschriebenen 4flachs verbinden = $\frac{1}{3}$ der Kanten desselben 4flachs.

b. Ein 8flach sey um, eins in dasselbe 4flach beschrieben, wie verhalten sich beide zu einander?

Die Kante des eingeschriebenen 8flachs ist $\frac{1}{2}$ der 4flachskante, die selbst $\frac{2}{3}$ der Kante des umschriebenen 8flachs ist. Also ist die Kante des eingeschriebenen 8flachs $\frac{1}{3}$ von der Kante des umschriebenen.

Zum Veranschauligen und zur nähern Ausführung des Gesagten diene Fig. 34. In das 4flach ABC ist das
Fig 34 8flach DEFC, in dieses das 4flach ghi, in dieses das 8flach khlm beschrieben. ghi ist zugleich Durchschnitt

eines 4flachs, das in das 4flach ABC eingeschrieben ist, so daß seine Ecken g und i in die Flächenmitten des umschriebenen 4flachs fallen.

Die Kante des 4flachs ghi nämlich gi ist gegeben

gi # DF (# AB)

ih # EF

gh # DE

Da nun 3 Seiten des △ DEF # 3en Seiten des △ ghi, so sind beide △e ähnlich.

△ DEF ∾ △ DFC ∾ △ ABC, daher

△ ghi ∾ △ ACB und Durchschnitt des eingeschriebenen 4flachs.

1. gi : AB = Ci : CB = 2 : 6 = 1 : 3.

   Die Kante des eingeschriebenen 4flachs ist $\frac{1}{3}$ der Kante des umschriebenen.

2. gh : AC = gi : AB = 1 : 3.

   Die △s Höhenlinie des eingeschriebenen 4flachs ist $\frac{1}{3}$ der Höhenlinie des umschriebenen.

3. △ BgC ∾ △ Bqi, da qi # gC.

   Bg : gq = BC : iC = 3 : 1.

   Die Axe (qg) des eingeschriebenen 4flachs ist $\frac{1}{3}$ gB der Axe des umschriebenen.

4. △ hmi ∾ △ ECB (Winkel)

   hm : EC = hi : BC = 1 : 3.

   Die Kantenaxe des eingeschriebenen 4flachs ist $\frac{1}{3}$ der Kantenaxe des umschriebenen.

Sonach ist jede Linie des eingeschriebenen 4flachs $\frac{1}{3}$ der gleichartigen Linie des umschriebenen.

Die Verhältnisse des um- und eingeschriebenen 8flachs sind hiernach schon unmittelbar oder doch mittelbar gegeben.

1. hm $= \frac{1}{3}$ EC. Die Axe des eingeschriebenen 8flachs ist $\frac{1}{3}$ der Axe des umschriebenen.

2. kl $= \frac{1}{2}$ gi
   gi $= \frac{2}{3}$ DF
   ―――――――――
   kl $= \frac{1}{3}$ DF
   Die Kantenaxe oder Kante des eingeschriebenen 8flachs ist $\frac{1}{3}$ der Kante des umschriebenen.

3. gr $= \frac{1}{2}$ Bg
   gq $= \frac{1}{3}$ Bg
   sq $= \frac{1}{2}$ gq $= \frac{1}{6}$ Bg $= \frac{1}{3}$ gr.
   Die Flächenaxe des eingeschriebenen 8flachs ist $\frac{1}{3}$ der des umschriebenen.

Sonach ist jede Linie des eingeschriebenen 8flachs $\frac{1}{3}$ der gleichartigen Linie des umschriebenen.

§. 17.

3) Vierflach und Rauten12flach.

A. Das umschriebene 4flach.

Man spitze jede Ecke des 4flachs mit 3 Flächen zu, welche auf die Flächen aufzusetzen sind. Treffen je 4 Zuspitzungsflächen in der Mitte einer 4flachskante zusammen, so entsteht ein Körper von 4 gleichseitigen △en und 12 stumpfen gleichschenkligen. Schneidet man # den letzteren so weit bis je 3 in der Mitte eines 4flach △s eine 3kantige Ecke bilden, so entsteht das dem 4flach eingeschriebene Rauten12flach.

4 3kantige Ecken des 12flachs fallen mit den Flächenmitten des umschriebenen 4flachs zusammen. Hält man das 12flach zwischen einer senkrechten 3kantigen Axe, so ist die untere Polecke eine dieser 3kantigen Ecken, 3 andere liegen der obern Polecke überzwerch gegenüber. Die Linie zwischen je 2 dieser 3kantigen Ecken = der langen Gere des 12flachs ist = der Linie zwischen 2 Flächenmitten des 4flachs = ½ der Kante des 4flachs.

Um diese Umgestaltung leichter zu fassen, vergleichen wir dieselbe mit der Verwandlung 1, des Würfels 2, des 8flachs in das Rauten12flach.

1. a. Hält man den Würfel mit abgestumpften Kanten zwischen einer senkrechten Axe, so sind 6 Abstumpfungsflächen und die Kanten welche diese bilden senkrecht und # jener Axe.

Die Axe des 4flachs entspricht der Würfelaxe, seine Zuspitzungsflächen sind, wie die Abstumpfungsflächen der Würfelkanten, Anfänge der Flächen des Rauten12flachs. Steht daher das 4flach mit zugespitzten Ecken auf einer wagrechten Grundfläche, so sind 3 × 2 Zuspitzungsflächen an den 3 Grundecken, und 3 (oder 6) Zuspitzungskanten senkrecht, der senkrechten Axe #.

b. Der Würfel mit abgestumpften Kanten stehe auf einer waagrechten Würfelfläche. 4 senkrechte Abstumpfungsflächen bilden mit den 2 waagrechten Flächen — oder deren Geren — rechte Winkel.

Die 4flachskanten entsprechen den Würfelgeren. Halte das 4flach mit zugespitzten Ecken zwischen einer senkrechten Kantenaxe, so bilden 2 Zuspitzungsflächen an den obern Ecken mit der obern Kante, 2 Zuspitzungsflächen an den untern Ecken mit der untern Kante rechte Winkel; alle 4 Zuspitzungsflächen sind senkrecht, # der senkrechten Kantenaxe.

2. a. Stumpfen wir die Ecken des 4flachs schwach ab, so können die Abstumpfungskanten als Kanten des 8flachs betrachtet werden. Stumpfen wir diese Abstumpfungskanten wiederum regelmäßig ab, so entsteht die 3flächige Zuspitzung der 4flachecken, aus welcher das Rauten12flach eben so hervorgeht, wie aus Abstumpfung der Kanten des 8flachs.

Der Winkel den die Fläche des 8flachs mit der des 12flachs bildet, ist — wie wir wissen — 145°, daher der Winkel den die Zuspitzungsfläche des 4flachs mit der Fläche des 4flachs macht, auch 145° ist.

b. Die Axe des 4flachs entspricht der Flächenaxe des 8flachs. Legt man das 8flach mit abgestumpften Kanten auf eine waagrechte Fläche des 8flachs, so sind 6 Abstumpfungsflächen und 6 Abstumpfungskanten senkrecht # der senkrechten Flächenaxe.

Stellt man das 4flach mit zugespitzten Ecken auf eine waagrechte Fläche, so sind 3 × 2 Zuspitzungsflächen an den 3 Grundecken und 3 (oder 6) entsprechende Zuspitzungskanten senkrecht, der Axe # — wie wir schon fanden.

c. Halte die Axe des 8flachs mit abgestumpften Kanten senkrecht, so liegen 4 Abstumpfungsflächen senkrecht, der Axe # und bilden unter einander rechte Winkel. Der Axe des 8flachs entspricht die Kantenaxe des 4flachs. Halte diese Kantenaxe des 4flachs mit zugespitzten Ecken senkrecht, so liegen 4 Zuspitzungsflächen, an jeder Ecke eine, auch senkrecht, und schneiden sich in den 4flachskanten unter rechten Winkeln.

Fig. 35. 4flachs Durchschnitt mit 2 Axen ab, bd, und einer Kantenaxe ck. Fig. 35

Aus der Flächenmitte d ziehe de # der Kantenaxe ck senkecht auf die Kante ab. de ist Höhenlinie einer einzeln vollendeten Zuspitzungsfläche der Ecke a.

△ dae ∾ △ cak. Daher

ae $=\frac{2}{3}$ ak $=\frac{1}{3}$ ab.

de, diese Höhenlinie, schneidet daher (für sich) $\frac{1}{3}$ der gegenüber liegenden Kante ab ab.

△ daf ∾ △ cag. Daher

fg $=\frac{1}{3}$ ag $=\frac{1}{4}$ oh $=$ gh, also fg $+$ gh $=\frac{1}{2}$ ab.

de, dieselbe Höhenlinie hälftet die Axe ab in f.

Es ist daher die 3kantige Axe fh des dem 4flach eingeschriebenen Rauten12flachs $\frac{1}{2}$ der Axe des umschriebenen 4flachs[18]).

Aus dem Axenhälftpunkte f ziehe fi # der Axe db. Diese Linie stellt — nach dem Obigen — die der Höhen-

18) Auch dies ergiebt sich schon aus Vergleichung mit dem 8flach. Man bilde aus dem 4flach zuerst ein 8flach. Dessen Flächenaxe ist $\frac{1}{2}$ der 4flachaxe und $=$ der 3kantigen Axe das 12flachs welches ihm eingeschrieben ist.

linie df gegenüberliegende Zuspitzungskante vor, weil sie der Axe #.

△ afi ∾ △ agb.

ai : ab = af : ag = 2 : 3. Daher

ac = $\frac{2}{3}$) der Kante ab.
ib = $\frac{1}{3}$)

Verlängere if nach l. Da il # bd, so steht sie senkrecht auf ac.

△ ali ∾ △ adb. Daher

al : ad = ai : ab = 2 : 3.

Die vollendete Zuspitzungskante würde also verlängert die ihr gegenüber liegende Höhenlinie in $\frac{2}{3}$ und $\frac{1}{3}$ zerlegen. (Siehe die Figur 35.)

Aus den schon bekannten Winkeln und der angegebenen Verzeichnung findet man alle Winkel leicht.

dfh = 55° Winkel der Zuspitzungsfläche) mit der
ifh = 70° — — — kante) Axe
dfi = 125° — — — fläche mit der Zuspitzungskante.

Diese 3 Winkel sind uns schon aus früherer Betrachtung des Rauten12flachs bekannt.

B. Das eingeschriebene 4flach.

Man halte das Rauten12flach zwischen einer 3kantigen senkrechten Axe, und stumpfe eine untere 3kantige Polecke und 3 3kantige Ecken, welche der obern Polecke überzwerch gegenüber liegen, ab. Schneidet man durch je 3 Grundgeren der 4 abgestumpften Ecken, so entsteht der Mittelkrystall zwischen dem (umschriebenen) 12flach und dem (eingeschriebenen) 4flach.

Schneidet man weiter, bis je 3 Abstümpfungsflächen in einer der nicht abgestumpften 4 3kantigen Ecken eine neue 3kantige Ecke bilden, und verkürzt so jede 3kantige 12flachsaxe um $\frac{1}{3}$ (Fig. 16.) so entsteht das eingeschriebene 4flach.

Die Ecken dieses 4flachs kommen also in die eben bestimmten 4 3kantigen Ecken des umschriebenen 12flachs zu liegen; seine Kanten sind Linien zwischen je 2 3kantigen Ecken rechtwinklig durch eine 4kantige Axe = den langen Geren des 12flachs.

C. a. Ein 4flach ist um, eins in dasselbe Rauten12flach beschrieben, wie verhalten sich beide zu einander?

4 3kantige Ecken des eingeschriebenen 12flachs fallen in die Flächenmitten des umschriebenen 4flachs, und in dieselben 3kantigen 12flachsecken treffen die Ecken des eingeschriebenenen 4flachs. Die Ecken des eingeschriebenen 4flachs treffen also in die Flächenmitten des umschriebenen 4flachs, daher die Kante des eingeschriebenen $\frac{1}{3}$ der Kante des umschriebenen.

Die 3kantige Axe des 12flachs ist $\frac{1}{2}$ der Axe des umschriebenen, $\frac{3}{2}$ der Axe des eingeschriebenen 4flachs. Also ist die Axe des eingeschriebenen 4flachs $\frac{1}{3}$ der Axe des umschriebenen.

b. Ein Rauten12flach ist um, eins in dasselbe 4flach beschrieben, wie verhalten sich beide zu einander?

Die Linie von einer 3kantigen Ecke rechtwinklig durch die 4kantige Axe zur gegenüber liegenden 3kantigen Ecke des Rauten12flachs ist, wie wir wissen, = der langen Gere. Beim umschriebenen 12flach ist jene Linie =

der Kante des eingeschriebenen 4flachs, beim eingeschriebenen = der Linie zwischen 2 Flächenmitten desselben 4flachs. Die lange Gere des umschriebenen 12flachs ist also 3mal länger als die lange Gere des eingeschriebenen.

Um das Verhältniß der eben betrachteten um- und eingeschriebenen 4flache und 12flache anschaulicher zu machen und genauer durchzuführen, diene Fig. 36.

Fig. 36.	ACB acb	4flachs	Durchschnitte.
	EFGD efgd	12flachs	

Verzeichne zuerst ACB. Theile AC und CB in E und G in $\frac{2}{3}$ und $\frac{1}{3}$. Ziehe EG. Verzeichne EGab ganz wie Fig. 33. — wie das Rechteck eines in das 4flach ACB eingeschriebenen Würfels. Ziehe die Axen AG, BE und die Kantenaxe Cm. Mache cF = oc = ok = kD. Ziehe EF, FG, bD, Da, so ist EFGbDa Durchschnitt eines um den Würfel aEGb und in das 4flach ACB beschriebenen Rauten12flachs. 4 seiner 3kantigen Ecken, deren E und G zwei sind, würden in die Flächenmitten des umschriebenen 4flachs fallen.

acb Durchschnitt des diesem 12flach eingeschriebenen 4flachs. Er ist in das Würfelrechteck aEGb eben so verzeichnet wie Fig. 33. ced in abcd. Seine 4 Ecken, von denen a und b zwei sind, würden in 4 3kantige Ecken des umschriebenen 12flachs fallen.

efgd

efgd ein zweiter 12flachsdurchschnitt ist in abc eingeschrieben, wie EFGD in ABC.

Die Linieneintheilungen und Winkelgrößen ergeben sich aus dem Vorigen. Nur dies ist zu bemerken: $\triangle$ ECG $\sim$ $\triangle$ ACB, kann also als Durchschnitt eines 4flachs betrachtet werden. Cc Kantenaxe, GF und EF Axen, da sie verlängert senkrecht auf EC und CG ständen (20° 70° also 90° der 3ten Winkel). Die Axe hälftet, wie wir wissen, die Kantenaxe, also CF $=$ Fc $= \frac{1}{3}$ Co. Eben so ist cf $= \frac{1}{3}$ co. Da nun

$$om = oC$$
$$oF = oD, \text{ so ist}$$
$$oC - oF = om - oD, \text{ d. i. } CF = Dm.$$

Es ist also Dm $= \frac{1}{3}$ om, und eben so ist dk $= \frac{1}{3}$ ko $=$ cf. Nun ergiebt sich aus Fig. 36

1. $EG = \frac{1}{3} AB$
   $EG = ab$
   ———
   $ab = \frac{1}{3} AB.$

Die Kante des eingeschriebenen 4flachs ist $\frac{1}{3}$ der Kante des umschriebenen.

2. $ck = \frac{1}{3} Cm.$ Die Kantenaxe des eingeschriebenen 4flachs ist $\frac{1}{3}$ der Kantenaxe des umschriebenen.

3. Da die 3kantige Axe des eingeschriebenen 12flachs $\frac{1}{2}$ der 3kantigen Axe des umschriebenen 4flachs, so ist

$$Bb = bE$$
$$bE = \frac{3}{2}\ be$$
$$Bb + bE = \frac{6}{2} = 3\ be,$$

Die Axe des eingeschriebenen 4flachs ist $\frac{1}{3}$ der Axe des umschriebenen.

So ist jede Linie des eingeschriebenen 4flachs $\frac{1}{3}$ der ihr gleichartigen Linie des umschriebenen.

1. eg = $\frac{1}{3}$ ab = $\frac{1}{3}$ EG die lange Gere des eingeschriebenen 12flachs ist $\frac{1}{3}$ der des umschriebenen.

2. ah = hg = gC also hg = $\frac{1}{3}$ aG.

Die 3kantige Axe des eingeschriebenen 12flachs ist $\frac{1}{3}$ der des umschriebenen.

3. Ff = fd = dD also fd = $\frac{1}{3}$ FD.

Die 4kantige Axe des eingeschriebenen 12flachs ist $\frac{1}{3}$ der des umschriebenen.

4. Aus Vergleichung der ähnlichen △e goi und Gob ergiebt sich gi = $\frac{1}{3}$ Gb, d. i. die kurze Gere des eingeschriebenen 12flachs ist $\frac{1}{3}$ der des umschriebenen.

So ist jede Linie des eingeschriebenen Rauten12flachs $\frac{1}{3}$ der gleichartigen Linie des umschriebenen.

Zusatz.

Man kann sich das 4flach als aus 4 3seitigen Pyramiden zusammengesetzt denken, deren Grundflächen die △e des 4flachs, deren Spitzen im Mittelpunkt des 4flachs zusammentreffen. Da der Winkel der 4flachskante ungefähr 70° beträgt, so ist der Grundkantenwinkel einer solchen Pyramide 35°. Ihre Polkante entspricht dem

Theile einer 4flachsaxe, der zwischen einer Ecke und dem Mittelpunkt des 4flachs liegt, ist daher ¾ der 4flachsaxe. Ihre Seitenflächen sind stumpfe gleichschenklige △e, deren stumpfer Winkel (an der Pyramidenspitze) dem grösseren Winkel entspricht, den 2 4flachsaxen im Mittelpunkt des 4flachs bilden, und ist also = 110°. Die 2 gleichen Winkel an der Grundlinie jener △e sind daher jeder von 35°, und entsprechen dem Winkel den die 4flachsaxe mit der 4flachskante bildet. — Die Axe einer der 4 Pyramiden entspricht dem Theile der 4flachsaxe, der zwischen dem Mittelpunkte und der Flächenmitte des 4flachs liegt, ist also ¼ der 4flachsaxe — daher ⅓ ihrer eigenen Polkante.

Es sey ein 8flach gegeben, dessen Fläche = den Flächen 2er 4flache, deren jedes auf die beschriebene Weise in 4 Pyramiden zerlegt ist. Setze auf jede Fläche des 8flachs eine der 8 Pyramiden, so entsteht ein Rauten12flach. Den Körper eines solchen 12flachs kann man sich daher als aus einem 8flach und 2 4flachen — alle 3 Körper von gleichen Flächen bestehend — denken [19]).

19) Vergleiche Seite 32. Die Axe der aufgesetzten Pyramide ist ¼ der Axe des 4flachs und zugleich ½ der Flächenaxe des 8flachs, dem sie aufgesetzt wird.

§. 18.

4) Vierflach und Leuzit.

A. Der eingeschriebene Leuzit.

Das 4flach verwandelt sich in den Leuzit durch Zuschärfung seiner Kanten verbunden mit 3flächiger Zuspitzung seiner Ecken, die Zuspitzungsflächen auf die Kanten aufgesetzt.

4 × 3 Zuspitzungs- ⎫
6 × 2 Zuschärfungs- ⎭ flächen, zusammen 24 Flächen.

Damit wir diese Umgestaltung leichter fassen, wollen wir dieselbe

1) mit dem Uebergange des 4flachs in das Rauten-12flach,

2) mit dem Uebergange des 8flachs in den Leuzit vergleichen.

1. Beim 4flach mit zugespitzten Ecken (Flächen des 12flachs) sind 12 Kanten des 12flachs auch bei der schwächsten Zuspitzung gegeben — es sind die 12 Zuspitzungskanten. 12 andere entstehn erst, wenn sich je 2 Zuspitzungsflächen die an zweien Ecken derselben Fläche des 4flachs liegen, schneiden.

Stellten wir jenes 4flach mit stark zugespitzten Flächen auf eine waagrechte Fläche, so sind 6 12flachskanten senkrecht # der senkrechten Axe des 4flachs, und bilden rechte Winkel mit der waagrechten Grundfläche des 4flachs.

Und so verhalten sich 4 × 6 solcher Kanten zu 4 Axen und 4 Flächen des 4flachs.

Stumpfen wir nun diese 4 × 6 12flachskanten ab, so erhalten wir bekanntlich die 24 Leuzitflächen. 4 × 6 dieser Flächen müssen, wie die 4 × 6 Kanten, den 4 Axen des 4flachs ∦ und senkrecht auf 4 Flächen des 4flachs seyn.

12 dieser Leuzitflächen sind Abstumpfungsflächen der 4 × 3 Zuspitzungskanten des zugespitzten 4flachs, die übrigen sind Abstumpfungsflächen der 4 × 3 Kanten, welche, wenn das 12flach vollendet aus dem 4flach hervorgeht, in 4 3kantigen Ecken desselben, der 4 übrig bleibenden Flächenmitten des 4flachs zusammentreffen. Sie erscheinen als 6 × 2 Zuschärfungsflächen der 6 Zuschärfungskanten.

2. Betrachte das 4flach als 8flach, und halte es zwischen einer Kantenaxe, welche der Axe des eingeschriebenen 8flachs entspricht. Wie bei der Verwandlung des 8flachs in den Leuzit jede Ecke mit 4 Flächen zugespitzt wird, die Zuspitzungsflächen auf die 8flachsflächen aufgesetzt — so jede Kantenmitte des 4flachs. 2 Zuspitzungsflächen erscheinen hier als Zuschärfungsflächen der Kante, 2 schneiden die Ecken welche dieselben begrenzen, schief ab — sind 2 einzelne Zuspitzungsflächen dieser Ecken.

Legten wir jenes 8flach mit zugespitzten Ecken auf seine waagrechte Fläche, so waren 6 seiner Zuspitzungsflächen, an jeder Ecke eine, senkrecht, ∦ der senkrechten Flächenaxe, und bildeten mit den 2 waagrechten Flächen rechte Winkel.

Der Flächenaxe des 8flachs entspricht die Axe des 4flachs.

Wir haben ein 4flach mit zugespitzten Kantenmitten, d. i. mit zugeschärften Kanten und 3flächig zugespitzten Ecken, die Zuspitzungsflächen auf die Kanten aufgesetzt. Stelle es auf seine waagrechte Grundfläche, so müssen 3 nach oben gelegene Zuschärfungsflächen der Grundkanten, und 3 nach oben gelegene Zuspitzungsflächen der Grundecken senkrecht und # der senkrechten Axe seyn. Und eben so, wenn man das 4flach auf eine seiner andern 3 Flächen legt. Es wird daher jede Zuschärfungsfläche und jede Zuspitzungsfläche # einer 4flachsaxe und deshalb senkrecht auf der ihr gegenüber liegenden Fläche seyn.

Fig. 37 Fig. 37. 4flachsdurchschnitt abc.

wbxr Durchschnitt des dem 4flach eingeschriebenen 8flachs.

Die Axe dieses 8flachs br ist = der Kantenaxe des 4flachs, seine Flächenaxen nd und me sind = der halben Axe des 4flachs.

Schärfe die 4flachskante, deren Mitte b ist, so zu, daß die Aufsatzkanten die △mitten des 4flachs d und e schneiden, so erhälst du 2 einzelne vollendete Leuzitflächen, deren kürzere Geren

df # der Axe ae und senkrecht auf die gegenüber liegende Höhenlinie bc

ef # der Axe cd und senkrecht auf bc.

Der Winkel dfe, den 2 solche Geren an der Hauptleuzitecke f machen, ist 110°, wie aus bekannten Winkeln und der Art der Verzeichnung folgt. Der Winkel hda = fec, unter welchen die Zuschärfungsflächen aufgesetzt sind = 160°.

Die Vergleichung von Fig. 37. mit der ganz entsprechenden Fig. 26. zeigt daß fb = $\frac{1}{8}$ br. Es nimmt also die vollendete Zuschärfung $\frac{1}{8}$ der Kantenaxe weg. Mithin auch die vollendete Zuspitzung der 4flachsecke, da je 2 Zuschärfungs= und 2 Zuspitzungsflächen in derselben Hauptleuzitecke f zusammentreffen.

Ich mache lr = bf = $\frac{1}{8}$ br. In l müssen demnach 4 vollendete Zuspitzungsflächen des Mittelpunkts r der Kante ac zusammentreffen (2 Zuschärfungsflächen der Kante ar, 1 Zuspitzungsfläche der Ecke a, eine der Ecke c.) — In l fällt also die 2te Hauptleuzitecke, welche mit f an derselben Axe fl liegt.

Hälfte diese Axe in o.

Ziehe durch l die Linie pnk # der Axe ae und der Leuzitgere df.

Eben so qlmi # cd und ef.

Es werden lm und ln kürzere Leuzitgeren die an der Ecke l zusammentreffen, vorstellen.

$\triangle$ lon $\cong$ $\triangle$ dof.

$\triangle$ mol $\cong$ $\triangle$ foe.

Hieraus folgt, daß

ml = fe = fd = ln, und Winkel mln = dfe = 110°.

Ferner daß on = od, daher dn die 8flachsaxe ist und = $\frac{1}{2}$ cd = $\frac{1}{2}$ der 4flachsaxe.

dn ist aber auch 3kantige Leuzitaxe, welche also $\frac{1}{2}$ der Axe des umschriebenen 4flachs.

Die Linie bc theile ich so:

bx = xc = $\frac{9}{18}$ bc

ce = $\frac{12}{18}$ bc

$eb = \frac{6}{18}\ bc$

$xe = \frac{1}{3}\ bx = \frac{3}{18}\ bc$

$bh = \frac{1}{3}\ be = \frac{2}{18}\ bc$

$he = eb - hb = \frac{6}{18} - \frac{2}{18} = \frac{4}{18}\ be$

$nx = xe$

$xk = \frac{1}{3}\ nx = \frac{1}{3}\ xe = \frac{1}{18}\ bc$

$ck = xc - xk = \frac{9}{18} - \frac{1}{18} = \frac{8}{18}\ be.$

Die Linie ac theile ich also:

$\triangle\ pkc \sim \triangle\ aec$

$ap : pc = ek : kc = 4 : 8 = 1 : 2.$ Daher

$\left.\begin{array}{l} ap = \frac{1}{3} \\ pc = \frac{2}{3} \end{array}\right)\ ac.$ Eben so ist

$\left.\begin{array}{l} qc = \frac{1}{3} \\ aq = \frac{2}{3} \end{array}\right)\ ac$

Daher $ap = pa = qc = \frac{1}{3}\ ac$

$pr = rq = \frac{1}{6}\ ac$ da $\triangle\ qlr \cong plr.$

Die hiernach gemachte Eintheilung der Linien bc und ac Fig. 37. zeigt nun, wie die einzelne Zuspitzungsfläche einer 4flachsecke, welche für sich eine vollendete Leuzitfläche gäbe, bei einem auf einer waagrechten Fläche (ab) stehendem 4flach, vom untern $\frac{1}{3}$ Punkt (p) einer Kante, nach dem obern $\frac{2}{3}$ Punkt (k) der gegenüber liegenden Höhenlinie fällt. (Vergleiche Fig. 35. 12flachskante if.)

Die Flächenmitten des umschriebenen 4flachs fallen nun mit 4 3kantigen Ecken des Leuzits zusammen. (Fig. 37. d und e sind 2).

Man halte den Leuzit zwischen einer senkrechten 3kantigen Axe. Dann fällt die untere 3kantige Ecke in die Grundflächenmitte des umschriebenen 4flachs, und 3 zunächst der obern 3kantigen Polecke liegende 3kantige Ecken fallen in die Mitten der Pyramiden △e des 4flachs. Die übrigen 4, durch Zuspitzung der 4flachsecken erzeugten 3kantigen Leuzitecken, fallen in die Axenmitten des 4flachs.

Die Linie, welche die Flächenmitten des umschriebenen 4flachs verbindet = $\frac{1}{3}$ der 4flachskante, ist also = der Linie, welche von einer 3kantigen Ecke des eingeschriebenen Leuzits rechtwinklig durch eine Hauptaxe zur gegenüber liegenden 3kantigen Ecke gezogen wird, also auch = der Linie, welche 2 benachbarte Hauptleuzitecken verbindet.

Die 3kantige Axe des Leuzits ist $\frac{1}{4}$ der Axe des umschriebenen 4flachs, die Hauptleuzitaxe $\frac{2}{3}$ der Kantenaxe des 4flachs.

B. Das eingeschriebene 4flach.

Halte den Leuzit zwischen einer senkrechten 3kantigen Axe. Stumpfe die obere 3kantige Ecke und 3 zunächst um die untere 3kantige (Pol) Ecke liegende 3kantige Ecken ab, erstlich jede durch ihre 3 Grundgeren, so entsteht ein Körper, der als ein 4flach mit zugeschärften Kanten und 3flächig zugespitzten Ecken betrachtet werden kann, jede Zuspitzungsfläche auf die Mitte einer Zuschärfungskante aufgesetzt. Schneidet man den 4 Abstumpfungsflächen # weiter, bis jede derselben 3 Hauptleuzitecken berührt, so entsteht ein 4flach mit zugespitzten Ecken, die Zuspitzungsflächen auf die Mitte der Seitenkanten aufgesetzt. Schneidet man endlich # jenen Abstumpfungsflächen so weit, bis je 3 derselben in einer der 4 übrigen 3kantigen Leuzitecken eine neue 3kantige Ecke bilden und die Leuzitflächen ganz schwinden, so entsteht das dem Leuzit eingeschriebene 4flach.

Die 4 Ecken dieses 4flachs kommen in die untere 3kantige (Pol)= und in die 3 obern 3kantigen Leuzitecken zu liegen, mithin in dieselben Punkte, wie die Flächenmitten des umschriebenen 4flachs. Die Kante des eingeschriebenen 4flachs ist = der Leuzitlinie zwischen 2 3kantigen Ecken rechtwinklig durch eine Hauptaxe.

Jeder der 4 Schnitte, durch welche der Leuzit in ein 4flach verwandelt wird, nimmt von jeder 3kantigen Leuzitaxe $\frac{1}{3}$ weg. (Siehe Leuzit und Rauten12flach). Die Axe des eingeschriebenen 4flachs ist mithin $\frac{2}{3}$ der 3kantigen Leuzitaxe.

C. a. Es ist ein 4flach um, eins in denselben Leuzit beschrieben, wie verhalten sich beide zu einander?

Die Kante des eingeschriebenen ist = der Linie zwischen 2 Flächenmitten des umschriebenen, also = $\frac{1}{3}$ der Kante des umschriebenen.

Die 3kantige Leuzitaxe ist $\frac{1}{2}$ der Axe des umschriebenen, $\frac{3}{2}$ der Axe des eingeschriebenen 4flachs. Also ist die Axe des eingeschriebenen 4flachs $\frac{1}{3}$ der Axe des umschriebenen.

So ist jede Linie des eingeschriebenen 4flachs $\frac{1}{3}$ der ihr gleichartigen Linie des umschriebenen.

b. Es sey ein Leuzit um, einer in dasselbe 4flach beschrieben, wie verhalten sich beide zu einander?

4 3kantige Ecken des umschriebenen Leuzits fallen mit den 4 Ecken des 4flachs, 4 gleichgelegene 3kantige Ecken des eingeschriebenen mit den 4 Flächenmitten des 4flachs zusammen. Die Linie, welche 2 3kantige Leuzitecken rechtwinklig durch eine Hauptaxe verbindet, ist daher beim umschriebenen Leuzit = der 4flachskante, beim eingeschriebenen = der Linie zwischen 2 Flächenmitten des 4flachs. Letztere Leuzitlinie ist also $\frac{1}{3}$ der ersterern. Und so ist jede Linie des eingeschriebenen Leuzits $\frac{1}{3}$ der ihr gleichartigen Linie des umschriebenen.

Zur Versinnlichung der aufgestellten Verhältnisse diene Fig. 38. DEFGHI und defghi sind Durchschnitte zweier Leuzite, ABC und abc Durchschnitte zweier 4flache. Die Aehnlichkeit dieser Figur mit Fig. 36. fällt in die Augen. Nur DI, Ia, FG, Gc im größern Leuzitdurchschnitt, di, ik, fg, gl im Kleineren sind hinzugefügt, wie auch die hälftende Linie pw. Linieneintheilungen und Winkelangaben sind schon bei Fig. 36 begründet, ausgenommen die folgende Eintheilung der Linie pw. Fig. 38

1. $pw = \frac{1}{2} AC$
2. $qv = DF = \frac{1}{3} AC$ also $qv = \frac{2}{3} pw$.
3. $vw = qp = \frac{pw - \frac{2}{3} pw}{2} = \frac{1}{6} pw$.
4. $vG = qI = \frac{1}{6} qv = \frac{1}{9} pw$. (Vergl. Fig. 25.)
5. $Gw = pI = \frac{1}{2} - \frac{1}{9} pw = \frac{7}{18} pw$.
6. $ru = \frac{1}{2} ac = \frac{1}{2} qv = \frac{1}{3} pw$.

Diese 6 Stücke sind auf die Durchschnitte des innern Leuzits und des innern 4flachs anzuwenden, und ergiebt sich daraus die Eintheilung der Linie pw in 64tel.

Die Verhältnisse des innern und äußern Leuzits, wie des innern und äußern 4flachs sind ganz wie Fig. 36. beim Rauten12flach und 4flach, da hier dieselben Linien betrachtet werden.

Daß auch die ungleich 4kantige Leuzitaxe ig = $\frac{2}{3}$ IG ergiebt sich aus der begründeten Eintheilung der Linie pw.

§. 19.

Verhältniß der um und in ein Vierflach beschriebenen 4 Hauptkörper zu einander.

Fig. 39 Fig. 39. Ein Würfel, 8flach, Rauten12flach und Leuzit sind

1) um und

2) in ein 4flach

beschrieben, wie verhalten sie sich unter einander?

1. a. Die Kante des umschriebenen 4flachs ist:

= 3 mal die Gere des eingeschriebenen Würfels. AB = 3 ab

= 2 mal die Kantenaxe oder Kante des eingeschriebenen 8flachs. AB = 2 fh.

= 3 mal die Linie, welche eine 3kantige Ecke des Rauten12flachs rechtwinklig durch die 4kantige Axe mit der gegenüber liegenden 3kantigen Ecke verbindet (AB = 3 ab) oder = 3 langen Geren des 12flachs.

= 3 mal die Linie, welche eine 3kantige Leuzitecke rechtwinklig durch die Hauptaxe mit der gegenüber liegenden 3kantigen Ecke verbindet. BA = 3 ab.

Da die Axe eines in ein 8flach eingeschriebenen Würfels $\frac{2}{3}$ der Kante des umschriebenen 8flachs beträgt, so wird sich gegenwärtiger dem 4flach eingeschriebene Würfel, dessen 3fache Axe = 2en Kanten des demselben 4flach eingeschriebenen 8flachs, in dieses 8flach einschreiben lassen.

3 ab = AB
2 fh = AB also
3 ab = 2 fh
ab = $\frac{2}{3}$ fh.

b. Die Axe des umschriebenen 4flachs ist das Doppelte der Axe des eingeschriebenen Würfels, der Flächenaxe des eingeschriebenen 8flachs, der 3kantigen Axe des eingeschriebenen Rauten12flachs und Leuzits.

c. Die Kantenaxe des umschriebenen 4flachs ist = der Axe des 8flachs. gC = gC
= 3 mal die Kante des Würfels. gC = 3 eb.
= $\frac{3}{2}$ der 4kantigen Axe des Rauten12flachs gC = $\frac{3}{2}$ = $\frac{3}{2}$ ik.
= $\frac{3}{2}$ der Hauptleuzitaxe. gC = $\frac{3}{2}$ ik.

Wie sich der eingeschriebene Würfel in das eingeschriebene 8flach einschreiben läßt, eben so in das eingeschriebene 12flach und in den Leuzit. Das 12flach läßt sich auch in den Leuzit einschreiben, 12flach und Leuzit aber in das 8flach. Siehe die Fig. 39.

2. Die Kante des eingeschriebenen 4flachs ist
= der Gere des umschriebenen Würfels. ab = ab
= $\frac{2}{3}$ der Kante des umschriebenen 8flachs. ab = $\frac{2}{3}$ fh.
= der Linie von einer 3kantigen Ecke des 12flachs rechtwinklig durch die 4kantige Axe zur gegenüber liegenden Ecke. ab = ab.
= der Linie von einer 3kantigen Leuzitecke rechtwinklig durch die Hauptaxe zur gegenüber liegenden 3kantigen Leuzitecke. ab = ab.

Die umschriebenen 4 Körper sind einerlei mit den eingeschriebenen, haben also gleiche Verhältnisse unter einander.

Das eingeschriebene 4flach verhält sich zum umschriebenen bei allen 4 Körpern gleich, nämlich so daß jede Linie des eingeschriebenen $\frac{1}{3}$ der ihr gleichartigen Linie des umschriebenen.

Und eben dies Verhältniß zeigt jeder der 4 um ein 4flach beschriebenen Körper zu dem ihm ähnlichen in dasselbe 4flach beschriebenen.

§. 20.

Widerspricht die Verwandtschaft des 4flachs mit der Würfelsippe dem Gesetze des Ebenmaaßes?

Dies Gesetz lautete: wenn man Eine Fläche, Kante oder Ecke eines Körpers auf bestimmte Weise verändert — abstumpft, zuschärft, zuspitzt — so müssen alle gleichartigen Flächen, Kanten und Ecken desselben Körpers auf gleiche Weise verändert werden.

Betrachten wir nun die Uebergänge aus dem Würfel, 8flach, Rauten12flach und Leuzit in das 4flach, so widersprechen diese scheinbar jenem Gesetze, indem immer nur die Hälfte von 8 gleichartigen Ecken oder Flächen dieser 4 Körper bei ihrer Verwandlung in ein 4flach verändert wird. Das 4flach verhält sich hierbei wie ein halbes 8flach.

Allein bei umgekehrter Ansicht der Verwandlung besteht jenes schöne Gesetz, wenn man nämlich darauf sieht wie das 4flach in jene 4 Körper übergeht. In den Würfel durch Abstumpfung aller seiner Kanten, in das 8flach durch Abstumpfung aller seiner Ecken, in das 12flach durch Zuspitzung aller seiner Ecken, in den Leuzit durch Zuspitzung aller Ecken und Zuschärfung aller Kanten.

Zusätze.

A. Das Pyramiden4flach.

Wir sahen daß der Leuzit aus dem 4flach entsteht durch vereinte Zuschärfung der Kanten und Zuspitzung der Ecken. Schärft man nur die Kanten zu, und zwar bis je 3 Zuschärfungsflächen in jeder Flächenmitte des 4flachs eine 3kantige Ecke bilden, so entsteht das Pyramiden4flach [20]).

20) Aus dem Würfel entsteht es durch 3flächige Zuspitzung von 4 den Flächen des 4flachs entsprechenden Ecken. Die Zuspitzungen sind aufgesetzt, wie beim Uebergang aus dem Würfel in

Beträgt der Winkel der Zuschärfungskante 110° so ist das Pyramiden4flach als ein halber Leuzit zu betrachten.

Es läßt sich aber eine Reihe verschiedener Pyramiden4flache bilden. Am einen Ende würde das stehen, dessen Zuschärfungskantenwinkel nur um ein Geringstes größer als 70° wäre — als der Winkel der zugeschärften 4flachkante. — Am andern Ende stände eins, dessen Zuschärfungskantenwinkel nur um ein Geringstes kleiner als 2 Rechte. Betrüge er 2 Rechte, so vereinten sich je 2 Zuschärfungsflächen einer Kante in Eine Abstumpfungsfläche — eine Würfelfläche.

So denken wir uns jene Reihe Pyramiden4flache aus dem 4flach (dem umschriebenen) durch Hinwegnahme, durch Zuschärfen erzeugt. Wir können sie aber auch aus dem (eingeschriebenen) 4flach durch Hinzufügen bilden. Setzen wir nämlich auf jede Fläche des 4flachs eine 3seitige Pyramide. Die Grundkantenwinkel und Axen der möglichst stumpfen Pyramide müssen größer als 0, die Pyramidenkanten länger als $\frac{2}{3}$ der Höhenlinie der 4flachs△e, jeder ihrer Winkel kleiner als 2 Rechte, jeder der 3 Winkel an der Spitze kleiner als 120° seyn. Jeder Grundkantenwinkel der möglichst spitzen Pyramide muß kleiner als 55° seyn (weil $70^{\circ} + 2 \times 55^{\circ} = 180^{\circ}$). Jeder

den Leuzit. (So beim Borazit, Hauy. Tafel 33. Fig. 93 die Flächen r.)

Aus dem 8flach erzeugt man es durch Zuschärfung der Ecken, (welche ja den 4flachkanten entsprechen) die Zuschärfungsflächen auf die Flächen des 8flachs aufgesetzt ꝛc.

Jeder Polkantenwinkel sey größer als ein Rechter, und eben so jeder Flächenwinkel an der Spitze. Die Axe sey nicht völlig $\frac{1}{3}$ der 4flachsaxe. Setzt man auf jede Fläche des 4flachs eine 3seitige Pyramide deren Axe $\frac{1}{3}$ der 4flachsaxe, deren Grundkantenwinkel 55°, der Polkanten- und Polflächenwinkel aber 90°, so erhält man einen Würfel.

Wenn nun das Pyramiden4flach, dessen Zuschärfungskante 110° beträgt, als ein halber Leuzit angesehn werden muß, sind dann nicht alle übrigen Pyramiden-4flache der angegebenen Reihe als Halbkörper von Leuzit ähnlichen Gestalten zu betrachten? [21])

§. 22.

B. Das Rauten12flach mit zugeschärften 4kantigen Ecken.

Aus dem Rauten12flach würde das Pyramiden-4flach, dessen Zuschärfungskante 110° — der ächte Halbleuzit — entstehen, wenn man, statt 24 Kanten abzustumpfen, was den vollständigen Leuzit erzeugt, nur 12 abstumpfte. Und zwar 4 × 3 welche in den 4 3kantigen 12flachsecken zusammentreffen, die den Ecken des dem 12fach eingeschriebenen oder den Flächenmitten des ihm umschriebenen 4flachs entsprechen.

21) Zwei 4flache von gleicher Größe. Setze die 4 Pyramiden, in welche das eine zerlegt wird, auf die 4 Flächen des zweiten. Das so entstandene Pyramiden4flach hat 6 Kanten von (70° + 2 × 35°) = 140° 4 × 3 Kanten von 120°. Flächenwinkel 110° und 35°. —

Giebt man statt die bezeichneten 12 Kanten regelmäßig abzustumpfen den Abstumpfungsflächen stärkere Neigung gegen die 4kantige Axe als die abgestumpften Kanten selbst haben, so entsteht das hier in Rede stehende 12flach mit zugeschärften 4kantigen Ecken, welches bei der Blende vorkommt [22]).

Bestimmen wir diese Zuschärfung genauer. Aus jedem der 4 X 3 stumpfen Rautenwinkel die um die 4 oben bezeichneten 3kantigen Ecken des 12flachs liegen; fälle 2 senkrechte Linien auf 2 gegenüber liegende Kanten Fig. 40 Fig. 40. Aus dem stumpfen Winkel AEA′ fälle x und y. senkrecht auf AE′ und A′E′. Es werden nun je 2 solcher aus 2 benachbarten Rautenwinkeln gefällte Linien (y und z) bestimmen, wie die zwischen ihnen liegende Kante EA′ abzuschneiden sey.

Jede 12flachsraute wird durch 2 solcher Schnitte in ein Trapez (EDE′F) verwandelt, das einen (unveränderten) Winkel von 110°, 2 von 90° und einen von 70° hat. Letzterer ist so groß als der verschwundene spitze Rautenwinkel.

Man halte ein so zugeschärftes 12flach so, daß eine 3kantige Ecke oben, eine 6kantige unten. Dann werden die 3 obern Zuschärfungskanten als 3 nach oben zu gegen einander geneigte Pyramidenkanten des 4flachs erscheinen, die 3 untern Zuschärfungskanten, welche in einer Ebene liegen, so die senkrechte Axe des 12flachs rechtwinklig schneidet, erscheinen als zugeschärfte Grundkanten

22) Vergleiche Hauy. Kupfertafel 87 Fig. 197. Von Hauy rühren die nähern Bestimmungen dieses 12flachs her.

desselben 4flachs. Diese 12 Zuschärfungsflächen so vergrößert, daß die Flächen des 12flachs schwänden, würden nun ein Pyramiden4flach erzeugen, dessen Zuschärfungskante stumpfer als 110° (129° nach Hauy) das also nicht als Halbkörper des ächten Leuzits, sondern nur eines Leuzit ähnelnden Körpers anzusehn wäre.

§. 23.

C. Das Rauten12flach, dessen 4kantige Ecken mit 4 Flächen zugespitzt sind, die Zuspitzungsflächen auf die Kanten aufgesetzt.

Regelmäßige Abstumpfung der 12flachskanten erzeugt den Leuzit. Neigen sich die Abstumpfungsflächen stärker gegen die 4kantige Axe, als die abgestumpften Kanten; m. a. W. spitzt man jede 4kantige Ecke mit 4 Flächen zu, die Zuspitzungsflächen auf die Seitenkanten aufgesetzt, so entsteht ein Leuzit ähnlicher Körper, dessen Hauptecken stumpfer als beim ächten Leuzit sind.

Ein solches zugespitztes Rauten12flach führt Hauy (beym Pleonaste) Tafel 50 Fig. 104 an, und ist Fig. 41 abgebildet. Je 2 an der Zuspitzungsecke einander gegenüber liegende Zuspitzungsflächen neigen sich unter etwa $129\frac{1}{2}^{\circ}$ gegen einander — also unter demselben Winkel wie je 2 Zuschärfungsflächen des (Blende) Rauten12flachs mit zugeschärften 4kantigen Ecken. Hieraus folgt:

Fig. 41. a. Jede von einer Zuspitzungsfläche und einer Fläche des 12flachs gebildete Kante (rg) würde mit Fig. 41

der ihr gegenüber liegenden 12flachskante (x) einen rechten Winkel bilden.

b. 4 jener Kanten, welche um eine 12flachsraute liegen (2 rg und 2 r'g) erzeugen, sobald je 2 in einer 3kantigen Ecke des 12flachs zusammenstoßen, eine zweite Raute, welche der ursprünglichen 12flachsraute ähnlich, und deren lange Gere mit der kurzen Gere des 12flachs zusammen fällt.

Fig. 42 Fig. 42. abcd eine 12flachsraute. ebhd ist die Gestalt welche die Raute bei Zuschärfung der 4kantigen Ecke erhält, da nur aus Einem stumpfen Winkel senkrechte Linien auf die gegenüber liegenden Kanten gefällt werden.

Fig. 43 Fig. 43. zeigt wie bei der in Rede stehenden 4flächigen Zuspitzung der 4kantigen Ecken, 2 und 2 Linien aus beiden stumpfen Rautenwinkeln senkrecht auf die gegenüber liegenden Kanten gefällt werden, und hieraus die neue Raute bkdi entspringt, welche der Raute abcd ähnlich, deren lange Gere aber mit der kurzen Gere von abcd eins ist.

So hätten wir hier einen Leuzit ähnelnden Körper und das Gesetz seiner Bildung.

Beim Bleiglanz findet sich (Hauy, Tafel 66 Fig. 36.) ein 8flach dessen Ecken mit 4 Flächen zugespitzt sind, die Zuspitzungsflächen auf die Flächen des 8flachs aufgesetzt. Wäre der Winkel den die Zuspitzungsflächen mit den Flächen des 8flachs bilden 160°, so gienge, wie wir sahen, hieraus der ächte Leuzit hervor. Jener Winkel beträgt aber $150\frac{1}{2}$°, daher die Zuspitzung stumpfer, und der aus derselben erwachsende Leuzit ähnelnde Körper stumpfere Hauptecken hat, als der ächte Leuzit. Eine leichte Berechnung zeigt aber, daß der Winkel, unter welchem 2 einander an der Zuspitzungsecke gegenüber liegende Zuspitzungsflächen zusammenstoßen ungefähr $129\frac{1}{2}°$ sey, daß also der Leuzitähnelnde Körper, welcher aus dieser Zuspitzung des 8flachs hervorgeht mit demjenigen einerlei ist, der aus der eben betrachteten Zuspitzung der 4kantigen Ecken des Rauten12flachs entspringt.

§. 24.

D. Reihe Leuzit ähnelnder Körper.

Wie wir eine Reihe von Halbleuziten — Pyramiden4flachen — aus verschiedenwinkliger Zuschärfung der Kanten eines 4flachs entspringen sahen, so können wir uns nun eine Reihe vollständiger Leuzitähnelnder Körper aus verschiedener Zuspitzung der 6 oder 8 Ecken des 12flachs, der Ecken des 8flachs und Würfels bilden. Der ächte Leuzit entspringt aus regelmäßiger Abstumpfung der 12flachskanten.

Leuzit ähnelnde Körper mit stumpferen Hauptecken, spitzeren 3kantigen Ecken, gehn aus (der schon betrachteten) 4flächigen Zuspitzung der 4kantigen Ecken hervor. Der Winkel den 2 einander an der Zuspitzungsecke gegenüber liegende Zuspitzungsflächen mit einander bilden, muß größer als 110°, kleiner als 180° seyn. Der Winkel den eine so erzeugte Leuzitfläche mit der 3kantigen Leuzitaxe macht, muß kleiner als 70° seyn — als der Winkel den die 12flachskante mit der 3kantigen 12flachsaxe bildet — aber größer als 35° — als der Winkel der Würfelgere mit der Würfelaxe.

Leuzitähnelnde Körper deren 6 Hauptecken spitzer, die 8 3kantigen Ecken stumpfer als beim ächten Leuzit, entstehn aus 3flächiger Zuspitzung der 3kantigen Ecken des 12flachs, die Zuspitzungsflächen auf die Kanten aufgesetzt. Eine so erzeugte Leuzitfläche bildet mit der 3kantigen Leuzitaxe einen Winkel der größer als 70°, — als der Winkel der 12flachskante mit der 3kantigen 12flachsaxe — kleiner als 90° — als der Winkel den die Abstumpfungsfläche der 3kantigen Ecke mit derselben Axe macht. Der Winkel den 2 Flächen dieses Leuzits an einer Hauptecke bilden, muß etwas kleiner als 110° seyn, und etwas größer als 70° — kleiner als der Winkel den 2 Kanten des 12flachs an der 4kantigen Ecke des 12flachs machen, größer als der Winkel den 2 ausgebildete Abstumpfungsflächen der 3kantigen Ecken — 2 Flächen des 8flachs — mit einander an der 4kantigen Ecke des 12flachs bilden würden.

Bilden wir nun diese Reihe Leuzit ähnelnder Körper aus dem 8flach. Bei der spitzesten 4flächigen Zuspitzung der 8flachecken, müssen 2 an einer Hauptecke einander gegenüber liegende Leuzitflächen einen Winkel bilden der etwas größer als 70°, als der Winkel den 2 einander an einer Ecke gegenüber liegende Flächen des 8flachs bilden.

Mit der 3kantigen Leuzitaxe wird eine solche Zuspitzungsfläche einen Winkel machen, der nur etwas größer als 90° ist, als der Winkel den die Fläche des 8flachs mit der Flächenaxe macht.

Bei der stumpfesten Zuspitzung muß der Winkel, den 2 Zuspitzungsflächen an einer Hauptleuzitecke bilden, größer als 180° seyn, weil sonst alle 4 Zuspitzungsflächen in eine Fläche — Würfelfläche — zusammen fielen. Mit der 3kantigen Leuzitaxe muß die Fläche der stumpfesten Zuspitzung einen Winkel machen der größer als 35°, als der Winkel den die Würfelgere mit der Würfelaxe bildet.

Wie die Reihe Leuzitähnelnder Körper aus dem Würfel zu bilden sey, ist aus Vergleichung mit dem Gesagten leicht zu finden.

Der aus regelmäßiger Abstumpfung der 12flachskanten erzeugte Leuzit, steht an der Spitze aller ihm ähnelnden Körper. Daß sich unter diesen solche finden, welche nach bestimmter Regel aus dem Würfel, 8flach und Rauten12flach entstehn, diesen gesetzlich verwandt sind, sahen wir an einem Beispiele. Es gilt, alle gesetzlichen Familienglieder aufzufinden.

§. 25.

E. Der Pyramidenwürfel.

A. Der eingeschriebene.

Schärft man die Kanten des Würfels zu, und zwar bis je 4 Zuschärfungsflächen in den Flächenmitten des Würfels eine 4kantige Ecke bilden, so entsteht ein Pyramidenwürfel.

Er hat 24 Flächen (12×2 Zuschärfungsflächen oder auch 6×4 Pyramidenflächen) 12 Zuschärfungskanten, die den Kanten des Würfels # sind, und 6×4

Pyramidenkanten. An 8 6kantigen Ecken welche in die Axen des Würfels fallen, stoßen je 3 Zuschärfungs- und 3 Pyramidenkanten zusammen, 6 4kantige Ecken erscheinen als Spitzen der Pyramiden, und fallen in die Flächenmitten des umschriebenen Würfels.

B. Der umschriebene.

Schneidet man die 6 Pyramiden des Pyramidenwürfels jede durch 4 ein Geviert bildende Grundkanten ab, so erhält man den dem Pyramidenwürfel eingeschriebenen Würfel. Dessen Kanten und Ecken fallen demnach mit 12 Kanten und 8 6kantigen Ecken des Pyramidenwürfels zusammen.

* * *

Wir können uns nun eine Reihe solcher Pyramidenwürfel denken. Am einen Ende der Reihe würde ein Pyramidenwürfel stehn, dessen Zuschärfungskantenwinkel nur um ein Geringstes größer wäre als ein rechter, als der Würfelkantenwinkel; am andern Ende einer dessen Zuschärfungskantenwinkel nahe 2 Rechten.

Fig. 44 Fig. 44. abc Durchschnitt einer Würfelkante. adc und aec können die Aeußersten der Zuschärfung vorstellen. Betrüge die Zuschärfungskante 2 Rechte = ac, so wäre sie regelmäßige Abstumpfung der Würfelkante, aus welcher bekanntlich das Rauten12flach entspringt.

Betrachten wir den (umschriebenen) Pyramidenwürfel als dadurch entstanden, daß auf jede Würfelfläche eine 4seitige Pyramide aufgesetzt wird. Der möglichst stumpfen Pyramide Grundkantenwinkel würde, so wie ihre Axe, fast 0, jeder Flächenwinkel an der Spitze würde fast ein Rechter, die Pyramidenkante wenig größer als eine halbe Würfelaxe seyn. Die Winkel der 12 Kanten in welchen je 2 Flächen 2er benachbarten Pyramiden zusammenstießen, würden nur um ein Geringes größer als die Würfelkantenwinkel selbst — als ein Rechter — seyn.

Am andern Ende steht der spitzeste Pyramidenwürfel, dessen Pyramide nur um ein Geringstes stumpfer wäre als eine der 6 Pyramiden, welche dem Würfel aufgesetzt, das Rauten12flach erzeugen. Die Winkel der Grundkanten müßten also um etwas kleiner als 45° seyn, damit nicht 2 Grundkanten 2er aneinander grenzenden Pyramiden mit der Würfelkante 2 Rechte betrügen, und 2 Pyramidenflächen daher eine Fläche bildeten.

Eben so dürfte die Axe der Pyramide der Hälfte der Würfelkante nicht gleich kommen, jeder der 4 Flächenwinkel an der Pyramidenspitze müßte größer als 70° seyn, jeder Pyramidenkantenwinkel größer als 120°.

Pyramidenwürfel würden auch gebildet

1. Durch Abstumpfung der 6 × 4 längern Leuzitkanten [23]).

Fig. 45. Die Flächen c sind Flächen des Pyramidenwürfels. Denkt man sich bei dieser Figur 6 4kantige von c gebildete Ecken abgestumpft, so sind die Abstumpfungsflächen Würfelflächen. Es könnte nun c einmal gegen die Fläche des Rauten12flachs (P) so stark geneigt seyn, daß sie fast mit dieser zusammenfiele, das gä- Fig. 45

23) Findet sich beim Granat. Siehe Hauy, Tafel 46, Fig. 59, welche Figur von mir (Fig. 45.) entlehnt ist.

be den möglich spitzesten Pyramidenwürfel. Der stumpfste würde gebildet, wenn nur ein Geringstes fehlte, daß c mit der Würfelfläche zusammenfiele, oder rechtwinklig die Hauptleuzitaxe schnitte [24]).

2. Entsteht der Pyramidenwürfel durch Zuspitzung der 4kantigen Ecken des Rauten12flachs, die Zuspitzungsflächen auf die Seitenflächen aufgesetzt [25]).

3. Aus dem 8flach würde der Pyramidenwürfel entstehn durch Zuspitzung der Ecken, die Zuspitzungsflächen auf die Kanten aufgesetzt.

§. 26.

F. Das Pyramiden8flach.

A. Das eingeschriebene.

Schärft man die Kanten eines 8flachs zu, bis je 3 Zuschärfungsflächen in der Mitte eines 8flach△s eine 3kantige Ecke bilden, so entsteht das Pyramiden8flach.

Es hat 24 Dreiecke. 12 seiner Kanten laufen als Kanten einer regelmäßigen Zuschärfung # mit den Kanten des umschriebenen 8flachs. 8 × 3 Kanten gehören 8

24) Aus §. 31 wird sich ergeben, daß aus 12 und 12 bestimmten mit c bezeichneten Flächen der Fig. 46 — d. i. 12 und 12 Flächen des Hauptpyramidenwürfels — 2 Kies12flache gebildet werden können. Vergleiche: Beschreibung einer Zwillingskrystallisation des Schwefelkieses, vom Professor Weiß, im Magazin der Gesells. Naturforschender Freunde zu Berlin. Achter Band.

25) Findet sich beim Quecksilberamalgam und Granat.

3seitigen Pyramiden an. 6 3 und 3kantige Ecken fallen in die 3 Axen des 8flachs, 8 3kantige Ecken in die Flächenmitten des 8flachs.

B. Das umschriebene.

Schneidet man 8 3seitige Pyramiden des Pyramiden8flachs durch je 3 Grundkanten ab, so erhält man das eingeschriebene 8flach. Dessen Axen sind also eins mit den 6kantigen Axen des Pyramiden8flachs, seine Kanten eins mit 12 Kanten des Pyramiden8flachs.

* * *

Wir können uns hier — wie bei Betrachtung des Pyramidenwürfels — eine Reihe von Pyramiden8flachen denken. An einem Ende wäre der Winkel einer der 12 Zuschärfungskanten nur um ein Geringstes größer als der Kantenwinkel des 8flachs — als 110° —; am andern Ende wäre er nur um ein Geringstes kleiner als 2 Rechte. Betrüge er 2 Rechte, so bildeten je 2 Zuschärfungsflächen eine Abstumpfungsfläche der Kante — eine Fläche des Rauten12flachs.

Oder betrachten wir das (umschriebene) Pyramiden8flach als so erzeugt, daß auf jede Fläche des 8flachs eine 3seitige Pyramide aufgesetzt würde. Die Grundkantenwinkel und die Axe der möglichst stumpfen Pyramide würde fast 0, ihre Pyramidenkanten fast mit ⅔ Höhenlinien der 8flachsdreiecke zusammenfallen, die Flächenwinkel an ihrer Spitze fast 120° seyn.

Der Grundkantenwinkel der möglichst spitzen Pyramide würde dagegen kleiner als 35° seyn, weil

$2 \times 35^\circ + 110^\circ$, (dem Kantenwinkel des 8flachs) $= 180^\circ$. In diesem Falle bilden aber je 2 Flächen 2 benachbarter Pyramiden Eine Fläche, und es entsteht das Rauten12flach. Der Pyramidenkantenwinkel würde eben so unter 120° seyn müssen, der Flächenwinkel an der Pyramidenspitze über 110°.

Aus dem Würfel erhält man das Pyramiden8flach durch 3flächige Zuspitzung der Ecken, die Zuspitzungsflächen auf die Kanten aufgesetzt; aus dem Rauten12flach durch 3flächige Zuspitzung der 3kantigen Ecken, die Zuspitzungsflächen auf die langen Geren aufgesetzt; — aus dem Leuzit durch Abstumpfung der 8×3 kürzern Kanten, welche Abstumpfung einerseits in Zuspitzung der 8 3kantigen Ecken, andrerseits in Zuspitzung der 12 ungleich 4kantigen überschlüge.

§. 27.

G. Das Pyramidenrauten12flach oder 48flach.

A. Das eingeschriebene.

Schärft man die Kanten des Rauten12flachs zu, bis je 4 Zuschärfungsflächen in einer Rautenmitte eine 4kantige Ecke bilden, so entsteht das 48flach. Es hat 24×2 (Zuschärfungs-) oder 12×4 (Pyramiden-) Flächen. Indem je 4 Zuschärfungsflächen im Mittelpunkt der 12flachsraute zusammentreffen, bilden sie eine 4seitige Pyramide mit rautenförmiger Grundfläche, 2 gegenüber liegenden kürzern und 2 gegenüber liegenden längern Pyramidenkanten. Es entstehn nun 12 solcher Pyramiden. Diese haben 12 × 2 längere, 12 × 2 kürzere Pyramidenkanten. Hierzu kommen 24 Zuschärfungskanten, macht in Allem 72 Kanten. — 12 4kantige Ecken treffen in die Flächenmitten des zugeschärften 12flachs, 6 8kantige Ecken fallen in die 4kantigen, 8 6kantige Ecken in die 3kantigen Axen des zugeschärften 12flachs.

B. Das umschriebene.

Schneidet man 12 4kantige Ecken des Pyramiden-12flachs durch je 4 umgebende Grundkanten weg, so entsteht das Rauten12flach, dessen Kanten mit den 24 Kanten zusammen fallen, durch welche die Schnitte gehn, dessen 6 4kantige Ecken den 6 8kantigen, dessen 8 3kantige Ecken den 8 6kantigen des 48flachs entsprechen.

* * *

Man kann sich nun eine Reihe solcher 48flache denken. An einem Ende stände das durch die möglich schärfste, am andern Ende das durch die möglich stumpfste Zuschärfung entstandene. Die Zuschärfungskante des erstern würde nur um ein Geringstes stumpfer seyn als die 12flachskante, als 120°, die Kante des letzteren dürfte nicht volle 180° betragen, weil sonst 2 Zuschärfungsflächen in eine Abstumpfungsfläche — eine Leuzitfläche — zusammenfielen.

Oder man denkt sich, das 12flach werde durch Aufsetzen einer 4kantigen Pyramide auf jede Raute in das 48flach verwandelt. Der Grundkantenwinkel und die

Axe der möglichst stumpfen Pyramide würden ein Geringstes über 0, die 2 und 2 Pyramidenkanten nur wenig länger als 2 lange und 2 kurze halbe Rautengeren, jeder der 4 Flächenwinkel an der Spitze fast ein Rechter seyn. —

Der Grundkantenwinkel der möglich spitzesten Pyramide dürfte nicht volle 30° betragen. Betrüge er 30°, so würden 2 solche Winkel mit den Kantenwinkel des 12flachs vereint ($2 \times 30^\circ + 120^\circ$) 180° betragen, und 2 Flächen 2er benachbarten Pyramiden in Eine Fläche — Leuzitfläche — zusammenfallen. — Die Axe der Pyramide dürfte nicht völlig $\frac{1}{6}$ der Flächenaxe (oder langen Gere) des 12flachs seyn. (Vergleiche Fig. 23)

Aus dem Würfel würde das 48flach erzeugt durch Zuspitzung jeder Ecke mit 6 Flächen 3 Kanten jeder Zuspitzung, welche an 3 Würfelgeren gränzen, müssen mit 3 Würfelaxen gleich laufen, und regelmäßig abgestumpft Leuzitflächen geben. Man nehme den Würfel mit abgestumpften Kanten, und schärfe dessen Anfänge von 24 Kanten des Rauten12flachs zu, so erhält man eine solche 6flächige Zuspitzung.

Aus dem 8flach entsteht das 48flach durch 8flächige Zuspitzung der Ecken. Jede Zuspitzungskante welche als Fortsetzung einer Dreieckshöhenlinie erscheint, muß mit der ihr gegenüber liegenden Fläche des 8flachs einen rechten Winkel bilden, und regelmäßig abgestumpft die Leuzitfläche geben. Man nehme ein 8flach mit abgestumpften Kanten, schärfe dessen Anfänge von 24 Kanten des 12flachs regelmäßig zu, so erhält man die Zuspitzung.

Aus dem Leuzit entsteht das 48flach durch 4flächige Zuspitzung der 12 ungleich 4kantigen Ecken, die Zuspitzungsflächen auf die kurzen Geren aufgesetzt.

Ueberblicken wir nun die Verhältnisse des 48flachs zu den 4 Hauptkörpern — zum Würfel, 8flach, Rauten-12flach und Leuzit.

8 6kantige Ecken fallen mit den Ecken des eingeschriebenen Würfels und den 3kantigen Ecken des eingeschriebenen 12flachs, 6 8kantige Ecken mit den Ecken des eingeschriebenen 8flachs und den 6 4kantigen Ecken des eingeschriebenen 12flachs zusammen. 12 4kantige Ecken entsprechen den 12 ungleich 4kantigen Ecken des eingeschriebenen Leuzits. Man erhält diesen durch Abstumpfung der 8 $\times$ 3 längern Kanten, welche in den 6kantigen Ecken zusammentreffen. 6 und 8kantige Ecken des 4flachs werden natürlich hierdurch weggeschnitten.

Die Flächenmitten des umschriebenen Würfels fallen mit den 6 8kantigen Ecken, die Flächenmitten des umschriebenen 8flachs mit den 8 6kantigen, die Flächenmitten des umschriebenen 12flachs mit den 12 4kantigen Ecken zusammen. 24 kürzere Geren des umschriebenen Leuzits sind eins mit den 24 längsten Kanten des 48flachs, daher 6 Hauptecken des Leuzits mit 6 8kantigen, 8 3kantige Leuzitecken mit 8 6kantigen des 48flachs zusammenfallen.

Man denke 4 in einer Ebene liegende 8kantige Ecken des 48flachs durch 4 Linien verbunden, so bilden diese 4 Linien ein Geviert, welches dem Geviert von 4 in einer Ebene liegenden Kanten des eingeschriebenen 8flachs oder 4 in einer Ebene liegenden langen Geren des eingeschriebenen 12flachs entspricht.

Hält man das 48flach zwischen eine senkrechte 6kantige Axe, so sind 6 seiner längern Kanten welche 6 Kanten des 12flachs oder 6 kürzeren Geren des Leuzits entsprechen, auch senkrecht, der senkrechten Axe # [26]).

C. Die Nebensippe des Kies12flachs.

§. 28.

1) Würfel und Kies12flach.

A. Das eingeschriebene 12flach.

Die regelmäßige Abstumpfung der Würfelkanten führt in das Rauten12flach. Bei Abstumpfung einer einzelnen Kante schneidet man hierbei eine 3seitige Säule ab, deren Endflächen gleichschenklige rechtwinkliche △e.

Fig. 46 Fig. 46. Durchschnittsfläche durch die Mitten ABCD 4 #er Würfelkanten. Die △e abA, bcB, dcD, aCd. In diesen ist aA = Ab = bB = Bc ꝛc. Man kann

26) Das 48flach ist angedeutet beim Granat im Rauten12flach mit zugeschärften Kanten. Ja 2 48flache, da doppelt zugeschärfte Kanten vorkommen. — Dann beim Flußspathwürfel mit 6flächig zugespitzten Ecken. — Zuletzt gehört das 48flach des Diamant hierher, vielleicht der König des Würfelgeschlechts.

kann die Würfelkanten auch schief abstumpfen, so daß man rechtwinklige Säulen abschneidet, deren Endflächen ungleichschenklige rechtwinklige Dreiecke. Als solche Endflächen wären anzusehn eAb, iAb, bBk, bBf 2c.

Je 2 regelmäßige Abstumpfungsflächen der Würfelkanten schneiden sich in einer Linie welche jede Würfelfläche #, 2 #en Kanten hälftet, unter rechten Winkeln. Winkel abc = bcd = 1 Rechten.

Bei einer schiefen Abstumpfung der Würfelkanten, welche der regelmäßigen am nächsten steht — bei eAb, fbB 2c. ist Ae nur um ein Geringes kleiner als Ab, fB als bB. Der Winkel ebf ist nur um Weniges größer als ein Rechter.

Bei schiefer Abstumpfung der Würfelkanten, welche am meisten von der regelmäßigen abweicht — bei iAb, bBk 2c. — sind die Schenkel iA oder kB fast 0, die Hypotenusen ib, kb sind nur um ein Geringes länger als die Katheten Ab und Bb. Der Winkel ibk beträgt fast 2 Rechte. So überblicken wir die Reihe schiefer Abstumpfungen.

Stumpfen wir nun alle 12 Würfelkanten schief ab, und zwar so, daß die Abstumpfungsflächen 2er #en Kanten desselben Würfelgevierts sich zu einander neigen und sich berühren, so läßt sich dies ansehn als würden alle Würfelflächen zugeschärft.

Die Zuschärfungen seyen nun der Art, daß je 2 Zuschärfungskanten 2er #en Flächen #, und die 3 Schnittebenen, welche zwischen den 3 Paaren #er Zuschärfungskanten liegen, sich unter rechten Winkeln schneiden, und so 3 Paar ‖en Würfelflächen gleich laufen.

Auf solche Weise erhalten wir, je nachdem die Zuschärfung mehr oder minder stumpf, eine Reihe von 12flächen, deren Flächen 5ecke. In jedem dieser 5ecke sind 4 Seiten gleichartig, also unter sich gleich, die 5te aber, welche der Zuschärfungskante einer Würfelfläche entspricht, ist bald länger bald kürzer als die übrigen — nur in dem mathematisch regelmäßigen 12flach ist sie ihnen gleich.

Aus dem über schiefe Abstumpfung der Würfelkanten Gesagten ergiebt sich: ist die Zuschärfung des Würfels möglichst stumpf, so ist die Zuschärfungskante fast so lang als die Würfelkante, ihr Winkel fast 180°, so daß beide Zuschärfungsflächen fast mit den Würfelflächen zusammenfallen.

Ist die Zuschärfung des Würfels möglichst scharf, so ist der Zuschärfungskantenwinkel fast 1 Rechter, die Zuschärfungskante fast 0. Der Körper steht dem Rauten12flach ganz nahe, da die 6 sehr kurzen Zuschärfungskanten an die Stelle der 6 4kantigen Ecken des Rauten12flachs treten.

In dieser Reihe schiefer Abstumpfungen der Würfelkanten sind nun solche, bei welchen sich das gegenseitige Verhältniß zweier Katheten der rechtwinklig 3seitigen Endfläche der Abstumpfungssäule in Theilen der Würfelkante aussprechen läßt. Wie Hauy bewiesen hat, gehört das regelmäßige 12flach nicht zu diesen, wohl aber das 5eck 12flach, in welchem der Schwefelkies krystallisirt, und das ich deshalb Kies12flach nennen will. Es geht hervor wenn man die Würfelkanten so abstumpft, daß in der rechtwinklig dreieckigen Endfläche der Abstumpfungssäule, die kürzere Kathete die Hälfte der längern ist.

Hauy giebt folgende Anweisung, das Kies12flach aus dem Würfel zu schneiden [27]).

Fig. 47. „Man macht zuförderst einen Würfel, Fig. 47
man zieht auf den Flächen dieses Würfels Linien mn, m′n′, m″n″, welche die Würfelflächen nach 3 sich einander senkrecht schneidenden Richtungen jede in 2 Hälften theilen. Auf jeder solcher Linie wie mn nimmt man zu beiden Seiten ein Stück mo oder nr gleich $\frac{1}{4}$ der ganzen Linie [28]). Darauf legt man durch eben diese Linien zwei Schnittebenen, wovon die eine eine Tangentialebene am Punkte o′, die andere an dem correspondirenden Punkte der entgegengesetzten Fläche seyn muß; zwei andere durch m″n″ gelegte Ebenen werden Tagentialebenen, die eine an dem Punkte r, die andere an dem correspondirenden Punkte der entgegengesetzten Fläche u. s. f. So bekömmt man 12 Schnittebenen, in der Zahl gleich der Zahl der Kanten welche sie wegschneiden, und dies giebt das gesuchte Dodekaeder." —

Das so entstandene Kies12flach hat nun, wie wir wissen, 12 Fünfecke, jedes von 4 gleichen und einer ungleichen — längern — Seite begrenzt. Diese 12 län-

27) Hauy Lehrbuch der Mineralogie. Th. 4. S. 85.

28) Im Original und in der Uebersetzung steht hier und an einem andern Orte $\frac{1}{8}$. Sollte nicht der eingeschriebene Würfel mit dem umschriebenen verwechselt seyn?

gern Seiten sind eins mit 6 Zuschärfungskanten, die man Hauptkanten genannt hat Man halte das 12flach zwischen 2 waagrechten Hauptkanten, oder zwischen einer senkrechten Hauptkantenaxe, die ich der Kürze halben Hauptaxe nennen werde. — Die 6 Hauptkanten werden von 6 Paar ungleichkantigen Ecken begrenzt. Ausserdem hat es 8 gleich 3kantige Ecken, in welchen 8 × 3 gleiche Kanten zusammenstoßen. — Die Gere zwischen 2 gleich 3kantigen Ecken heiße die Queergere.

Fig. 48 Fig. 48. Durchschnitt eines Würfels durch die Mitten 4 #er Kanten, und durch 2 #e Hauptkanten eh und gi des dem Würfel eingeschriebenen Kies12flachs. Diese Linien eh und gi entsprechen Fig. 47. der Linien o'r' und der ihr auf der #en Würfelseite #en. f entspricht dem Mittelpunkte c der Linie or, die Linie fg der Linie o'c, d. i. der Linie von der Mitte einer Hauptkante zu dem dieser Kante gegenüber liegenden Winkel. Diese Linie heiße die Hauptlinie.

Fig. 48 zeigt nun, daß die Hauptkanten gi und eh ½ der der Würfelkante gleichen Linien bd und fk. Da aber fk Hauptaxe des Kies12flachs, so ergiebt es sich daß die Hauptkante ½ der Hauptaxe.

B. Das umschriebene Kies12flach.

Stumpfe die 12 Hauptkanten des Kies12flachs jede durch 4 sie umgebende in einer Ebene liegende Queergeren ab, so entsteht der dem 12flach eingeschriebene Würfel. Die Kanten dieses Würfels fallen also mit den Queergeren, seine Ecken mit den 8 gleichkantigen Ecken, seine Axen mit den Axen dieser Ecken des 12flachs zusammen.

C. Es sey ein Kies12flach um, eins in denselben Würfel beschrieben, wie verhalten sich beide zu einander?

Es sey ein Würfel um, einer in dasselbe Kies12flach beschrieben, wie verhalten sich beide zueinander?

Fig. 49. efghik Durchschnitt eines in einen Würfel abcd eingeschriebenen Kies12flachs. Ganz wie Fig. 48. Fig. 49

Den Durchschnitt des um den Würfel abcd beschriebenen 12flachs verzeichne ich so:

Durch die Punkte a, b, c, d ziehe ich Lk # ek, LG # fg, GM # gh, MK # ik. Die Seiten der so erhaltenen Raute LGMK hälfte ich in den Punkten E, F, H, I und ziehe die Linien EF und HI.

EFGHIK ist Durchschnitt des dem Würfel abcd umschriebenen Kies12flachs.

Verlängere HI und FE. Durch den Punkt G ziehe eine Linie # bc bis sie in B und C die verlängerten HI und FE trifft — gleicher Weise ziehe AD # ad durch K, so ist ABCD Durchschnitt des um das Kies12flach EFGHIK beschriebenen Würfels [29]).

1. $\triangle$ MGK $\sim$ $\triangle$ MHI.

$$HI : GK = MH : MG = 1 : 2 \text{ oder } HI = \tfrac{1}{2}\, GK$$

29) Weiter unten wird es sich ergeben, daß die Verzeichnung von Fig 49 weit einfacher ist, wenn man vom Durchschnitt des äußern Würfels ABCD ausgeht, hierin auf angegebene Weise EFGHIK verzeichnet. Die Punkte abcd fallen in die Kreutzpunkte der Geren AC, BD und der Linien FG, GH, IK, KE u. s. w. Auch von der Raute LGML kann man ausgehn.

d. i. Die Hauptkante HI des umschriebenen Kies-12flachs ist $\frac{1}{2}$ von dessen Hauptaxe GK, wie wir schon wissen.

2. △ Ggc ≌ △ ghc 1 Seite und 2 Winkel. Also
$Gg = ch = \frac{1}{4}$ cd. Eben so
$Kk = di = \frac{1}{4}$ cd.
Es ist also $GK = gk + \frac{2}{4}\,gk = \frac{6}{4}\,gk$.

Die Hauptaxe (GK) des umschriebenen Kies-12flachs ist $\frac{3}{2}$ der Hauptaxe des eingeschriebenen ($\frac{3}{2}$ gk.)

Die Flächenaxe (und Kante) des umschriebenen Würfels (GK) ist $\frac{3}{2}$ der Flächenaxe des eingeschriebenen ($\frac{3}{2}$ gk). Hieraus folgt, daß die Abstumpfung 2er #en Hauptkanten des Kies12flachs, welche 2 #e Flächen des eingeschriebenen Würfels erzeugt, die Hauptaxe um $\frac{2}{6}$, an jeden Ende um $\frac{1}{6}$ verkürzt.

3. $hi = \frac{2}{4}\,gk = \frac{2}{6}$ GK.
$HI = \frac{3}{6}$ GK.
$hi : HI = \frac{2}{6} : \frac{3}{6} = 2 : 3$. D. i.
die Hauptkante des umschriebenen 12flachs ist $\frac{3}{2}$ der Hauptkante des eingeschriebenen.

4. $cd = \frac{4}{6}$ GK) also $cd : HI = 4 : 3$ oder $cd = \frac{4}{3}$ HI.
$HI = \frac{3}{6}$ GK.)

Wir wissen daß die Queergere des Kies12flachs F.F...K gleich der Kante (cd) des eingeschriebenen Würfels.

Diese Queergere ist demnach $\frac{2}{3}$ der Hauptkantenaxe $\frac{4}{3}$ der Hauptkante desselben Kies12flachs.

Verglichen mit 2, folgt: daß die Queergere des umschriebenen 12flachs = der Hauptkantenaxe des eingeschriebenen und = der Flächenaxe des eingeschriebenen Würfels. (Siehe die Figur 49.)

5. $\triangle$ Mcd $\sim$ $\triangle$ MGK.

$$Mc : MG = cd : GK = \tfrac{4}{6} : \tfrac{6}{6}.$$

Da die Linie MG in H gehälftet ist, so ist

$$MC - MH = \tfrac{4}{6} - \tfrac{3}{6} = \tfrac{1}{6}\,MG = cH.$$ Daher

$$Gc = \tfrac{2}{6}\,MG$$ und

$$\left.\begin{matrix} Gc \\ \| \\ gh \end{matrix}\right\} : GH = \tfrac{2}{6} : \tfrac{3}{6} = 2 : 3$$

d. i. die Hauptlinie GH d.3 umschriebenen 12flachs ist $\tfrac{3}{2}$ der Hauptgere (gh) beim eingeschriebenen.

Zugleich folgt daß jene Hauptlinie (GH) durch die Queergere (in c) so getheilt wird, daß $\tfrac{2}{3}$ nach der Hauptkante, $\tfrac{1}{3}$ nach dem gegenuber liegenden Winkel zu gelegen ist. Jene $\tfrac{2}{3}$ sind aber = der ganzen Linie gh des eingeschriebenen 12flachs.

Die Raute LGMK (Fig. 49) will ich die Kiesraute nennen. Da cd = bc und

$$cd = \tfrac{4}{6}\,GK = bc = \tfrac{2}{6}\,LM.$$ So ist $\tfrac{4}{6}$ GK =

$$\tfrac{2}{6}\,Lm$$ oder $GK = \tfrac{1}{2}\,LM$.

D. i. die lange Gere dieser Raute ist doppelt so lang als die kurze.

§. 29.

8flach und Kies12flach.

A. Das umschriebene Kies12flach.

Stumpft man die 8 gleichkantigen Ecken des Kies12flachs durch je 3 Grundgeren ab, so erhält man das

20flach des Schwefelkieses. Die 8 Abstumpfungsdreiecke sind gleichseitig, die 12 Dreiecke — Ueberreste der Flächen des 12flachs — deren jedes eine Hauptkante des 12flachs zur Grundlinie hat, sind gleichschenklig.

Die Hauptkantenaxe des 20flachs ist also auch das Doppelte der Hauptkante.

Stumpft man nun die 8 gleichseitigen Dreiecke ihnen # weiter ab, so schneiden sie sich in den 12 Ecken des 20flachs — oder den 12 ungleich 3kantigen Ecken des 12flachs — bilden so 12 neue Kanten, und es entsteht ein 8flach mit zugeschärften Ecken.

Geht endlich jeder Abstumpfungsschnitt durch die Mitten der 3 Hauptkanten des 12flachs, an welche je 3 Kanten einer abgestumpften Ecke gränzen, so entsteht das dem 12flach eingeschriebene 8flach.

Seine 6 Ecken treffen in die Mittelpunkte der 6 Hauptkanten des umschriebenen 12flachs. Da diese eins mit den 6 Flächenmitten des dem 12flach umschriebenen Würfels sind, so ergiebt sich hieraus, daß das entstandene 8flach regelmäßig sey, und demselben Würfel eingeschrieben werden könne, dem das Kies12flach eingeschrieben ist, aus welchem das 8flach hervorgegangen.

Die Axe des eingeschriebenen 8flachs ist also = der Hauptaxe des umschriebenen Kies12flachs = der Kante des diesem umschriebenen Würfels. Die Kante dieses 8flachs ist demnach = der Linie von der Mitte einer Hauptkante des ihm umschriebenen Kies12flachs zur Mitte jeder benachbarter Hauptkante. Diese Linie entspricht der Linie zwischen 2 benachbarten Flächenmitten des dem

Kies12flach umschriebenen Würfels, und ist = der halben Axe dieses Würfels.

B. Das eingeschriebene Kies12flach.

Regelmäßige Abstumpfung der 8flachkanten erzeugt das Rauten12flach, regelmäßige Abstumpfung der Ecken, den Würfel. Zwischen beiden inne liegt die folgende Zuschärfung.

Man schärfe alle Ecken des 8flachs zu, die Zuschärfungsflächen auf die Kanten aufgesetzt, und zwar so, daß die Zuschärfungskanten 2er Ecken derselben Axe einander #, die Schnittflächen der 3 Paar Zuschärfungskanten sich unter rechten Winkeln schneiden.

Die Zuschärfungsschnitte verzeichne man so auf dem 8flach.

Fig. 50. Man theile die 8flachskante de so, daß ce = $\frac{1}{3}$ de, dc = $\frac{2}{3}$ de. Nun fälle man cb senkrecht auf dg und ca senkrecht auf dh. Fig. 50

$\triangle$ dbc $\cong$ $\triangle$ dca. (1 S. 2 W.)

Da die Dreiecke Winkel von 90° und 60° haben, so ist der dritte Winkel 30°. Daher db = $\frac{1}{2}$ cd = $\frac{1}{3}$ de. Also db auch = $\frac{1}{3}$ dg.

Nun fälle man bf senkrecht auf eg. $\triangle$ bfg $\cong$ $\triangle$ dcb. Daher cb = bf. fg = $\frac{1}{3}$ eg.

Ziehe fc. $\triangle$ fce $\cong$ $\triangle$ bfg. Daher

cf = fb = bc.

Das $\triangle$ bcf ist also gleichseitig.

Auf solche Weise verfährt man auf allen Flächen des 8flachs,

Schärft man nun z. B. die Ecke e so zu, daß ein Schnitt von f nach ck, der zweite von i nach ck geht, und so alle Ecken, so erhält man das Kies20flach.

Fig. 51 Fig. 51. Durchschnitt durch 4 in einer Ebene liegende 8flachkanten — und zwar durch de, en u. s. f. der Fig. 50.

ck ist Zuschärfungskante der Ecke e

xy — — — — welche mit 'e an derselben Axe liegt.

cq = cx ist Axe der zwei Zuschärfungskanten oder Hauptkantenaxe des 20flachs.

1. $\triangle$ cek $\sim$ $\triangle$ den

ck : dn = ec : ed = 1 : 3. D. i.

Die Zuschärfungskante oder Hauptkante (ck) des 20flachs ist $\frac{1}{3}$ der 8flachaxe.

2. $\triangle$ cdx $\sim$ $\triangle$ e'de

cx : ee' = dc : de = 2 : 3.

Die Hauptkantenaxe des 20flachs ist $\frac{2}{3}$ der Axe des 8flachs. Daher nimmt jede einzelne Zuschärfung einer 8flachsecke, aus welcher das Kies20flach entspringt, $\frac{1}{6}$ der 8flachsaxe weg.

3. ck : cx = $\frac{1}{3}$: $\frac{2}{3}$ = 1 : 2.

Die Hauptkante des 20flachs ist $\frac{1}{2}$ der Hauptkantenaxe des 20flachs.

So kommen wir auf dasselbe, was wir schon bei Vergleichung des 20flachs mit dem Kies12flach fanden, daß nämlich seine Hauptkante = $\frac{1}{2}$ seiner Hauptkantenaxe sey.

Beim 8flach ist die Linie, welche 2 benachbarte Flächenmitten # einer Axe verbindet = $\frac{1}{3}$ dieser Axe, die Hauptkante des 20flachs ist ebenfalls $\frac{1}{3}$ dieser Axe. Daher ist die Linie zwischen den Mitten zweier gleichseitigen Dreiecke des 20flachs, die an dasselbe gleichschenklige Dreieck gränzen = der Hauptkante des 20flachs.

Schneidet man vom erhaltenen 20flach aus # den Zuschärfungsflächen weiter, bis die Flächen des 8flachs schwinden, indem je 3 Zuschärfungsflächen in der Mitte eines 8flachdreiecks eine 3kantige Ecke bilden, so entsteht das Kies12flach.

8 gleichkantige Ecken dieses 12flachs fallen mit den Flächenmitten des umschriebenen 8flachs zusammen. Die Queergere (zwischen 2 solchen Ecken) ist daher = der Linie, welche 2 benachbarte Flächenmitten des umschriebenen 8flachs # der Axe verbindet = $\frac{1}{3}$ der Axe des 8flachs.

Die erwähnte Queergere fanden wir = $\frac{2}{3}$ der Hauptaxe = $\frac{4}{3}$ der Hauptkante des Kies12flachs.

Theilen wir die Axe des umschriebenen 8flachs in 12 Theile, so ist daher

die Queergere des eingeschrieb. 12flachs $\frac{4}{12} = \frac{1}{3}$
die Hauptkante — — — $\frac{3}{12} = \frac{1}{4}$
die Hauptaxe — — — $\frac{6}{12} = \frac{1}{2}$

dieser Axe.

Die Ecken des dem Kies12flach eingeschriebenen Würfels fallen in die 8 gleichkantigen Ecken des 12flachs. Aus Vergleichung mit dem Vorigen ergiebt es sich also, daß Ein und dasselbe 8flach um das 12flach und um den diesem eingeschriebenen Würfel beschrieben wird.

Die Hauptkantenaxe des dem 8flach eingeschriebenen 20flachs fanden wir $\frac{2}{3}$, die des eingeschriebenen Kies-12flachs $\frac{1}{2}$ der 8flachsaxe. Die Axe jenes 20flachs verhält sich also zu der dieses 12flachs $= \frac{2}{3} : \frac{1}{2} = 4 : 3$. Eben so verhalten sich natürlich die Hauptkanten beider Körper. Die Hauptkante des 20flachs ist $\frac{1}{3}$ der des 12flachs $\frac{1}{4}$ der Axe des umschriebenen 8flachs.

C. a. Es sey ein 8flach um, eins in dasselbe Kies12flach beschrieben, wie verhalten sich beide zueinander?

Die Axe des umschriebenen ist = 2 Hauptkantenaxen des 12flachs, die des eingeschriebenen = einer. Letztere ist also $\frac{1}{2}$ der erstern [30]).

Und so ist jede Linie des umschriebenen 8flachs $\frac{1}{2}$ der ihr gleichartigen Linie des eingeschriebenen.

b. Es sey ein Kies12flach um, eins in dasselbe 8flach beschrieben, wie verhalten sich beide zu einander.

Die Hauptkantenaxe des umschriebenen ist = der Axe des 8flachs, die Axe dieses ist = 2 Axen des ihm eingeschriebenen 12flachs. Die Hauptkantenaxe des eingeschriebenen 12flachs ist demnach $\frac{1}{2}$ der Hauptkantenaxe des umschriebenen.

Und so ist jede Linie des eingeschriebenen 12flachs $\frac{1}{2}$ der ihr gleichartigen Linie des umschriebenen.

30) Man verwechsele nicht das dem 12flach eingeschriebene 8flach mit dem 8flach, welches dem Würfel eingeschrieben wird, der selbst dem 12flach eingeschrieben ist. Die Axe des letzteren ist, wie wir wissen, um $\frac{1}{6}$ kürzer als die des erstern.

§. 30.

Rauten12flach und Kies12flach.

A. Das umschriebene Kies12flach.

Fig. 52. In dem Durchschnitt abcd durch die Mitten 4 #er Würfelkanten, ist der Hauptschnitt efghik des Kies12flachs, dann lfmi der Durchschnitt eines Rauten12flachs durch 4 in derselben Ebene liegende lange Geren verzeichnet. Fig. 52

Man halte das Kies12flach zwischen einer senkrechten Hauptaxe. Aus Fig. 52. ergiebt es sich, daß man 4 Flächen des Rauten12flachs erhält, wenn man das Messer auf die beiden waagrechten Hauptkanten, deren Mitten f und c, aufsetzt, und nach den Mitten l und m der senkrechten Hauptkanten gh und ek schneidet. Auf ähnliche Weise erhält man die übrigen 8 Flächen des Rauten12flachs.

Die 6 4kantigen Axen des eingeschriebenen Rauten12flachs sind = den 6 Hauptaxen des umschriebenen Kies12flachs. Die kurze Gere des Rauten12flachs, welche ½ seiner 4kantigen Axe, ist daher = der Hauptkante des umschriebenen Kies12flachs.

B. Das eingeschriebene Kies12flach.

12 lange Geren des Rauten12flachs als ein Netz für sich gedacht, entsprechen vollkommen dem Netze, welches die 8flachkanten bilden.

Um aus dem Rauten12flach das Kies12flach zu schneiden, verfahre man nun mit den langen Geren ganz so, wie wir mit den Kanten des 8flachs verfuhren, um aus diesem das Kies20flach zu erzeugen.

Fig. 53 Fig 53. Man theile (Fig. 53 Rauten12flach) die langen Geren des Rauten12flachs in $\frac{1}{3}$ und $\frac{2}{3}$, und zwar so, daß von einer 4kantigen Ecke aus, von jeder 2 einander gegenüber liegenden Geren $\frac{1}{3}$ Ec und Ed, von jeder der 2 andern $\frac{2}{3}$ Ea und Eb abgeschnitten wird [31]. Nun schärfe man z. B. die 4kantige Ecke E von a nach cd und von b nach cd zu, und so alle 4kantigen Ecken. Die Zuschärfungskanten der 4kantigen Ecken derselben Axe laufen #, 3 Durchschnittsflächen von 3 Paar Zuschärfungskanten schneiden sich unter rechten Winkeln.

Fig. 54 Fig. 54. Durchschnitt durch 4 lange in einer Ebene liegende Geren des Rauten12flachs. Theile diese Geren in c, i, d, k in $\frac{1}{3}$ und $\frac{2}{3}$. Die Punkte F, F, H, c, d entsprechen den gleich bezeichneten Punkten Fig. 53. G stellt die 4kantige Ecke vor, welche mit E an derselben Axe liegt.

Ziehe dc, ik. Diese Linien stellen die Zuschärfungskanten der Ecken E und G vor.

31) Ist man an einer 4kantigen Ecke so verfahren, so ergiebt es sich von selbst, wie man die Theilungspunkte der übrigen langen Geren legen muß. — Ich war in Hinsicht des Verhältnisses zwischen dem eingeschriebenen Kies12flach und dem Rauten12flach in einen Irrthum gerathen, welcher mir durch ein Modell, welches mein fleißigen Schüler Bäntsch machte, benommen wurde.

1. $\triangle$ Edc $\sim$ $\triangle$ EFH.

$$cd : FH = Ec : EF = 1 : 3.$$

Die Zuschärfungskante cd ist $\frac{1}{3}$ der 4kantigen Axe FH (oder EG) des umschriebenen Rauten12flachs.

2. El = lc = $\frac{1}{2}$ cd = $\frac{1}{6}$ FG = nG.

2 Zuschärfungskanten schneiden an den 2 4kantigen Ecken $\frac{2}{6}$ der 4kantigen Axe EG ab. Daher ist.

$$ln = \frac{4}{6} EG.$$

Die Zuschärfungskanten cd und ik sind, wie wir sogleich sehen werden, als Hauptkanten, ln aber als Hauptaxe des eingeschriebenen Kies12flachs zu betrachten.

Es ist also die Hauptkante (cd) $\frac{1}{3}$ der 4kantigen Axe EG des umschriebenen Rauten12flachs, die Hauptkantenaxe (ln) $\frac{2}{3}$ jener Axe — mithin auch — wie es seyn muß — das Doppelte der Hauptkante.

3. Die Zuschärfungen verkürzen FH um ein Gleiches wie FG. Mache daher Fa = Hb = El = $\frac{1}{6}$ FH. Dann ist ab = ln. Ziehe ia, ca, db, bk, so ist caikbd der vollständige Hauptdurchschnitt des eingeschriebenen Kies12flachs.

4. ci = ln.

Theile ca und ai in q und p in $\frac{2}{3}$ u. $\frac{1}{3}$. Ziehe qp. Wir wissen das qp der Quergere des Kies12flachs ai....c entspricht.

$$qp = \frac{2}{3} ci$$
$$= \frac{2}{3} \text{ von } \frac{2}{3} EG = \frac{4}{9} EG.$$

Die kurze Gere des Rauten12flachs EFGH ist = $\frac{4}{8}$ FG. Also ist die Quergere des eingeschriebenen Kies12flachs um $\frac{1}{18}$ kürzer als jene kurze Gere des umschriebenen Rauten12flachs.

Die Kante des Würfels, welcher in das eingeschriebene Kies12flach beschrieben wird, ist daher um $\frac{1}{18}$ kürzer als die Kante des Würfels, den man in das umschriebene Rauten12flach einschreibt. Mithin wird bei der Verwandlung dieses Rauten12flachs in jenes Kies12flach von jedem Ende einer 3kantigen Axe des Rauten12flachs $\frac{1}{15}$ weggeschnitten.

C. Es ist ein Kies12flach in, eins um dasselbe Rauten12flach beschrieben, wie verhalten sich beide zu einander?

Fig. 55 Fig. 55. stellt 2 Durchschnitte des Kies12flachs und 2 des Rauten12flachs dar. Die Hauptaxe BE des umschriebenen ist = der Axe des Rauten12flachs, die des eingeschriebenen be $\frac{2}{3}$ dieser Axe, also $\frac{2}{3}$ der Hauptaxe des umschriebenen Kies12flachs. Eben so ist die 4kantige Axe des eingeschriebenen Rauten12flachs $\frac{2}{3}$ der 4kantigen Axe des umschriebenen, denn diese Axen sind — wie die Figur zeigt — eins mit den eben betrachteten Axen des Kies12flachs [32]).

§. 31.

Leuzit und Kies12flach.

A. Das eingeschriebene Kies12flach.

Fig. 56 Fig. 56. Verzeichne ab...h, Durchschnitt durch 8 in einer Ebene liegende Leuzitkanten.

Geviert

32) Fig. 55 ist IKLM Durchschnitt durch die Mitten 4 #er Kanten des Würfels, in welchen das Kies12flach AB...F und das Rauten12flach GBHE eingeschrieben sind. KL eine Kantenaxe des

Geviert aceg, ein Durchschnitt durch 4 lange in einer Ebene liegende Geren des dem Leuzit eingeschriebenen Rauten12flachs. Verbinde die ungleich 4kantigen Leuzitecken zum Geviert bdhf.

Jede Seite dieses Gevierts (z. B. bd) ist $\frac{2}{3}$ einer Hauptleuzitaxe (ae und cg) läuft der einen (ae) gleich, und schneidet von der andern (cg) unter einem rechten Winkel $\frac{1}{6}$ (kc) ab. Hiernach sind die 2 Hauptleuzitaxen ae und cg eingetheilt [33]).

Aus den Punkten i, l, m, o in denen sich die 2 angegebenen Gevierte schneiden, ziehe nach k und n, den Hälftpunkten von bd und hf, die Linien ik, lk, nm, on.

1. $\triangle$ qcr $\sim$ $\triangle$ ace. Daher

$$cr : ce = qr : ae = ck : cp = 1 : 3.$$ Also

$$qr = \tfrac{1}{3}\, ae$$

$$cr = \tfrac{1}{3}\, ce.$$

Eben so ist

$$lm = \tfrac{1}{3}\, cg = \tfrac{1}{3}\, ae = qr$$

$$le = \tfrac{1}{3}\, ce = cr.$$ Daher

$$rl = ce - \tfrac{2}{3}\, ce = \tfrac{1}{3}\, ce$$ oder

$$cr = rl = le.$$

2. $\triangle$ mte $\cong$ $\triangle$ umf $\cong$ $\triangle$ lte $\cong$ $\triangle$ lrd. Daher

$$mf = mt = tl = ld.$$ Also

$$lm = \tfrac{1}{2}\, df = \tfrac{1}{2}\, kn.$$

des Würfels, geht durch die Mitte der Queergere jenes Kies12flachs, theilt daher BC (und bc) in $\frac{2}{3}$ und $\frac{1}{3}$, und hälftet die lange Gere BH des Rauten12flachs.

33) Vergleiche § 11. C. a.

Betrachten wir bdhf als Durchschnitt durch 4 in einer Ebene liegende 6kantige Ecken des Mittelkrystalls zwischen Würfel und Leuzit, oder — was dasselbe ist — als Durchschnitt durch die Mitten 4 #er Würfelkanten, so ist iklmno in diesen Durchschnitt ganz so verzeichnet wie Fig. 48 der Durchschnitt des Kies12flachs in denselben Würfeldurchschnitt.

Wir fanden ce in l in $\frac{2}{3}$ und $\frac{1}{3}$ getheilt, eben so ist es ac in i, ag in o, ge in m. Es ist daher iklmno auch in den Durchschnitt aceg des Rauten12flachs wie der Hauptdurchschnitt eines Kies12flachs eingeschrieben. (Fig. 54).

iklmno ist mithin Hauptdurchschnitt eines Kies12flachs.

3. $\triangle$ ckr $\cong$ $\triangle$ drl

$\triangle$ krl $\cong$ $\triangle$ crd.

Daher ist cd # kl. Eben so ist bc # ik.

Es ist demnach der Winkel bcd, *den* 2 *einander an einer Hauptleuziteсke gegenüber liegende Leuzitkanten bilden, gleich dem Winkel der Hauptkante des Kies12flachs* = lki.

4. Der Durchschnitt iklmno ist Durchschnitt eines Kies12flachs, welches in das Rauten12flach eingeschrieben, das selbst im Leuzit steckt. Jenes Kies12flach würde in keinem Punkte die Oberfläche des Leuzits berühren [34]). Wie finde ich

34) Fig. 56 zeigt schon, daß weder Flächen noch Hauptkanten, noch ungleich 3kantige Ecken des Kies12flachs ik...o in die Ober-

flächen

nun das dem Leuzit unmittelbar eingeschriebene, in bestimmten Punkten die Oberfläche des Leuzits treffende, Kies12flach?

Da je 2 Flächen des Kies12flachs unter demselben Winkel in einer Hauptkante zusammentreffen, wie 2 einander an einer Hauptleuzitecke gegenüber liegende längere Leuzitkanten, so wird man die 6 Paar Flächen des Kies12flachs erhalten durch regelmäßige Abstumpfung von 6 Paar längeren Leuzitkanten. Und zwar stumpft man an jeder Hauptleuzitecke ein Paar ab. Die Kanten, welche 2 Paar Abstumpfungsflächen an 2 Ecken derselben Axe bilden, sind #, die Durchschnitte von 3 Paar solchen Kanten schneiden sich unter rechten Winkeln.

Ehe ich nun genauer angebe, wie diese Abstumpfung der Leuzitkanten beschaffen seyn muß, will ich die bequemste Art anzeigen, wie man den Durchschnitt durch 8 in einer Ebene liegende Leuzitkanten verzeichnet.

Fig. 57. Durch il ziehe km = il so, daß sich beide Linien in n unter rechtem Winkel kreuzen und hälften. Jede der erhaltenen Hälften hälfte wiederum in A, C, E, G, Ziehe nun iC, Cl, lG, Gi, — Ak, kE, Em, mA. Fig. 57

flächen des Leuzits ab...h fallen. Die 8 gleich 3kantigen Kiesecken fallen eben so wenig in die 3kantigen Leuzitecken. Theile ik, kl durch x und y in $\frac{1}{3}$ und $\frac{2}{3}$. xy entspricht der Länge einer Queergere.

$$xy = \frac{2}{3}\,il = \frac{2}{3}\,ae.$$

Die Linie zwischen 2 3kantigen Leuzitecken # der Hauptaxe ist $\frac{2}{3}$ dieser Hauptaxe ae, also länger als die Queergere. Fällt die Queergere aber nicht mit jener Linie zusammen, so treffen auch die 3kantigen Ecken nicht zusammen.

so sind iClG und AkEm 2 Kiesrauten (Fig. 49 ist zu vergleichen), da in jeder die kurze Gere = ½ der langen. AE = ½ km und CG = ½ il. Beide Rauten sind einander gleich, da ihre Geren gleich lang sind.

Betrachten wir nun das 8eck AB....H.

Seine Winkel bei A, C, E, G sind = dem Winkel der Hauptkante des Kies12flachs.

Je 2 Seiten des 8ecks sind # z. B. BC # GF. — △ CkD ≌ △ DEl ≌ △ lEF rc. (1 S. u. 3 W.) Daher

CD = DE = EF rc.

Die Seiten des 8ecks sind also gleich. Da der Winkel a = b = c = d u. s. w., so sind auch die Winkel des 8ecks bei D, F, H, B, einander gleich, jeder ergänzt einen der 8eckswinkel bei A, C, E, G zu 270°.

△ BkD ≌ △ DlF ≌ △ FmH ≌ △ HiB. (2 S. 1 W.)

Daher

BD = DF = FH = HB.

BD # il

DF # GC

Nach Fig. 49 ist nun in der Kiesraute iClG

BD = ⅓ il = ⅔ CG.

Zugleich schneidet BD rechtwinklig ⅙ CG ab, eben so HF u. s. w.

Es bedarf hiernach keiner weitern Vergleichung um darzuthun, daß das 8eck AB...H alle Eigenschaften des Durchschnitts durch 8 in einer Ebene liegende Leuzitkanten besitze. A, C, E, G stellen Hauptleuzitecken, B, D, H, F ungleich 4kantige Leuzitecken vor.

Aus Allem ergeben sich die Linieneintheilungen der Figur 57.

Fig. 58. ab....h Durchschnitt durch 8 in einer Ebene liegende Leuzitkanten. Fig. 58

aceg Durchschnitt durch 4 lange Geren des in den Leuzit eingeschriebenen Rauten12flachs.

Hälfte alle Leuzitkanten in a.b...h.

Durch a ziehe tk # bc, durch d ziehe ku # cd, durch e ziehe un # gf. Durch h ziehe tn # hg, so erhälst du die Raute tkun, eine Kiesraute, da ihre grössern Winkel bei k und n = den Winkeln bcd und fgh 2er an einer Hauptecke gegenüber liegender Leuzitkanten, welche, wie wir wissen, einen Winkel bilden, der dem Hauptkantenwinkel des Kies12flachs gleich ist.

Auf gleiche Weise verzeichne die gleiche und ähnliche Raute ;xvew.

Hälfte die Seiten der Raute tkun in i, l, m, o ziehe io, lm so ist iklmno Hauptdurchschnitt des dem Leuzit ab...h eingeschriebenen Kies12flachs.

△ ced ∾ △ qed da qd # cd

ce : qe = cd : qd = de : de = 2 : 1

△ ced ∾ △ cqc da cq # de

ce : cq = cd : co = 2 : 1.

Hiernach werden also die 4 langen Geren des Rauten12flachs aceg in denselben Punkten gehälftet, in p. q. s. r. in welchen sich die 2 Kiesrauten schneiden.

Die Linien pq, qr, rs, sp sind — Fig. 57 — gleich, jede $\frac{2}{3}$ kn oder $\frac{2}{3}$ xy. Da lm = $\frac{1}{2}$ kn so ist qr = $\frac{4}{3}$ lm.

Vergleicht man hiernach die 3 ähnlichen Dreiecke kun, qur, und lum so ergiebt sich daß

qu = $\frac{2}{3}$ ku

$$kq = \tfrac{1}{3}\,ku$$
$$lu = \tfrac{1}{2}\,ku.$$
$$qu - lu = \tfrac{4}{6} - \tfrac{3}{6}\,ku = \tfrac{1}{6}\,ku = \tfrac{1}{2}\,kq.$$

Die Linie kl, welche einer Hauptgere des Kies12-flachs entspricht, wird also in q in $\tfrac{2}{3}$ und $\tfrac{1}{3}$ zerlegt. So die ähnlichen Geren in den Punkten r, s, p. Die Linie qr entspricht daher einer Queergere des Kies12flachs, und ist, wie sich aus dem Vorigen ergiebt, auch $\tfrac{2}{3}$ der Axe kn, $\tfrac{4}{3}$ der Hauptkante lm. $\triangle$ ceg $\sim$ $\triangle$ qer, da ce in q, ge in r gehälftet ist. Daher $qr = \tfrac{1}{2}\,cg = pq = qs = sr$.

Die Queergere des eingeschriebenen Kies12flachs ist also $= \tfrac{1}{2}$ der Hauptaxe des umschriebenen Leuzits = der Linie zwischen 2 3kantigen Leuzitecken # einer Hauptaxe. Dann aber fallen die 8 gleichkantigen Ecken des Kies12flachs mit den 8 3kantigen Ecken des Leuzits zusammen. — Hieraus folgt, daß das dem Leuzit eingeschriebene Kies12flach gebildet wird, wenn man eine Leuzitkante, z. B. cd (Fig. 58) regelmäßig so abstumft, daß der Schnitt von dem Hälftpunkt (d) der benachbarten Kante (de) aus, durch 2 jenem Hälftpunkte zunächst gelegene 3kantige Leuzitecken geht. —

Es ist $qr = \tfrac{2}{3}\,kn$

$\underline{qr = \tfrac{1}{2}\,cg}$

$\tfrac{2}{3}\,kn = \tfrac{1}{2}\,cg$ also $kn = \tfrac{3}{4}\,cg$. Daher

$kc + ng = \tfrac{1}{4}\,cg$ und $kc = \tfrac{1}{8}\,cg$

$kn = \tfrac{1}{2}\,vw$

$vk = nw = \tfrac{1}{4}\,vw = \tfrac{1}{2}\,kn$. Da $kn = \tfrac{3}{4}\,cg$, so ist $vk = \tfrac{3}{8}\,cg$, und $vk - ck = \tfrac{3}{8} - \tfrac{1}{8}\,cg = \tfrac{2}{8}\,cg = vo$.

Hiernach ist vw eingetheilt.

B. Das umschriebene Kies12flach.

Fig. 58. Wir wissen durch Fig. 57, daß x p k q y r n s, das 8eck durch 2 sich kreuzende Kiesrauten gebildet, wahrer Durchschnitt durch 8 in einer Ebene liegende Leuzitkanten sey. Fig. 58

Es ist Fig. 58. zugleich Durchschnitt des Leuzits, welcher dem Kies12flach iklmno eingeschrieben. Es ergiebt sich, daß 4 Kanten pk, kq, rn, ns, mit $\frac{2}{3}$ der Hauptlinien des Kies12flachs zusammenfallen. Die 4 übrigen qy, yr, sx, xp, gehen von den Kreutzpunkten q und r der Hauptlinie und Quergere des Kies12flachs nach der Mitte y der benachbarten Hauptkante lm; von p und s nach x.

Die Hauptaxen des eingeschriebenen Leuzits kn, xy sind = den Hauptaxen des umschriebenen Kies12flachs, die Linien (qr etc.) zwischen je 2 ungleich 4kantigen Leuziteckon # eine Hauptleuzitaxe = den Quergeren des umschriebenen Kies12flachs.

Da die Hauptleuzitecken in die Mitten der Hauptkanten des Kies12flachs fallen, so treffen in solcher Mitte 4 Leuzitkanten zusammen. 2 fallen wie wir sahen, in die Hauptlinien. Sie reichen jedoch nur bis an die 2 Quergeren. Die 2 andern Leuzitkanten laufen von demselben Mittelpunkte der Hauptkante zur Mitte der 2 Quergeren, welche mit beiden vorigen ein Geviert bilden.

Es ergiebt sich hieraus, daß der Leuzit aus dem Kies12flach durch 3flächige Zuspitzung der 8 gleichkantigen Ecken erzeugt wird, jede Zuspitzungsfläche auf eine Hauptlinie aufgesetzt [35]).

Daß jede Zuspitzungsfläche # einer der 4 gleichkantigen Axen des Kies12flachs, ergiebt sich aus Vergleichung mit dem Würfel, dessen Ecken mit 3 (Leuzit)-Flächen zugespitzt sind.

F 59 C. Fig. 59 C. Es ist ein Leuzit AB... H um, einer ab... h in dasselbe Kies12flach kclmgi beschrieben, wie verhalten sich beide zu einander?

Die Hauptaxe cg des eingeschriebenen ist = der Hauptaxe des Kies12flachs, diese aber fanden wir = ½ der Hauptaxe CG des umschriebenen Leuzits. So ist jede Linie des eingeschriebenen Leuzits ½ der gleichartigen Linie des umschriebenen.

Eben so ist jede Linie des eingeschriebenen Kies12flachs ½ der gleichartigen Linie des umschriebenen. Zwischen beiden Leuziten und beiden Kies12flachen findet also ganz das Verhältniß statt, wie zwischen 2 Leuziten, deren einer um, der andere in dasselbe Rauten12flach beschrieben worden, und wie zwischen 2 Rauten12flachen, deren eins um, das andere in denselben Leuzit geschrieben ist.

35) Kies12flache mit solcher Zuspitzung fand sich unter den Schwefelkiesen von der Insel Elba und Kongsberg. — Aus der Betrachtung folgt auch, daß derselbe Pyramidenwürfel entsteht, wenn man die 24 längern Leuzitkanten, oder am Kies12flach die 12 ungleichkantigen Ecken abstumpft. Letztere so, daß man von einer Quergere, (welche die Basis des Dreiecks, dessen Schenkel 2 Kanten der abzustumpfenden Ecke) zur Mitte der Hauptkante schneidet, deren einer Endpunkt die Ecke.

§. 32.

4flach und Kies12flach.

A. Das eingeschriebene Kies12flach.

Auf die Flächen des 4flachs verzeichne die Flächen des 8flachs. 12 gezeichnete Linien stellen 12 Kanten des 8flachs vor. 3 × 4 solche Linien bilden 3 Kanten-Gevierte, die sich unter rechtem Winkel schneiden, jedes Geviert ist zweien 4flachskanten #.

Fig. 50 zeigte, wie die Ecken des 8flachs zuzuschärfen seyen, um ein Kies20flach zu erhalten. Die Kantenmitten des 4flachs entsprechen jenen Ecken; schärfen wir diese Mitten zu, wie Fig 50 die 8flachs-Ecken.

In einer Kantenmitte des 4flachs treffen 4 Linien zusammen, welche den 8flachskanten entsprechen. Von jener Mitte aus schneide von 2 einander gegenüberliegenden Linien $\frac{1}{3}$, von den 2 andern $\frac{2}{3}$ ab. Verfahre so von allen Kantenmitten aus, nach Maasgabe der Eintheilung bei der ersten Kantenmitte.

Fig. 60. abc Fläche des 4flachs. def Fläche des eingeschriebenen 8flachs. g, h, i, Punkte, welche de, ef, fd in $\frac{1}{3}$ und $\frac{2}{3}$ zerfällen. hgi ein gleichseitiges △ des dem 8flach eingeschriebenen 20flachs. Verlängere die Linien gi, hi, hg, bis jede nach 2 Seiten 2 Kanten des 4flachs trifft. Ziehe die Höhenlinie bd. Fig. 60

Da wir wissen daß

$$ef = \tfrac{1}{2}\, ac$$

$$kf = \tfrac{1}{2}\, ef$$

$$if = \tfrac{1}{3}\, ef$$

so geht die in der Figur gegebene Eintheilung der Linien aus Vergleichung der ähnlichen Dreiecke bxf und pif, bdc und pnc hervor.

Man schneide nun von ol aus durch den (h entsprechenden) $\frac{1}{3}$ Punkt der (Quasi) 8flachkante, welche mit de in e einen rechten Winkel bildet.

Man denke sich auf der an ab grenzenden 4flachsfläche dieselben Linien, wie auf abc verzeichnet. Eine Linie, welche ol entspricht. Diese schneide von der 8flachskante, die fe gegenüber liegt $\frac{2}{3}$, von der Kante die de gegenüber liegt $\frac{1}{3}$ (nach e zu gerechnet) ab. Von einer solchen Linie aus schneide man durch x und h (Fig. 60).

Nach Art der 2 angegebenen Schnitte führe man noch 10 (an jede der 5 übrigen 4flachskanten 2), so erhält man die 6 Paar gleichschenkligen Dreiecke des Kies-20flachs. 4 gleichseitige Dreiecke des 20flachs fallen in die 4 Flächen des 4flachs, statt der 4 übrigen erhält man 4 3kantige Ecken.

Schneidet man nun # den 12 angegebenen Schnittflächen so weit, bis (Fig. 60.) die Linie pn in bd fällt, und so auch lo, mq u. s. w. durch die Mittelpunkte der Flächen des 4flachs gehn, so erhält man das Kies-12flach, welches dem 4flach eingeschrieben ist [36]).

Die 8 gleichkantigen Ecken des Kies12flachs entsprechen den Ecken des ihm eingeschriebenen Würfels. 4 Würfel-Ecken, deren Lage wir bei Betrachtung des Verhältnisses vom Würfel und 4flach kennen gelernt, fallen in die Flächenmitten des dem Würfel umschriebenen

36) Zum Verständniß des eben Gesagten bedarf es durchaus eines Modells.

4flachs. 4 gleichkantige Ecken des Kies12flachs, welche jenen 4 Würfelecken entsprechen, treffen ebenfalls in 4 Flächenmitten des dem Kies12flache umschriebenen 4flachs. Die 4 übrigen gleichkantigen Ecken des Kies12flachs fallen nach den Ecken des 4flachs zu.

Die Linien zwischen 2 gleichkantigen Ecken des Kies12flachs, welche der Gere des dem Kies12flach eingeschriebenen Würfels entspricht, ist = der Linie zwischen 2 Dreieckmitten des 4flachs = $\frac{1}{3}$ der 4flachskante.

B. Das umschriebene Kies12flach.

Stumpfe die 4 gleichkantigen 12flachsecken, welche in die Flächen des umschriebenen 4flachs fallen, ab. Jeder Schnitt gehe durch 3 gleichkantige Ecken, welche mit der abzustumpfenden Ecke 3 Quergeeren begränzen. So entsteht das dem Kies12flach eingeschriebene 4flach [37]).

4 Ecken dieses 4flachs fallen in die 4 nicht abgestumpften gleichkantigen Ecken des Kies12flachs. Die Kante des 4flachs, oder die Linie zwischen je 2 nicht abgestumpften Ecken, entspricht der Gere des dem Kies12flach eingeschriebenen Würfels.

C. Es ist ein 4flach um, eins in dasselbe Kies12flach beschrieben, wie verhalten sich beide zu einander?

Die Linien zwischen 2 gleich 3kantigen Ecken des Kies12flachs, welche der Gere des dem 12flach einge-

37) Diese Schnitte ergeben sich wiederum durch Vergleichung mit dem Würfel, welcher dem Kies12flach eingeschrieben ist.

schriebenen Würfels entspricht, ist ⅓ der Kante des um- und gleich der Kante des eingeschriebenen 4flachs.

Und so ist jede Linie des eingeschriebenen 4flachs ⅓ der Linie des umschriebenen. Dasselbe gilt von dem Verhältniß eines um- und eines in dasselbe 4flach beschriebenen Kies12flachs. Man halte sich bei dieser Betrachtung an den Würfel, welcher jenem Kies12flach eingeschrieben ist, und vergleiche Fig. 37.

§. 33.

Das Kies24flach.

Wir sahen daß eine 3flächige Zuspitzung der 8 gleichkantigen Ecken des Kies12flachs, jede Zuspitzung auf eine Hauptgere aufgesetzt, einen Leuzit giebt. Sitzen die Zuspitzungen dagegen auf je 3 Grundgeren einer zugespitzten Ecke, so entsteht ein Körper von 6 Paar spitzen gleichschenkligen Dreiecken, den Ueberresten des 12flachs und 8 × 3 stumpfen gleichschenkligen Zuspitzungsdreiecken. Die 6 Paar Dreiecke entsprechen den 6 Paar gleichschenkligen Dreiecken des Kies20flachs, aus welchem gegenwärtiger Körper entstehen würde, wenn man auf jede seiner 8 gleichseitigen Dreiecke eine stumpfe 3seitige Pyramide aufsetzte.

Schneidet man nun # den 24 Zuspitzungsflächen weiter, bis je 4 Zuspitzungsflächen in der Mitte der 6 Hauptkanten des Kies12flachs eine 4kantige Ecke bilden, so entsteht das Kies24flach. Die Flächen desselben sind unregelmäßige Vierecke. Es hat 8 gleich 3kantige Ecken,

12 und 6 ungleich 4kantige Ecken. Kanten hat es 8 × 3, welche in den 8 3kantigen Ecken zusammenstoßen, und 6 Paar längere, 6 Paar kürzere, welche in den 6 4kantigen Ecken zusammentreffen.

Man halte den Körper zwischen einer der drei 4kantigen Axen senkrecht. An jeder der 6 4kantigen Ecken stoßen 2 Paar Flächen zusammen. — Oder auch: 3 Flächen treffen in jeder der 8 3kantigen Ecken zusammen.

Flächen-, Kanten- und Ecken-Zahl des Kies24flachs stimmt ganz mit der des Leuzits überein. Auch dies, daß die Abstumpfung der 8 3kantigen Ecken ins 8flach, die der 12 4kantigen durch je 4 gleich lange Grundgeren ins Rauten12flach, die der 6 4kantigen Ecken zuletzt in den Würfel führt. Zunächst führt aber letztere Abstumpfung, wenn man bis zu 2, am Ende der 2 kürzern Kanten einander gegenüber liegenden ungleich 4kantigen Ecken, schneidet, in ein 30flach. Man halte dies zwischen 2 #en waagrechten Rauten. Es hat 24 unregelmäßige Vierecke — Ueberreste der Flächen des Kies24flachs — und 6 Rauten, Abstumpfungsflächen der 6 4kantigen Ecken des 24flachs, und zugleich Anfänge von 6 Würfelflächen. Ferner hat das 30flach 8 gleich 3kantige Ecken, 6 Paar ungleich 3kantige Ecken, 6 Paar ungleich 5kantige Ecken; 8 × 3 und 6 × 4 und 12 zusammen 60 Kanten.

Hauy giebt (Theil IV. S. 97.) folgende Anweisung dies 30flach zu schneiden.

Fig. 61 Siehe Fig. 47. Fig. 61. „Erst macht man sich einen Würfel, und theilt die Flächen desselben (Fig. 47) durch die Linien mn, m′n′, m″n″, welche sich einander nach 3 verschiedenen Richtungen senkrecht schneiden, jede in 2 Hälften.

Auf jeder solchen Linie wie mn nimmt man zu beiden ein Stück dm, fr gleich dem 4ten Theile der ganzen Linie, und verzeichnet alsdann eine Raute defg, deren große Diagonale das mittlere Stück df und die kleine die Hälfte der großen ist; darauf legt man durch die Seiten dg, gf, de, ef Schnittebenen, wovon die beiden ersten zugleich den spitzigen Winkel d′ der Raute d′e′f′g′ berühren, die beiden andern aber den correspondirenden Winkel auf der entgegengesetzten Fläche. An den übrigen Rhomben macht man es eben so, und erhält auf diese Weise 24 Schnittebenen, welche mit den 6 auf den Flächen des Würfels gezeichneten Rauten zusammen die Oberfläche des 30flachs bilden.

Jede der 6 Rauten des Kies30flachs ist mithin der Art, daß ihre lange Gere doppelt so groß als die kurze. Diese Raute stimmt also ganz mit der oft angeführten Kiesraute überein. —

Schneidet man ⌗ den 24 von Hauy angegebenen Schnittebenen so weit, bis die 6 Rauten des 30flachs — oder die Würfelflächen — ganz schwinden, indem je 4 Schnittflächen in der Mitte einer Würfelfläche eine 4kantige Ecke bilden, so entsteht das Kies24flach. —

§. 34.

Das Geschlecht des regelmäßigen 12flachs.

Das regelmäßige 12flach, 20flach und 30flach finden sich nicht unter den Krystallen, ihnen ähnelnde Körper schließen sich aber, wie wir sahen, an das Würfelgeschlecht an.

Die Natur wollte eine Verwandtschaft zwischen der Würfelsippe und dem 12-, 20- und 30flach.

Hauy zeigte, wie schon erwähnt, warum der Würfel nicht in das regelmäßige 12flach übergehe, wohl aber in das Kies12flach. Dieses schließt sich natürlich an die Würfelsippe an, weil es aus regelmäßiger Abstumpfung 12 längerer Leuzitkanten hervorgeht.

Es ordnet sich demnach das Geschlecht des 12flachs im Steinreiche dem Würfelgeschlechte unter, indem es durch ein gewisses Aufgeben seiner Eigenthümlichkeit mit demselben verwandt wird.

Aber selbst das Geschlecht des regelmäßigen 12flachs scheint dem Würfelgeschlecht gewissermaaßen untergeordnet zu seyn. Kepler stellt schon den Würfel als erstgebohrene Gestalt in die Mitte zwischen das 4flach und regelmäßige 12flach, als welche aus dem Würfel erzeugt würden. Das Vierflach, sagte er, sey der erste der ausgeschnittenen Körper — sey aus dem Würfel regelmäßig herausgeschnitten —; das 12flach, der erste zusammengesetzte Körper, durch Vermehrung und Bedeckung des Würfels erzeugt [38]).

Es spricht für dieses Untergeordnetseyn des regelmäßigen 12flach=Geschlechts, daß seine Körper (12= 20= und 30flach ꝛc.) versteckt das Gepräge des Würfels tragen. Das regelmäßige 12 und 20flach haben 30 Kanten. Durch regelmäßige Abstumpfung von 5 × 6 dieser Kanten lassen sich 5 Würfel erzeugen. Eben so durch #e Vergrößerung von 5 × 6 Flächen des regelmäßigen 30flachs [39]).

Auch leuchtet ein, wie sich durch Abstumpfung von je 8 Ecken des 12flachs, je 8 3kantigen Ecken des 30flachs und durch #e Vergrößerung von je 8 Flächen des 20=flachs mehrere regelmäßige 8flache bilden lassen [40]).

Dagegen tragen die Körper der Würfelsippe keine Spur vom Gepräge der Körper des regelmäßigen 12flach=Geschlechts.

Wir

38) Cubus est prima (Figura) genitarum, Tetraedron prima exsectarum, Dodecaedron prima compositarum aucto et operto Cubo. Epitome Astron. Copernicanae Pag. 458.

39) Je 6 solcher abzustumpfender Kanten liegen so wie 6 Hauptkanten des Kies12= und 20flachs; je 6 zu vergrößernde Rauten des regelmäßigen 30flachs, wie die 6 Rauten des Kies30flachs.

40) Je 8 abzustumpfende Ecken liegen wie die 8 gleich 3kantigen Ecken des Kies12= und 30flachs; je 8 Flächen des regelmäßigen 20flachs wie 8 gleichseitige Flächen des Kies20flachs.

Wir könnten nun fragen: warum tritt das Geschlecht des regelmäßigen 12flachs nicht selbstständig in der Krystallwelt außer aller Verbindung mit dem Würfelgeschlecht auf? die Beantwortung dieser Frage dürfte die tiefste Einsicht in das Sternverhältniß der Erde fordern [41]).

Bis jetzt hat sich, wie gesagt, kein Krystall von der Gestalt des regelmäßigen 12= und 20flachs gefunden.

Ich will aber, abgesehn von den Krystallen, das Geschlecht des regelmäßigen 12flachs kürzlich für sich betrachten und zeigen, daß die Art wie 4 ihm angehörige einfache Hauptkörper unter einander verwandt sind, der Art höchst ähnlich sey, wie 4 Hauptkörper des Würfelgeschlechts unter sich verwandt sind.

Die 4 Hauptkörper des regelmäßigen 12flach=Geschlechts, welche 4 Hauptkörpern der Würfelsippe entsprechen, sind:

1. Das regelmäßige 12flach. Es entspricht dem Würfel.
2. Das regelmäßige 20flach. Es entspricht dem 8flach.
3. Das Rauten30flach. Es entspricht dem Rauten12flach.
4. Das 60flach. Es entspricht dem Leuzit.

41) Hat es sich bestätigt, daß der Pflanzenstaub einiger Blumen in regelmäßigen 12= und 20flachen vorkömmt, gehören diese Körper der höheren, ausgebildeteren Pflanzenwelt an?

A. Regelmäßiges 12flach und regelmäßiges 20flach.

Das 12flach hat 12 Flächen, 20 Ecken, 30 Kanten. Das 20flach hat 12 Ecken, 20 Flächen, 30 Kanten. Das 12flach hat also so viel Flächen als das 20flach Ecken, das 20flach so viel Flächen als das 12flach Ecken. Regelmäßige Abstumpfung der Ecken des 12flachs führt zuletzt in das 20flach, regelmäßige Abstumpfung der Ecken des 20flachs in das 12flach.

Es läßt sich ein 12flach um ein 20flach beschreiben, so daß die Flächenmitten des 12flachs mit den Ecken des 20flachs zusammen treffen; — es läßt sich ein 20flach um ein 12flach beschreiben, so daß die Ecken des 12flachs in die Flächenmitten des 20flachs zu liegen kommen.

Die Zahl der Kanten beider Körper ist gleich. Daß diese gegenseitigen Verhältnisse ganz denen zwischen Würfel und 8flach entsprechen, leuchtet ein.

B. Regelmäßiges 12- und 20flach im Verhältnisse zum regelmäßigen 30flach.

Man hält das 30flach am besten zwischen einer senkrechten 5kantigen Axe. Es hat 30 gleiche Rauten, 5 treffen an der obern, 5 an der untern Polecke zusammen, 5 gränzen an jene obern, 5 an diese unter Flächen, 10 liegen in der Mitte, der senkrechten Axe #. Es hat ferner 12 5kantige, 20 3kantige Ecken und 60 Kanten (12 × 5 oder 20 × 3).

Je 10 Kanten (wie je 10 Flächen) sind einer 5kantigen Axe #, daher der Kantenwinkel = dem Winkel des regelmäßigen 10ecks = 144°.

1. Es entsteht durch Abstumpfung der 30 Kanten des 12flachs, wenn je 5 Abstumpfungsflächen in der Mitte einer Fläche des 12flachs eine 5kantige Ecke bilden.

Gleichmäßig entsteht, wie wir wissen, das Rauten12flach durch Abstumpfung der 12 Würfelkanten. Und wie 6 4kantige Ecken des Rauten12flachs in die Flächenmitten des umschriebenen Würfels fallen, so 12 5kantige Ecken des Rauten30flachs in die Flächenmitten des umschriebenen 12flachs.

Wie wir aus dem Rauten12flach durch Abstumpfung der 6 4kantigen Ecken den eingeschriebenen Würfel erzeugten, so aus dem Rauten30flach das eingeschriebene 12flach durch Abstumpfung der 12 5kantigen Ecken. Und zwar treffen die Kanten des eingeschriebenen 12flachs in die kurzen Geren, die 12flachsecken in die 3kantigen Ecken des umschriebenen 30flachs — ganz wie die kurzen Geren des umschriebenen Rauten12flachs mit den Kanten, seine 3kantigen Ecken mit den Ecken des umschriebenen Würfels zusammentreffen. Zuletzt, wie man aus dem Würfel durch Aufsetzung von 6 4seitigen Pyramiden das Rauten12flach bilden konnte, so aus dem regelmäßigen 12flach durch Aufsetzung von 12 5seitigen Pyramiden das 30flach. Der Grundkantenwinkel jeder dieser Pyramiden ist ungefähr 31¾°, da 2 derselben mehr dem Kantenwinkel des regelmäßigen 12flachs (der $116\frac{1}{2}^{\circ}$) 180° betragen müssen.

* * *

2. Das 30flach entsteht aus dem 20flach durch Abstumpfung der 30 Kanten, wenn diese Abstumpfung so weit gediehen ist, daß je 3 Abstumpfungsflächen in einer Flächenmitte des 20flachs eine 3kantige Ecke bilden.

Gleichmäßig entsteht das Rauten12flach aus Abstumpfung der 8flachkanten. Und wie 8 3kantige Ecken des Rauten12flachs in die Flächenmitten des umschriebenen 8flachs fallen, so 20 3kantige Ecken des 30flachs in die Flächenmitten des umschriebenen 20flachs.

Wie wir aus dem Rauten12flach das 8flach durch Abstumpfung der 8 3kantigen Ecken erzeugten, so das 20flach aus dem 30flach durch Abstumpfung der 20 3kantigen Ecken. Und zwar treffen die Kanten des eingeschriebenen 20flachs in die langen Geren, seine 12 Ecken in die 12 5kantigen Ecken des umschriebenen 30flachs, ganz wie die Kanten des eingeschriebenen 8flachs mit den langen Geren, seine Ecken mit den 6 4kantigen Ecken des umschriebenen Rauten12flachs zusammen trafen.

Zuletzt, so läßt sich das 20flach in das (umschriebene) 30flach verwandeln, indem man auf jede seiner Flächen eine 3seitige Pyramide aufsetzt — so wie wir das 8flach in das (umschriebene) Rauten12flach verwandelten, indem wir auf jede seiner Flächen eine 3seitige Pyramide aufsetzten.

Es fällt in die Augen, daß sich das Rauten30flach ganz so zum regelmäßigen 12= und 20flach verhält, wie das Rauten12flach zum Würfel und 8flach.

Kepler kannte die Verwandtschaft zwischen dem regelmäßigen 12=, 20= und 30flach. Er stellte auch schon das Rauten12flach und Rauten30flach als 2 gleichartige halbregelmäßige Körper zusammen [42]). Hauy kennt ebenfalls die Verwandtschaft von 12=, 20= und 30flach [43]).

Nachdem ich die Aehnlichkeit der Verwandtschaftsverhältnisse zwischen den regelmäßigen 12=, 20= und 30flache mit denen zwischen Würfel, 8flach und Rauten12flach kennen gelernt, überlegte ich, ob sich diese Aehnlichkeit nicht weiter verfolgen lasse, ob sie sich nicht auch auf den Leuzit erstrecke. Und so fand es sich.

C. Verhältniß des 12=, 20= und 30flachs zum 60flach.

Der Körper, welcher in dem Geschlecht des regelmäßigen 12flachs dem Leuzit entspricht, ist ein 60flach.

1. Das 60flach entsteht durch regelmäßige Abstumpfung der 60 Kanten des 30flachs — wie der Leuzit durch Abstumpfung der 24 Kanten des Rauten12flachs. Seine 60 Flächen sind Trapeze, wie die Flächen des Leuzits.

Je 4 Abstumpfungen der 30flachkanten bilden zuletzt eine 4kantige Ecke in einer Flächenmitte des 30flachs. So hat das 60flach 30 ungleich 4kantige Ecken, welche

42) Harmonice mundi. S. 61 — 64.

43) Traité de Minéralogie IV. 82.

an die Stelle der 30 Flächen des ihm umschriebenen 30-flachs treten.

Eben so hat der Leuzit 12 ungleich 4kantige Ecken, welche in die Flächenmitten des ihm umschriebenen Rauten12flachs fallen.

Und wie der eingeschriebene Leuzit an der Stelle der 6 4kantigen und 8 3kantigen Ecken des ihm umschriebenen Rauten12flachs 6 neue 4kantige und 8 neue 3kantige Ecken erhält, so das 60flach 12 neue 5kantige, 20 neue 3kantige an die Stelle der 12 5- und 20 3kantigen Ecken des ihm umschriebenen 30flachs.

Regelmäßige Abstumpfung der 30 ungleich 4kantigen Ecken des 60flachs, jede durch 4 Grundgeren führt in das dem 60flach eingeschriebene 30flach. Ganz so wie die Abstumpfung der 12 ungleich 4kantigen Leuzitecken jede durch 4 Grundgeren in das Rauten12flach führt. Und wie 24 jener Leuzitgeren mit den Kanten des eingeschriebenen Rauten12flachs zusammenfallen, so fallen 60 Geren des 60flachs (deren je 3 in einer 3kantigen Ecke zusammenstoßen) mit den 60 Kanten des 30flachs zusammen. Je 10 solcher Geren sind einer 5kantigen Axe des 60flachs #, 10 Queergeren, welche jene 10 unter rechtem Winkel schneiden, bilden ein regelmäßiges 10eck. Wie ferner die 6 4kantigen und 8 3kantigen Leuzitecken mit den 6 4kantigen und 8 3kantigen Ecken des eingeschriebenen Rauten12flachs eins sind, so die 12 5kantigen und 20 3kantigen Ecken des 60flachs mit den 12 5kantigen und 20 3kantigen des ihm eingeschriebenen 30flachs. —

Aus dem eingeschriebenen Rauten12flach bilden wir den umschriebenen Leuzit, indem wir auf jede Rautenfläche eine Pyramide aufsetzten. Eben so bildet man das umschriebene 60flach, indem man auf jede Fläche des 30flachs eine Pyramide aufsetzt. Da der Kantenwinkel des 30flachs = 144°, so muß jeder der 2 Grundkantenwinkel der 2 Pyramiden, welche in derselben 30flachskante zusammengränzen = 18° seyn, (2 × 18 + 144 = 180), und der Winkel, den 2 einander an einer Pyramidenecke gegenüber liegende Pyramidenflächen bilden, ist ebenfalls 144°.

2. Aus dem Würfel entsteht der Leuzit durch 3flächige Zuspitzung der Ecken, die Zuspitzungsflächen auf die Seitenflächen aufgesetzt. Die Neigung dieser Zuspitzungsflächen gegen die Axe fanden wir so: wir nahmen den Würfel mit abgestumpften Kanten — den Flächen des Rauten12flachs — und stumpften an diesem die nach den Würfelecken zu gelegenen Anfänge der 12flachkanten regelmäßig ab.

Verfahren wir ganz ähnlich um aus dem regelmäßigen 12flach das 60flach zu erzeugen. Spitzen wir jede der 20 Ecken mit 3 Flächen zu, jede Zuspitzungsfläche auf eine Fläche aufgesetzt, so erhalten wir die 20 × 3 Flächen des 60flachs. Um aber die richtige Neigung der Zuspitzungsflächen gegen die Axe zu erhalten, so nehmen wir das 12flach mit abgestumpften Kanten — den Flächen des 30flachs — und stumpfen an diesem die nach den 12flachsecken zu gelegenen Anfänge der 30flachkanten regel=

mäßig ab. Aus solcher Abstumpfung geht, wie wir wissen, das 60flach hervor.

Je 5 um eine Fläche des 12flachs gelegene Zuspitzungsflächen der Ecken, bilden eine 5kantige 60flachsecke, welche in den Mittelpunkt der Fläche des umschriebenen 12flachs trifft.

Wie hier 12 5kantige Ecken des eingeschriebenen 60flachs in 12 Flächenmitten des umschriebenen 12flachs; so treffen 6 Leuzitecken in die Flächenmitten des umschriebenen Würfels. —

Durch Abstumpfung jener 6 Leuzitecken, jede Abstumpfungsfläche durch 4 in einer Ebene liegende 3kantige Ecken, rechtwinklig durch eine Hauptaxe gelegt, erhielten wir den dem Leuzit eingeschriebenen Würfel, dessen 8 Ecken also mit den 8 3kantigen Ecken des umschriebenen Leuzits zusammenfallen.

Eben so erhalten wir das 12flach aus dem 60flach, wenn wir die 12 5kantigen Ecken jede durch 5 in einer Ebene gelegene 3kantige Ecken, rechtwinklig durch eine 5kantige Axe abstumpfen. Die 20 Ecken des eingeschriebenen 12flachs fallen demnach mit den 20 3kantigen Ecken des umschriebenen 60flachs zusammen.

* * *

3. Aus dem 8flach entsteht der Leuzit, durch Zuspitzung jeder Ecken mit 4 Flächen, die Zuspitzungsflächen auf die Seitenflächen aufgesetzt. Die Neigung der Zuspitzungsflächen fanden wir, wie beim Würfel, durch Hülfe des 8flachs mit abgestumpften Kanten. (Siehe §. 13 A.)

Spitzen wir nun jede der 12 Ecken des 20flachs mit 5 Flächen zu, so erhalten wir 12 $\times$ 5 = 60 Flächen des 60flachs. Die Neigung der Zuspitzungsflächen gegen die Axe bestimmen wir, indem wir am 20flach mit abgestumpften Kanten die 12 $\times$ 5 nach den 20flachsecken zu gelegenen Anfänge der 30flachskanten abstumpfen.

Wenn je 3 um dieselbe Fläche des 20flachs gelegene Zuspitzungsflächen in der Mitte jener Fläche eine 3kantige Ecke bilden, so ist das dem 20flach eingeschriebene 60flach vollendet.

20 3kantige Ecken dieses 60flachs treffen demnach eben so in die Flächenmitten des ihm umschriebenen 20flachs, wie 8 3kantige Leuzitecken in die Flächenmitten des dem Leuzit umschriebenen 8flachs.

Durch Abstumpfung jener 8 Leuzitecken, jede Abstumpfungsfläche durch 3 benachbarte Hauptecken gelegt, erzeugt man das 8flach. Dessen Ecken fallen also mit den Hauptleuzitecken zusammen.

Eben so erhält man durch Abstumpfung der 20 3kantigen Ecken des 60flachs, jede Abstumpfungsfläche durch 3 der 3kantigen Ecke überzwerch gegenüber liegende 5kantige Ecken gelegt, das 20flach. Die 12 Ecken des 20flachs sind eins mit den 12 5kantigen Ecken des 60flachs. —

* * *

Es entspricht demnach die Verwandtschaft des 12-, 20-, 30- und 60flachs auffallend der Verwandtschaft von Würfel, 8flach, Rauten12flach und Leuzit.

12- und 20flach haben wie Würfel und 8flach nur Eine Art, Flächen, Kanten und Ecken.

Das 30flach hat wie das Rauten12flach gleiche Rauten, gleiche Kanten, und 2 Arten Ecken. —

Das 60flach hat, wie der Leuzit, Trapeze, wie dieser 2 Arten Kanten, 12 × 5 längere und 20 × 3 kürzere; wie der Leuzit 3 Arten Ecken.

Das 30flach ähnelt im Ganzen dem Rauten12flach, das 60flach dem Leuzit. —

D. Das 120flach.

Durch Zuschärfung der Kanten des 12-, 20-, 30-flachs entstehn Pyramiden12-, 20-, 30flache, welche den Pyramidenwürfel, Pyramiden8flach und Pyramiden-Rauten12flach entsprechen. Ich will nur noch kurz das Pyramiden30flach oder 120flach betrachten. Es hat 120 Flächen 3 × 60 Kanten, 12 10kantige, 20 6kantige, 30 4kantige, zusammen 62 Ecken.

Aus dem 30flach entsteht es, wie erwähnt, durch Zuschärfung aller Kanten (60 × 2 = 120), oder, indem man auf jede Raute eine sehr stumpfe 4seitige Pyramide aufsetzt. Der Grundkantenwinkel derselben muß kleiner als 18° seyn, weil, wie wir sahen, sonst das 60-flach erzeugt würde. —

Aus dem 12flach entsteht das 120flach, indem man jede Ecke mit 6 Flächen zuspitzt (20 × 6 = 120).

Aus dem 20flach entsteht das 120flach durch Zuspitzung jeder Ecke mit 10 Flächen (12 × 10 = 120).

Aus dem 60flach bildet man das 120flach, indem man jede der 30 ungleich 4kantigen Ecken mit 4 Flächen zuspitzt. (30 × 4 = 120).

Es ergiebt sich, daß sich das 120flach ganz so zum 30flach, 12flach, 20flach und 60flach verhält, wie das 48flach zum Rauten12flach, Würfel, 8flach und Leuzit.

120flach und 48flach stellen in beiden Geschlechtern die größte Annäherung zur Kugelform dar [44]).

* * *

E. Abweichungen.

So auffallend die dargethane Aehnlichkeit der Verwandtschaftsverhältnisse des 12flach-Geschlechts mit denen des Würfelgeschlechts ist, so finden sich doch folgende Abweichungen.

44) Stumpft man Ecken und Kanten des 48flachs ab, so erhält man einen Körper, der die Flächen der meisten aufgeführten einfachen Körper aufweist, nämlich:

1) Flächen des 48flachs selbst — — — — 48

2) — — Würfels — — — — — 6

3) — — 8flachs — — — — — 8

4) — — 12flachs — — — — — 12

5) — — Leuzits — — — — — 24

6) Flächen eines Pyramidenwürfels, durch Abstumpfung von 6 × 4 kürzern Kanten, die in den 6 8kantigen Ecken zusammentreffen — 24

7) Flächen eines Pyramiden8flachs durch Abstumpfung der 8 × 3 kürzern Kanten die in den 8 6kantigen Ecken zusammentreffen — — 24

Zusammen 146 Flächen.

Stumpft

1. Wir hatten das 12flach dem Würfel, das 20flach dem 8flach verglichen. So stellte Kepler schon diese Körper einander gegenüber [54]). Allein das 30flach tritt in einiger Hinsicht zum regelmäßigen 12flach in ein Verhältniß, in welchem das Rauten12flach nicht zum Würfel, sondern zum 8flach steht. Der große Rautenwinkel des Rauten12flachs ist = dem Kantenwinkel des 8flachs, dagegen der große Rautenwinkel des 30flachs nicht dem Kantenwinkel des 20flachs sondern des regelmäßigen 12flachs gleich ist [46]).

Stumpft man Ecken und Kanten des 120flachs ab, so erhält man einen Körper, der die Flächen der meisten einfachen Körper des regelmäßigen 12flachgeschlechts hat, nämlich:

1)	Flächen des 120flachs selbst — — — —	120
2)	— — 12flachs — — — — —	12
3)	— — 20flachs — — — — —	20
4)	— — 30flachs — — — — —	30
5)	— — 60flachs — — — — —	60
6)	Flächen des Pyramiden12flachs durch Abstumpfung der 20 × 5 kürzern Kanten die in den 12 10kantigen Ecken zusammentreffen —	60
7)	Flächen des Pyramiden20flachs durch Abstumpfung der 20 × 3 kürzern Kanten die in den 20 6kantigen Ecken zusammentreffen — —	60

Zusammen 362 Flächen.

Schneide den Körper.

45) Harmonice mundi p. 181.

46) Nach Hauy. Betrachte das regelmäßige 12flach mit abgestumpften Kanten — den Flächen des 30flachs. Die Anfänge von je

10 Kan-

2. Je 6 Kanten des Rauten12flachs laufen einer dreikantigen Axe gleich; dagegen je 10 Kanten des 30flachs nicht einer 3kantigen sondern einer fünfkantigen Axe # sind.

3. Die Entstehung des Rauten12flachs kann man sich, wie wir sahen, so denken, daß man einen Würfel in 6 4seitige Pyramiden zerlegt, und diese 6 Pyramiden auf die 6 Flächen eines gleich großen Würfels stellt.

Das 30flach läßt sich nicht so aus dem regelmäßigen 12flach herleiten, wie Hauy schon gegen Romé de l'Isle bewies. Man zerlege das regelmäßige 12flach durch seine Kanten in 12 Pyramiden, deren Grundflächen die Flächen des 12flachs, deren Spitzen im Mittelpunkt des 12flachs. Der Grundkantenwinkel jeder Pyramide ist = dem halben Kantenwinkel des 12flachs, ungefähr $= \frac{116}{2} = 58^\circ$. 2 solche Grundkantenwinkel mit dem Kantenwinkel des 12flachs vereint, betragen daher $116^\circ + 58^\circ + 58^\circ = 232^\circ$ mithin 52° mehr als 2 Rechte. 2 solche Pyramiden auf 2 benachbarte Flächen des 12=

10 Kanten des 30flachs laufen # einer Flächenaxe des 12flachs.

Je 2 jener Kanten stoßen daher in einer 3kantigen Ecke unter demselben stumpfen Winkel zusammen, unter welchen sich die 2 Flächenaxen, denen sie # sind, schneiden. Dieser Schnittwinkel ist = dem Kantenwinkel des 12flachs, daher auch der Winkel, den besagte 2 Kanten bilden, d. i. der stumpfe Winkel der Raute des 30flachs.

flachs aufgesetzt, bilden also an der 12flachskante, in welcher sie an einander grenzen, einen einspringenden Winkel.

4. An die Würfelsippe schließt sich die Nebensippe des 4flachs an. Läßt sich ein Körper bilden, der sich zum 12= und 20flach eben so verhält, wie das Vierflach zum Würfel und 8flach? Nein. Nähme das 12flach die Stelle des Würfels, das 20flach die Stelle des 8flachs ein, so müßte der gesuchte Körper folgende Verhältnisse zeigen. Er müßte so viel Kanten haben als das 12flach Flächen, also 12, die Zahl seiner Flächen müßte gleich seyn der Zahl seiner Ecken, und die Summe der Flächen und Ecken = 20 = der Flächenzahl des 20flachs seyn. Aber ein Körper von 10 Flächen müßte wenigstens, bei 3seitigen Flächen, $\frac{3 \times 10}{2} = 15$ Kanten haben, also mehr als er haben dürfte, wenn seine Kantenzahl der Flächenzahl des 12flachs entsprechen sollte

Eben so wenig erhält man einen dem 4flach entsprechenden Körper, wenn man das 12flach an die Stelle des 8flachs, das 20flach an die Stelle des Würfels setzen wollte.

§. 35.

Ein Blick auf das Würfelgeschlecht.

Hier eine Art Stammbaum der einfachen Hauptkörper des Würfelgeschlechts. Sie lassen sich — den 6ten und 10ten ausgenommen — unmittelbar oder mittelbar aus dem einfachsten Körper, dem 4flach, durch regelmäßige Abstumpfung erzeugen.

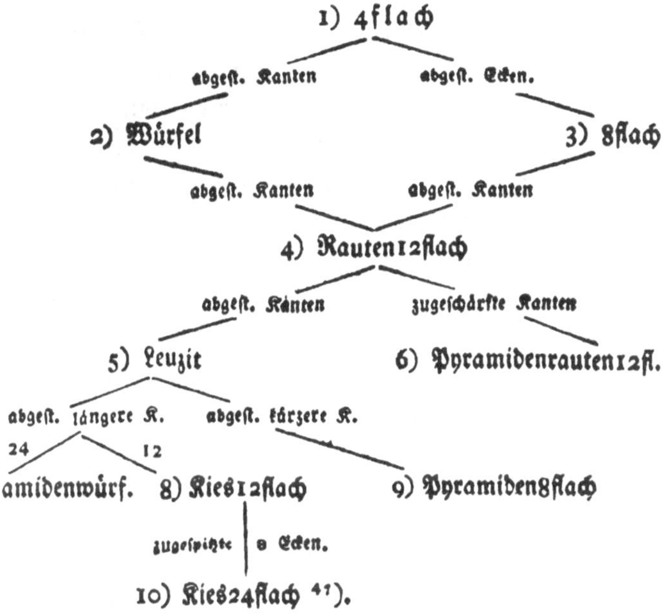

Das 4flach geht durch Abstumpfung der Kanten in den Würfel, weiter durch Abumpfung der Würfelkanten in das Rauten12flach über. Will man das 4flach unmittelbar in ein Rauten12flach verwandeln, so geschieht es durch Zuspitzung der Ecken.

Durch Abstumpfung verwandelt man den Würfel in ein Rauten12flach, dieses in einen Leuzit, diesen in

47) Das Pyramiden4flach habe ich als einen halben Leuzit nicht eigens aufgeführt.

einen Pyramidenwürfel, welchen man aus dem Würfel unmittelbar durch Zuschärfung der Kanten erhält.

Diese 2 Beispiele, zu welchen der Leser aus dem Stammbaum noch viele hinzufügen kann, zeigen, wie Zuschärfungen und Zuspitzungen einen einfachen Körper des Würfelgeschlechts in einen 2ten von größerer Flächenzahl unmittelbar verwandeln, in welchen er durch Abstumpfungen mittelbar übergehen kann.

Jede Abstumpfung, Zuschärfung, Zuspitzung eines einfachen Körpers des Würfelgeschlechts erzeugt für sich einen vollständigen neuen Körper. So viele Arten Flächen ein zusammengesetzter Körper des Würfelgeschlechts hat, so viel vollständige einfache Körper können aus ihm gebildet werden, falls man jede einzelne Art Flächen so vergrößert, daß die übrigen Flächen schwinden. Z. B. aus einem Würfel mit zugeschärften und wieder abgestumpften Kanten, auch abgestumpften Ecken, läßt sich

1. ein Pyramidenwürfel bilden, wenn man die 24 Zuschärfungsflächen so vergrößert, daß die übrigen Flächen nichts werden.
2. ein Rauten12flach, wenn man mit den Abstumpfungsflächen der Kanten,
3. ein 8flach, wenn man mit den Abstumpfungsflächen der Ecken,
4. ein Würfel, wenn man mit den Ueberbleibseln der Würfelflächen eben so verfährt, wie im erstern Falle mit den Zuschärfungsflächen.

Wir

Wir werden bei den folgenden Kristallgeschlechtern finden, daß häufig mehrere Arten von Abstumpfungen und Zuschärfungen zusammen eintreten müssen, um einen vollständigen neuen Körper zu bilden.

Wir haben gesehen, daß sich Reihen von Körpern denken lassen, welche dem Leuzit, Pyramiden8flach, Pyramidenwürfel und Kies12flach ähneln [48]). Die im Stammbaum aufgeführten Leuzit, Pyramiden8flach, Pyramidenwürfel und Kies12flach erscheinen als die Hauptkörper jener Reihen. — Z. B. der Leuzit, welcher aus regelmäßiger Abstumpfung der Kanten des Rauten12flachs hervorgeht, und in der Mitte steht zwischen den Leuzitähnelnden Körpern die durch Zuspitzung der 4kantigen und denen die durch Zuspitzung der 3kantigen Ecken des Rauten12flachs erzeugt werden.

Folgende 4 Figuren spielen im Würfelgeschlecht eine große Rolle.

1. das Geviert,
2. das Würfelrechteck,
3. die Raute des Rauten12flachs [49]),
4. Die Kiesraute.

48) Das Pyramiden4flach führe ich auch hier als halben Leuzit nicht besonders auf. Auch nicht das Pyramidenrauten12flach, weil ich aber das Wesen des Normal Pyramidenrauten12flachs noch im Dunkeln bin.

49) Ich wiederhole, daß sich die kurze Gere, die lange Gere und die Seite der 12flachsraute zu einander verhalten, wie die Kante, die Gere und die halbe Axe des Würfels. Das Würfelrechteck

Der Leser kann nach allem Vorhergehenden leicht zusammenstellen, bei welchen Körpern sie sich finden.

Wir erforschten das Verhältniß eines Würfels der um, zu einem der in ein (und dasselbe) 8flach beschrieben war, und viele entsprechende Verhältnisse.

Dies führt auf allgemeine Betrachtung der ähnlichen Körper, welche ich jedoch nur andeuten will.

Die Mathematik unterscheidet Gestalt und Größe.

Der Gestalt nach sind 2 (oder mehrere) Körper einander ähnlich [50]) oder unähnlich, der Größe nach gleich oder ungleich.

Der Gestalt und Größe nach sind 2 (oder mehrere) Körper

1. gleich und ähnlich, von gleicher Gestalt und gleichem Gehalt. Wie sich 2 gleich und ähnliche Figuren decken, so stelle man sich vor, 2 gleich und ähnliche (congruente) Körper paßten in Ein und dieselbe hohle Form.

felrechteck wird durch 2 Geren in 4 halbe 12flachsrauten zerlegt — die 12flachsraute durch 2 Geren in 4 halbe Würfelrechtecke.

50) Euclid; Buch XI. Erklärung IX. „Aehnliche Körper sind die von gleich vielen ähnlichen Flächen begränzt werden.“ — Dies reicht nicht aus. Man setze z. B. auf 2 #e Würfelflächen 2 4seitige Pyramiden, deren Grundkantenwinkel kleiner als 45°. Man setze dieselben Pyramiden auf 2 benachbarte Würfelflächen. Nach Euclid's Erklärung müßten beide Körper einander ähnlich seyn, wie unähnlich sie aber sind, ist klar.

2. *Gleich und unähnlich* von gleichem Gehalt aber ungleicher Gestalt. Z. B. ein hohler Würfel und eine hohle Kugel, welche gleich viel Wasser fassen.

3. *Ungleich und ähnlich*, von gleicher Gestalt aber ungleichem Gehalt. Dieser Fall ist in der Krystall-Lehre vorzüglich häufig. Von 2 solchen Körpern ist der kleinere anzusehn, als sey er der größere im verjüngten Maasstabe, als seyen in ihm *alle* Linien des größeren *in ein und demselben* Verhältnisse verkleinert. Kennt man daher das Verhältniß auch nur einer Linie des größeren Körpers zu einer gleichartigen Linie des ihm ähnlichen kleinern, so kennt man das Verhältniß aller Linien beider Körper. Ist z. B. die Kante eines Würfels A, $\frac{1}{2}$ der Kante eines 2ten B, so ist auch die Gere von A, $\frac{1}{2}$ der Gere von B, eben so die Axe ꝛc. [51]).

Der kleinere Körper läßt sich in den ihm ähnlichen größern so beschreiben, daß alle seine Flächen den Flächen des größern ⋕ sind, und alle seine Axen Theile der Axen des größern.

4. *Ungleich und unähnlich*, ungleich an Gestalt und Gehalt.

51) Ich gieng bei Vergleichung z. B. von einem *um* und einem *in* dasselbe 8flach beschriebenen Würfel, das Verhältniß aller Arten von Linien — der Kanten, Geren, Axen ꝛc. — genau durch, obgleich es doch nach Obigem an Erfassung Eines solchen Verhältnisses genügt hätte. Ich hoffte aber eben hierdurch dem Anfänger das Eigene ähnlicher Körper recht fest einzuprägen.

Das Würfelgeschlecht scheint an der Spitze aller übrigen Krystallgeschlechter zu stehen, alle dürften nur als gesetzmäßige Abweichungen von demselben anzusehn seyn. Bei jedem dieser Krystallgeschlechter werde ich daher sein Verhältniß zum Würfelgeschlecht betrachten. Zuerst wie seine einfache Grundgestalt (oder Grundgestalten) sich zum Würfel und 8flach verhalten. Ist die Art und das Gesetz ihrer Abweichung bestimmt, so ergiebt sich — nach dem Gesetz des Ebenmaaßes — die Regel aller Umgestaltungen. Ich hoffe dies bei der folgenden Darstellung des Geschlechts des Rautenflachs klar zu zeigen.

Ich schließe mit einer allgemeinen Betrachtung. — In der Mathematik — wie fast in jeder Wissenschaft — beginnt man gewöhnlich mit den umfassendsten allgemeinsten Begriffen und Beweisen. Man spricht von dem Wesen des 3ecks, 4ecks rc. überhaupt. Wäre es nicht besser von den regelmäßigsten schönsten Dreiecken, dem gleichseitigen und rechtwinklig gleichschenkligen auszugehn, von da zu den übrigen gleichschenkligen und rechtwinkligen und zuletzt zu den ganz unregelmäßigen fortzuschreiten? Eben so beim 4eck rc. — Wäre es nicht faßlicher zuförderst einfach an einem durch eine Gere getheilten Geviert zu zeigen, daß das gleichschenklige rechtwinklige △ 2 Rechte habe, und dann erst den Beweis für alle △e zu geben? Sollte man nicht vorher am gleichschenkligen rechtwinkligen △ den pythagoreischen Lehrsatz anschaulich machen, ehe man den Beweis für alle recht winkligen △e suchte? — Hat sich nicht die Mathema tik selbst so entwickelt, daß man das Anschaulichste, Einfachste, Regelmäßigste, Schönste zuerst gefunden, und von diesem zum Zusammengesetzten, Unregelmäßigen, abgezogen Verständigen fortgeschritten ist? — So glaube ich, muß auch beim Lehreren der Krystallkunde vom Einfachsten, Schönsten, Regelmäßigsten, Anschaulichsten zum Zusammengesetzten, Unregelmäßigen, abgezogen Verständigen fortgeschritten werden. Gewöhnlich beginnt man auch hier mit den allgemeinsten Begriffen. Man giebt die umfassendste Definition eines 8flachs, und zählt dann die mannigfaltigen Arten desselben auf, unter diesen auch das regelmäßige. Eben so geht man von dem sehr weiten Begriffe eines Parallelepipedums aus, dem dann unter andern auch der Würfel untergeordnet ist. Ich glaube man sollte mit Betrachtung des regelmäßigen 8flachs beginnen, und von diesem zu den übrigen als zu Abweichungen vom regelmäßigen 8flach übergehn. Z. B. zu den 8flachen welche entstehn, wenn man eine Axe des regelmäßigen 8flachs verlängert oder verkürzt ꝛc. Eben so sollte man mit Betrachtung des Würfels beginnen, und dann zeigen, wie sich das Rautenflach, die geschobene 4seitige Säule ꝛc. kurz alle übrigen Parallelepipeden zu ihm verhalten. — Und wie man mit Betrachtung der einzelnen einfachsten regelmäßigen Körper beginnen sollte, so auch mit Betrachtung des einfachsten, regelmäßigsten Geschlechts, welches jene Körper in sich faßt, mit Betrachtung des Würfelgeschlechts. Der Schüler muß dieses gründlich gefaßt haben, ehe er sich zu den verwickelten Krystallgeschlechtern wendet. Geschähe es nicht um der unreifen Fassungskraft willen, welche nur des

Einfachern mächtig werden kann, dann deshalb, weil eben das Würfelgeschlecht Wurzel aller übrigen Geschlechter, weil in ihm der Augenpunkt, aus welchem alle betrachtet werden müssen, um richtig aufgefaßt zu werden.

II.

Das Geschlecht des Rautenflachs.

§. 36.

Der Würfel.

Betrachten wir den Würfel noch einmal.

Seine 6 Flächen sind Gevierte, welche 6 $\times$ 4 rechte Winkel und 6 $\times$ 2 gleiche Geren haben.

Seine 12 Kanten sind gleich lang, rechtwinklig, je 4 sind #.

An jeder seiner 8 Ecken treffen 3 rechte Winkel und 3 rechtwinklige Kanten zusammen.

Jede Gere bildet mit 2 angränzenden unter einander #en Kanten rechte Winkel.

Die Axe macht mit einer Kante einen Winkel von ungefähr 55°, mit einer Gere von ungefähr 35°.

4 Axen, welche 4 Paar Ecken verbinden, sind gleich. Von 3 Flächenaxen ist jede # 4 Kanten, von 6 Kantenaxen ist jede $\perp$ 2en Geren. Die Flächenaxe ist einer Kante, die Kantenaxe einer Gere gleich.

Das Geviert der Würfelkante verhält sich zu dem der Gere, dieses zu dem der Axe wie 1 : 2 : 3; wenn die Würfelfläche 1 Zoll im Geviert betrüge, so würde das Geviert der Gere 2 Zoll, daß der Axe 3 Zoll im Geviert enthalten.

§. 37.

Verhältniß des Würfels zum Rautenflach.

Ein Rautenflach hat, wie der Würfel, 6 gleiche Flächen, 12 gleich lange Kanten, 8 3kantige Ecken, 4 Eck-, 3 Flächen-, 6 Kanten-Axen. Je 4 seiner Kanten sind #, wie je 4 Würfelkanten.

Es unterscheidet sich vom Würfel:

1. Weil seine 6 Flächen nicht Gevierte, sondern Rauten sind, daher es nicht 6 × 4 rechte Flächenwinkel hat, sondern 6 × 2 gleiche stumpfe, 6 × 2 gleiche spitze; nicht 6 × 2 gleiche Geren, sondern 6 lange und 6 kurze.

2. Weil es nicht 12 rechtwinkliae Kanten hat, sondern 6 gleiche stumpfe und 6 gleiche scharfe. Ein stumpfer und ein spitzer Kantenwinkel betragen zusammen 2 Rechte.

3. Weil nur in 2en seiner Ecken 3 gleiche Flächenwinkel und 3 gleiche Kanten zusammentreffen. An jeder der 6 übrigen Ecken stoßen 2 einander gleiche und ein diesen ungleicher Winkel, 2 einander gleiche und eine diesen ungleiche Kante zusammen.

4. Weil keine seiner Geren mit 2 angrenzenden einander #en Kanten rechte Winkel bildet.

5. Weil nur 3 seiner Eck-Axen gleich sind, die 4te aber von diesen abweicht.

6. Weil nicht alle seine Kantenaxen gleich sind, sondern 3 längere sind unter sich gleich, und 3 kürzere desgleichen. Jede längere Kantenaxe ist = einer, # 2 langen Geren; jede kürzere Kantenaxe ist = einer, # 2 kurzen Geren.

7. Weil seine Flächen- und Kantenaxen zwar die Mitten je 2er #er Flächen und Kanten durch den Mittelpunkt des Rautenflachs hindurch verbinden, aber nicht, wie beim Würfel, rechtwinklig auf Flächen und Kanten treffen — daher auch nicht völlig dem Begriff von Axen entsprechen.

So unterscheiden sich alle Rautenflache vom Würfel.

§. 38.

Der Würfel steht in der Mitte zwischen 2 einander entgegengesetzten Reihen der Rautenflache.

Man verfertige das Kantengeripp eines Würfels etwa aus Drath. Eine Axe werde durch einen starken Drath dargestellt, der über die 2 Ecken so weit hinausreicht, daß die Länge des ganzen Draths gleich sey dreien Würfelkanten [52]). Das Kantengeripp sey verschiebbar. Man ziehe es nun in der Richtung des Axendraths in die Länge, so erhält man eine Reihe zunehmend spitzer Rautenflache. Umgekehrt drücke man das Würfel-

52) Der Drath wird dann, wie wir weiter unten sehen werden, um etwas länger seyn, als nöthig.

kantengeripp in der Richtung des Axendraths zusammen, so erhält man eine Reihe zunehmend stumpfer Rautenflache.

Wir haben die gemeinsamen Eigenschaften aller Rautenflache, und das, worin sie sich vom Würfel unterscheiden, betrachtet.

Wie unterscheiden sich nun die spitzen Rautenflache von den stumpfen?

1. Was bei der angegebenen künstlichen Art die Rautenflache aus einem Würfelkantengeripp zu bilden zunächst in die Augen springt: bei den spitzen Rautenflachen tritt eine Axe durch ihre größere Länge vor den 3 übrigen heraus, bei den stumpfen dagegen durch ihre geringere Länge. Diese eine heraustretende Axe heiße vorzugsweise die Axe schlechtweg, die übrigen 3 sollen Randaxen heißen, weil sie, wie wir gleich sehen werden, 3 Paar Randecken verbinden.

Denken wir uns bei den folgenden Betrachtungen des Rautenflachs, die Axe immer senkrecht.

2. Die 2 Enden einer Axe heißen Pole. Nennen wir die 2 Ecken an den Polen der Rautenflachaxen Polecken. An jeder dieser 2 Ecken stoßen 3 gleiche Winkel zusammen, die wir Polwinkel nennen wollen, und 3 gleiche Kanten, die Polkanten heißen mögen. Beim stumpfen Rautenflach sind nun die 3 und 3 Polwinkel stumpf, beim spitzen spitz. Eben so sind die 3 und 3 Polkanten beim stumpfen Rautenflach stumpf, beim spitzen scharf.

3. Außer den 2 Polecken hat das Rautenflach 6 andere Ecken, die wir Randecken nennen wollen [53]. Je 3 obere liegen in einer 3seitigen Ebene, je 3 untere in einer zweiten Ebene. Beide Ebenen sind einander # und schneiden die Axe senkrecht. Die 6 Kanten, deren Endpunkte in die Randecken fallen, sollen Randkanten heißen. Beim spitzen Rautenflach sind sie stumpf, beim stumpfen scharf. Die 3 obern und 3 untern Geren, deren Endpunkte in 3 obere und 3 untere Randecken treffen, nennen wir Randgeren. 3 obere Randgeren bilden ein gleichseitiges △, daß wir das obere Randdreieck nennen wollen, 3 untere Randgeren schließen das untere Randdreieck ein [54]. An jeder Randecke eines spitzen Rautenflachs stoßen 2 stumpfe und 1 spitzer Winkel, 2 stumpfe Randkanten und 1 scharfe Polkante zusammen. An jeder Randecke eines stumpfen Rautenflachs umgekehrt 2 spitze und ein stumpfer Winkel, 2 scharfe Randkanten und eine stumpfe Polkante.

3 Geren, welche von der obern Polecke nach den untern Randecken laufen, sollen obere Polgeren, 3, welche von der untern Polecke nach den 3 obern Randecken laufen, untere Polgeren heißen. Beim spitzen Rautenflach sind sie länger, beim stumpfen kürzer als die Randgeren.

4. Eine Polkante des spitzen Rautenflachs bildet mit zweien einander #en ihr angrenzenden Polgeren an der

53) Der Ausdruck „Randecken" ist aus Herrn Kerstens Uebersetzung von Brochants Werk über Krystallisation entlehnt.

54) Bemerke daß die Randecken Endpunkte der Randaxen, Randkanten, Randgeren, Winkelpunkte der Randdreiecke sind.

Polecke einen spitzen, an der Randecke einen stumpfen Winkel. Umgekehrt verhält es sich beim stumpfen Rautenflach. — Weil besagte Polgeren # sind, so betraaen der spitze und der stumpfe Winkel zusammen 2 Rechte. Den Schnitt durch 2 #e Polkanten und 2 #e Polgeren nenneu wir (mit Hauy) Hauptschnitt, die eben betrachteten Winkel Hauptschnittswinkel.

5. Mit der Axe bildet die Polkante des stnmpfen Rautenflachs einen Winkel der > 55°, die Polkante des spitzen einen Winkel der < 55°.

Mit der Polgere bildet die Axe des stumpfen Rautenflachs einen Winkel der größer, die Axe des spitzen einen Winkel der kleiner als 35°. (Vergl. den Würfel).

§. 39.

Die Enden der Reihe spitzer Rautenflache.

Nehmen wir nochmals das Würfelkantengeripp. Bilden wir durch Auseinanderziehn desselben in der Richtung des Axendraths die Reihe zunehmend spitzer Rautenflache, und suchen wir die Aeußersten dieser Reihe.

I. Winkel.

1. Flächenwinkel.

A. Spitze.

a. Der spitzeste sey größer als 0°.

b. Der wenigst spitze kleiner als 90°.

B. Stumpfe.

a. Der stumpfste sey kleiner als 180°.

b. Der wenigst stumpfe größer als 90°.

2. Kantenwinkel.

A. Polkantenwinkel (Spitze)

a. Der spitzeste sei kleiner als 60°.

Dies ergiebt sich schon aus der Betrachtung, daß 60° der Winkel der gleichseitigen 3seitigen Säule, welche als das unerreichbare Aeußerste einer spitzen 3seitigen Pyramide mit abgestumpfter Polecke betrachtet werden kann. Es läßt sich so beweisen. Fig. 62. Aus den Kreuzpunkten a und b zweier Geren (der Mitten zweier Rauten) fälle ac und bc senkrecht auf die Polkante de. Der Winkel acb ist also der Winkel der Kante. Ziehe die halben Randgeren ad und db. Das △ acd ≅ △ dcb. (1 S. 3 W.) ad und db die zwei gleichen Hypotenusen der beiden rechtwinkligen △e sind länger als die beiden gleichen Katheten ac und cb. Denkt man sich nun acb und adb als gleichschenklige △e auf derselben Grundlinie ab, so muß der Winkel adb kleiner als der Winkel acb seyn, da er von zwei längern Schenkeln gebildet wird. Der Winkel adb ist aber bei allen Rautenflachen von 60°, weil er einer von 3 Winkeln des gleichseitigen, durch 3 gleiche Randgeren gebildeten △s ist. Der Polkantenwinkel aller Rautenflache, auch der spitzesten, muß daher größer als 60° seyn. Fig. 62

b. Der wenigst spitze (Polkantenwinkel) sei kleiner als 90°

B. Randkantenwinkel (Stumpfe).

a. Der wenigst stumpfe sei größer als 90°.

b. Der möglichst stumpfe sei kleiner als 120°.

Denn er beträgt mit dem möglichst spitzen Polkantenwinkel zusammen 180°. Da dieser Polkantenwinkel aber größer als 60° seyn muß, so darf der Randkantenwinkel nicht volle 120° betragen.

Dies ergiebt sich auch aus der Betrachtung, daß — wie wir unten genauer sehn werden — die Seitenkanten einer regelmäßigen 6seitigen Säule, deren jede 120° beträgt, als die unmöglichen Aeußersten der bis zum Gleichlaufen gesteigerten Randkanten des unmöglichen spitzesten Rautenflachs angesehn werden können [55]).

II. Linien.

Kanten, 2 Geren und Axe sind die 4 Hauptlinien. Die Kanten bleiben sich gleich, wie schon aus der angegebenen Weise aus einem Würfelkantengeripp eine Reihe zunehmend spitzer Rautenflache zu bilden, hervorgeht. Die Polgere wächst im Verhältniß als die Randgere abnimmt, die Hauptaxe wächst im Verhältniß als die Randaxen abnehmen. Betrachten wir dieses genauer, indem wir das Verhältniß von Kante, Gere und Axe beim Würfel zum Grunde legen.

Wenn beim spitzen Rautenflach, welches dem Würfel am nächsten steht, Pol- und Randgere fast gleich sind, so wird die Randgere beim möglichst spitzen Rautenflach fast 0, die Polgere fällt fast mit 4 Kanten ihrer Raute zusammen, erreicht fast die Länge zweier Kanten. —

Bilde

55) Vergleiche Hauy's Var. dilatée und contractée Tafel 24. Fig. 20, 21.

Bilde ein △ aus der Axe, einer Polgere und einer Polkante, welche mit der Polgere in einer Randecke zusammenstößt. Der Winkel der Polgere mit der Polkante darf nicht 180° seyn, weil sonst beide Linien mit der Axe zusammenfielen. Sie sind also länger als die Axe. Da die Polgere nicht völlig = 2en Kanten, Polgere und Kante aber zusammen größer sind als die Axe, so ist die Axe des spitzesten Rautenflachs nicht völlig = 3en Kanten [56]), die Polgere aber nicht völlig = $\frac{2}{3}$ der Axe.

Die Randgere ist beim wenigst spitzen Rautenflach größer als die Kante, beim möglichst spitzen fast o. Da die Kanten in der oft erwähnten Reihe der Rautenflache sich gleich bleiben, so muß in dieser Reihe eins seyn, dessen Kante der Randgere gleich. Dies ist der Fall beim spitzen Rautenflach, dessen Rautenwinkel 60° und 120°. Denn die Randgere, welche die Randeckwinkel von 120° hälftet, bildet 2 gleichwinklige mithin gleichseitige △e, ist daher der Kante gleich.

§. 40.

Die Enden der Reihe stumpfer Rautenflache.

Bilden wir nun aus dem Würfelkantengeripp eine Reihe immer stumpfer werdender Rautenflache, indem wir dies Geripp in der Richtung des Axendraths zusammendrücken. Wie werden die Enden dieser Reihe seyn?

56) Darum konnte (§. 38.) die Länge des Axendraths im Würfelkantengeripp um ein Geringstes kürzer seyn, als die Länge 3er Kanten beträgt.

I. Winkel.

1. Flächenwinkel.

A. Stumpfe.

a. Beim stumpfen Rautenflach, das dem Würfel am nächsten, ist er etwas größer als 90°.

b. Beim möglichst stumpfen Rautenflach ist er etwas kleiner als — — — — 120°.

Denn 3 solcher stumpfen Winkel liegen um einer Polecke. Wäre ein Winkel = 120°, so wären 3 = 360° = 4 Rechten. Dies ist aber nicht möglich, da die Winkel um den Punkt einer Ebene — welcher als die unmögliche stumpfste Ecke betrachtet werden könnte — 360° betragen.

B. Spitze.

a. Der mindest spitze sey etwas kleiner als 90°.

b. Der möglichst spitze sey größer als 60°

denn letzterer ergänzt den möglichst stumpfen zu 180°.

Da der möglichst stumpfe aber kleiner als 120° seyn muß, so muß auch sein Ergänzungswinkel größer als 60° seyn.

2. Kantenwinkel.

A. Polkantenwinkel (Stumpfe).

a. Der mindest stumpfe sey größer als 90°.

b. Der möglichst stumpfe sey kleiner als 180°.

B. Randkantenwinkel (Spitze).

a. Der wenigst spitze sey kleiner als 90°.

b. Der möglichst spitze sey größer als 0°.

II. Linien.

Kante. 2 Geren. Axe.

Bei der angegebenen Weise aus dem Würfelkantengeripp eine Reihe zunehmend stumpfer Rautenflache zu bilden, sieht man, wie wir (wie bei ähnlicher Bildung der Reihe spitzer Rautenflache), die Kanten sich gleich bleiben, die Randgeren wachsen in dem Maaße als die Polgeren abnehmen, die Hauptaxe nimmt ab, in dem Maaße als die Randaxen wachsen. — Wir bemerken:

1. Polgere und Kante. Wenn beim stumpfen Rautenflach, das dem Würfel am nächsten steht, die Kante kleiner als die Polgere ist, muß dann nicht in dar Reihe immer stumpfer werdender Rautenflache, deren Kante sich gleich bleibt, die Polgere aber kürzer und kürzer wird, ein Rautenflach seyn, dessen Kante gleich der Polgere? Nein, die Polgere auch des möglichst stumpfen Rautenflachs muß um ein Geringstes länger seyn als die Kante. Sie wäre der Kante gleich, wenn der größere Rautenwinkel auf 120° stiege, was, wie wir sahen, unmöglich ist. Dann zerlegte die Polgere die Raute in 2 gleichseitige Dreiecke, 2 Seiten jedes Dreiecks würden von 2 Kanten, die Dritte durch die Polgere selbst gebildet. —

2. Polgere. Randgere. Wenn beim stumpfen Rautenflach, welches dem Würfel zunächst steht, die Polgere nur um ein Geringstes kürzer ist als die Randgere, so verhält sich beim möglichst stumpfen Rautenflach die Polgere zur Randgere nicht völlig wie die Seite eines gleich-

seitigen Dreiecks zur doppelten Höhe desselben Dreiecks [57]). Dies folgt aus dem Vorhergehenden. Bei einer Raute von 120° und 60° welche, wie wir wissen, auch vom stumpfsten Rautenflach nicht erreicht wird, würde dies Verhältniß vollkommen seyn.

3. Hauptaxe. Randaxe.

Beim stumpfen Rautenflach, welches dem Würfel zunächst steht, ist die Hauptaxe nur um ein Geringstes kleiner als die Randaxe.

Beim möglichst stumpfen Rautenflach wird die Hauptaxe fast 0. — Bilde ein △ aus einer Randaxe, einer Polgere und einer Polkante, welche in derselben Polecke zusammenstoßen. Der Winkel des Dreiecks, der in die Polecke fällt, darf nicht 180° seyn, weil dann Polkante und Polgere in eine Linie — in die Randaxe fallen, dieser gleich sein würden. Die Randaxe des möglichst stumpfen Rautenflachs darf daher nicht völlig so lang seyn als eine Polkante und Polgere zusammen genommen. Da nun die Polkante nicht völlig so groß als die Polgere seyn kann, so darf die Randaxe noch weniger die völlige Länge 2er Polgeren haben [58]).

4. Randgere. Hauptaxe.

Beim stumpfen Rautenflach das dem Würfel am nächsten, ist die Randgere kürzer als die Axe. Bei stum-

57) Die Polgere ist zu kurz, die Randgere zu lang für dieses Verhältniß.

58) Auch nicht die Länge 2er Polkanten wie ich weiter unten zeigen werde. Vergleiche das über die mögliche Länge der Hauptaxe des spitzesten Rautenflachs im vorigen §. Gesagte.

pferen und stumpferen Rautenflachen nimmt die Axe bis nahe o ab, die Randgere wächst dagegen. Es muß daher in dieser Reihe zunehmend stumpfer Rautenflache eins der Art seyn, daß seine Randgere = der Axe. Stumpft man eine Polecke dieses Rautenflachs durch die 3 Grundrandgeren ab, so muß die Höhe der abgestumpften Pyramide $\frac{1}{3}$ ihrer Grundkante seyn, wie wir sehen werden. —

5. Polgere. Axe.

Die (Haupt) Axe wird beim möglichst stumpfen Rautenflach fast o, die Polgere ist dagegen bei demselben Rautenflach größer als die Kante. Die Hauptaxe nimmt daher bei dem stumpfen Werden der Rautenflache weit schneller ab als die Polgere. Wenn diese beim stumpfen Rautenflach, das dem Würfel zunächst steht, kürzer als die Axe ist, so wird sich in der Reihe zunehmend stumpfer Rautenflache eins finden, dessen Polgere = der Axe. Bilde ein △ aus der Axe dieses Rautenflachs, einer obern Polgere, und einer an diese gränzenden untern Polkante. Es ist gleichschenklig. Polgere und Axe bilden mit der Polkante gleiche Winkel.

6. Kante. Axe.

Nimmt die Axe des Rautenflachs mehr und zwar so weit ab, daß sie der Kante gleich wird, so läßt sich ein gleichschenkliges △ bilden, dessen Grundlinie eine untere Polgere, dessen Schenkel die Axe und eine obere Polkante, welche mit jener Polgere in einer Randecke zusam=

mentrifft. Polkante und Axe bilden mit der Polgere gleiche Winkel [59]).

* * *

Wenn der Würfel als das eine Aeußerste der Reihe stumpfer Rautenflache betrachtet werden kann, so steht am entgegengesetzten Ende eine regelmäßige 6 seitige Tafel ohne Dicke als unmögliches letztes Glied. Die Hauptaxe des Rautenflachs wäre 0, 3 obere und 3 untere Randecken kämen in eine Ebene zu liegen. Die Polecke wäre Mittelpunkt eines regelmäßigen Sechsecks. Die Polgeren wären den Polkanten gleich, jede gleich einer Linie aus dem Mittelpunkt des Sechsecks nach einem Winkel. 2 solche Linien in einer Richtung, deren eine eine Polgere, die andere eine Polkante vorstellte, (eine Sechsecksgere) entspräche einer Randaxe. Der Polkantenwinkel betrüge 180°, der Polwinkel 120°. [60]).

§. 40ᵇ.

Vergleichung der 2 entgegengesetzten Reihen der Rautenflache.

Vergleichen wir nun die äußersten Größen der Flächenwinkel, welche wir in der Reihe spitzer Rautenflache fanden, mit den äußersten Größen der Kantenwinkel in der Reihe stumpfer Rautenflache, und umgekehrt.

59) So ists beim Granatrautenflach, wie wir weiter unten sehen werden.

60) Wie höchst spitze Rautenflache zweideutig zwischen Säule und Rautenflach schwanken, so finden sich höchst stumpfe Rautenflache (beim Kalkspath z. B.) an welchen man kaum die sich heraushebenden Polecken und Polkanten unterscheidet.

	I.			
	A. Stumpfer.		B. Spitzer.	
	a. Größter.	b. Kleinster.	a. Größter	b. Kleinster.
Spitzes Rautenflach. Flächenwinkel. Stumpf. Rautenflach. Kantenwinkel.	$< 180^\circ$	$> 90^\circ$	$< 90^\circ$	$> 0^\circ$
	II.			
Spitzes Rautenflach. Kantenwinkel. Stumpf. Rautenflach. Flächenwinkel.	$< 120^\circ$	$> 90^\circ$	$< 90^\circ$	$> 60^\circ$

Es ergiebt sich aus I.

Der möglich größte und möglich kleinste stumpfe Flächenwinkel in der Reihe spitzer Rautenflache, ist gleich dem möglich größten und möglich kleinsten stumpfen Kantenwinkel, in der Reihe stumpfer Rautenflache. ($< 180^\circ$ $> 90^\circ$).

Daher ist der möglich größte und möglich kleinste spitze Flächenwinkel in der Reihe spitzer Rautenflache gleich dem möglich größten und möglich kleinsten spitzen Kantenwinkel in der Reihe stumpfer Rautenflache ($< 90^\circ$, $> 0^\circ$) denn die spitzen Winkel erfüllen jene stumpfe zu 180°. —

Es ergiebt sich aus II.

Der möglich größte und möglich kleinste stumpfe Kantenwinkel in der Reihe spitzer Rautenflache, ist gleich dem möglich größten und möglich kleinsten stumpfen Flächenwinkel in der Reihe stumpfer Rautenflache. ($< 120^\circ$, $> 90^\circ$).

Daher ist der möglich größte und möglich kleinste spitze Kantenwinkel in der Reihe spitzer Rautenfla che = dem möglich größten und möglich kleinsten spitzen Flächenwinkel in der Reihe stumpfer Rautenflache. ($< 90^\circ$, $> 60^\circ$) denn letztern Winkel erfüllen erstere zu 180°. —

§. 41.

Winkeltausch.

Ich stelle die Aeußersten der Flächen- und Kantenwinkel in den beiden entgegengesetzten Reihen der Rautenflache noch einmal auf andere Weise zusammen [61]). Der Würfel steht in der Mitte.

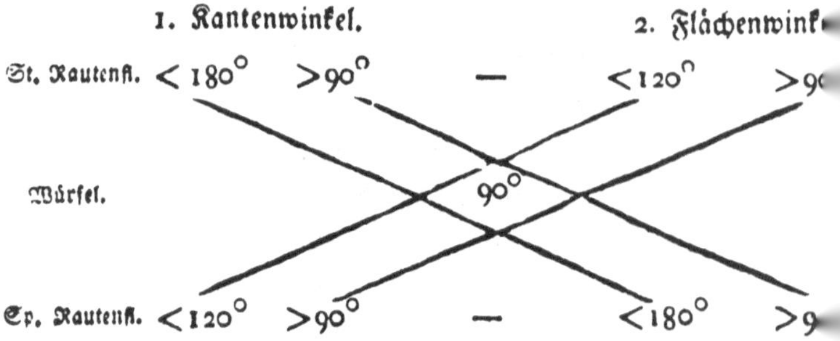

Die stumpfen Kantenwinkel des stumpfen Rautenflachs haben also eine Fortschreitung

von 90° bis 180° also 90° ⎤ zu durch-
die stumpfen Flächenwinkel von 90° bis 120° also 30° ⎦ laufen.

61) Zur Vereinfachung lasse ich die spitzen Winkel weg, da sie als Erfüllungen jedes stumpfen Winkels zu 180°. bekannt sind.

Dagegen haben die stumpfen Kantenwinkel des spitzen Rautenflachs

von 90° bis 120° also 30° ⎤ zu durch-
die stumpfen Flächenwinkel von 90° bis 180° also 90° ⎦ laufen.

Hieraus folgt:

1. Die stumpfen Kantenwinkel der stumpfen Rautenflachsreihe wachsen in einer raschere Fortschreitung als die stumpfen Flächenwinkel, und zwar im Ganzen in dem Verhältnisse von 90 : 30 oder von 3 : 1. Denn die ersteren haben 90° zu durchlaufen — von 90° zu 180° — während die zweiten nur 30° durchlaufen — von 90° bis 120°. Es muß daher in jedem stumpfen Rautenflach der stumpfe Kantenwinkel größer seyn als der stumpfe Flächenwinkel. Wenn beim Würfel, Flächen- und Kantenwinkel einander gleich sind, jeder 90°, so beträgt beim stumpfen Rautenflach des Kalkspaths, welches Hauy das gleichartige nennt [62]) nennt, der Flächenwinkel 114°, der Kantenwinkel 134°, letzterer also 20° mehr als ersterer. Je näher das Rautenflach dem Würfel steht, um so geringer ist der Unterschied der Größe zwischen dem stumpfen Flächen- und dem stumpfen Kantenwinkel, je entfernter es vom Würfel oder je stumpfer es ist, um so größer ist er. So beträgt z. B. beim sogenannten primitiven Rautenflach des Kalkspaths der stumpfe Rautenwinkel ungefähr 102°, der stumpfe Kan-

62) Ich gebe hier und in der Folge die im Hauy'schen Traité aufgeführten Winkelbestimmungen. Die bekannten spätern abweichenden Angaben will ich nicht berücksichtigen, da ja nicht vom Rautenflach des Kalkspaths sondern vom Rautenflach überhaupt die Rede ist.

tenwinkel 105°, der Unterschied beider ist daher nur 3°, da er bei dem vorigen weit stumpferen Rautenflach 20° betrug.

2. Die stumpfen Flächenwinkel wachsen in der Reihe spitzer Rautenflache in einem rascher fortschreitenden Verhältniß, als die stumpfen Kantenwinkel, und zwar im Ganzen ebenfalls im Verhältniß von 90:30 oder von 3:1. Denn die erstern haben 90° zu durchlaufen — von 90° bis 180° — während die zweiten nur 30° durchlaufen — von 90° bis 120°. Wenn daher beim Würfel der Flächenwinkel gleich dem Kantenwinkel (90°), so beträgt bei einem spitzen Rautenflache des Kalkspaths (welches Hauy contrastirend nennt) der stumpfe Flächenwinkel 134° der stumpfe Kantenwinkel 114°. Der Flächenwinkel ist also um 20° größer als der Kantenwinkel. Je näher das spitze Rautenflach dem Würfel steht, um so geringer ist der Unterschied zwischen dem stumpfen Flächen- und dem stumpfen Kantenwinkel, je entfernter um so größer. So ist z. B. in dem, von Hauy winkelvertauschend genannten Rautenflache, das weit weniger spitz ist, als das eben erwähnte contrastirende, der stumpfe Flächenwinkel ungefähr 105°, der stumpfe Kantenwinkel 102°. Der Unterschied beider Winkel beträgt also nur 3° während er beim contrastirenden Rautenflach 20° betrug.

3. Wir fanden, daß das Verhältniß, in welchem die stumpfen Kantenwinkel der stumpfen Rautenflachsreihe wachsen, dem ganz gleich sey, in welchem die stumpfen Flächenwinkel der spitzen Rautenflachsreihe zunehmen, dagegen das Ver-

hältniß, in welchem die stumpfen Flächenwinkel der stumpfen Rautenflachsreihe zunehmen, dem ganz gleich sey, in welchem die stumpfen Kantenwinkel der spitzen Rautenflachsreihe wachsen. Hieraus folgt: daß das Verhältniß, in welchem die stumpfen Kantenwinkel der stumpfen Rautenflachsreihe rascher wachsen als die stumpfen Flächenwinkel, derselben Reihe gleich sey dem Verhältnisse, in welchem die stumpfen Flächenwinkel der spitzen Rautenflachreihe rascher wachsen als die stumpfen Kantenwinkel derselben Reihe.

Wenn daher bei einem stumpfen Rautenflach
der stumpfe Flächenwinkel 114°
der stumpfe Kantenwinkel 134° ist, so muß bei einem spitzen Rautenflache, dessen stumpfer Kantenwinkel 114°, der stumpfe Flächenwinkel 134° seyn. — Oder wäre bei einem spitzen Rautenflach der stumpfe Kantenwinkel 102°, der stumpfe Flächenwinkel 105°, so muß bei einem stumpfen Rautenflach, dessen stumpfer Kantenwinkel 105°, der stumpfe Flächenwinkel 102° seyn.

Die eben erwähnten 2 stumpfen und 2 spitzen Rautenflache, welche hinsichtlich ihrer Kanten- und Flächenwinkel im angegebenen umgekehrten Verhältnisse stehn, fand Hauy beim Kalkspath.

Nach dem Gesagten ergiebt es sich aber, daß der Reihe unzähliger stumpfer Rautenflache die zwischen dem Würfel und dem denkbar stumpfsten Rautenflache inne liegt, eine Reihe unzähliger spitzer Rautenflache zwischen dem Würfel und dem denkbar spitzesten Rautenflache entspreche.

Je ein Glied der ersten Reihe steht zu einem Gliede der zweiten in dem Verhältniß des Winkeltausches, so daß, wenn die Größen der Kantenwinkel des stumpfen Rautenflachs gleich sind den Größen der Flächenwinkel des spitzen, die Größen der Kantenwinkel des spitzen Rautenflachs auch gleich seyn müssen den Größen der Flächenwinkel des stumpfen Rautenflachs.

Ich werde weiterhin auf diese Reihen zurückkommen, nachdem ich einige andere Betrachtungen eingeschaltet habe.

§. 42.

Die Polkante bildet einen größern Winkel mit der Axe des Rautenflachs, als die Polgere.

Fig. 63 Fig. 63. Ein △ gebildet aus der Axe, der obern Polgere und der untern mit dieser Gere in derselben Randecke zusammentreffenden Polkante. Wir fanden, daß die Polgere ab immer, selbst beim stumpfsten Rautenflach, größer seyn müsse, als die Polkante ac. Es muß daher der Winkel s, welcher der Polgere — der größeren Seite ab — gegenüber liegt, größer seyn, als der Winkel, welcher der Polkante — der kleinern Seite ac — gegenüber liegt. Was zu beweisen war.

§. 43.

Theilung der Axe eines Rautenflachs. Anderweitige Größenbestimmungen.

Wir fanden, daß die Abstumpfung einer Würfelecke durch ihre Grundgeren $\frac{1}{3}$ von der Würfelaxe abschnitt, die Abstumpfung zweier Ecken derselben Axe diese Axe dreitheilte. Ist es beim Rautenflach hinsichtlich der Hauptaxe eben so?

Fig. 64. Hauptdurchschnitt eines Rautenflachs. Fig. 64
Man stumpfe die Polecken durch das obere und untere Rand△ ab. db und ae sind dann Höhenlinien der beiden Randdreiecke, und schneiden die Axe cf unter rechtem Winkel. Die Punkte b und e hälften 2 Seiten der Randdreiecke, d. i. 2 Randgeren, mithin hälften sie auch die Polgeren ac und fd.

1. $\triangle$ cbg $\cong$ $\triangle$ hef. cb = fe und 2 Winkel. Also
$$cg = hf,\ he = bg.$$
2. $\triangle$ cbg $\sim$ $\triangle$ cha. Gleiche Winkel. Daher.
$$hc : gc = ac : bc = 1 : \tfrac{1}{2}.$$
Also gc = gh. Da aber gc = hf, so ist
$$gc = gh = hf.$$

Durch die Abstumpfung der Polecken durch ein oberes und ein unteres Randdreieck, wird die Hauptaxe also in 3 gleiche Theile — wie beim Würfel — getheilt.

Oder auch 2 Linien, deren jede aus einer Randecke des Rautenflachs rechtwinklig durch die Axe auf die Mitte der gegenüber liegenden Polgere gezogen werden, dreitheilen die Axe.

3. Aus Vergleichung der ähnlichen Dreiecke cbg und cha folgt zugleich:

$$ah : bg = ac : bc = 1 : \tfrac{1}{2}.$$

Da aber bg = he, so ist

$$ah : he = 1 : \tfrac{1}{2}.$$

D. i. die Hauptaxe cf theilt die Linie ae so, daß $\frac{2}{3}$ derselben nach der Randecke a, $\frac{1}{3}$ nach der Mitte e der Polgere fd zu liegt. Dies ergiebt sich schon daraus, daß die Axe fh der durch ihre 3 Grundrandgeren abgestumpften Poleck= (f) Pyramide, den Mittelpunkt h ihres Randdreiecks trifft.

4. Fälle aus b die Linie bi senkrecht auf ae.

△ abi ∾ △ ach. Daher

$$ai : ah = ab : ac = \tfrac{1}{2} : 1. \text{ Also ist}$$

$$ai = ih = he.$$

D. i. die Linie ae wird durch die Hauptaxe und durch eine Linie, die man # der Hauptaxe aus der Mitte einer Polgere senkrecht auf sie fällt, in 3 gleiche Theile getheilt.

5. Verlängere bi bis sie die Kante af in k trifft.

△ aik ∾ △ ahf. Also

$$ak : af = ai : ah = \tfrac{1}{2} : 1. \text{ Also } ak = kf.$$

D. i. eine Linie aus der Mitte b einer obern Polgere der Hauptaxe # auf eine untere Polkante gefällt, hälftet diese Kante.

6. △ acf ∾ △ abk. Also

$$bk : cf = ab : ac = ak : af = \tfrac{1}{2} : 1. \text{ Also}$$

$$bk = \tfrac{1}{2}\, cf.$$

D. i. die eben beschriebene Linie bk ist $\frac{1}{2}$ der Hauptaxe.

7. Mache dl = le = $\frac{1}{4}$ fd. Ziehe lm senkrecht auf die Axe cf.

$$\triangle\, lmf \sim \triangle\, ehf. \text{ Also}$$
$$mh : hf = le : ef = \tfrac{1}{2} : 1.$$
$$\text{Da } hf = \tfrac{2}{6}\, cf \text{ so ist } mh = \tfrac{1}{6}\, cf, \text{ aber}$$
$$mf = \tfrac{2}{6} + \tfrac{1}{6}\, cf = \tfrac{1}{2}\, cf.$$

Theilt man also eine Polgere in 4 Theile, und fällt von dem Viertheilspunkt, der einer Randecke zunächst liegt, eine senkrechte Linie auf die Hauptaxe, so wird diese durch eine solche Linie gehälftet. Verlängert trifft diese Linie den ähnlich gelegenen Viertheilspunkt der gleichlaufenden Gere.

8. Die Hauptaxe wird ferner gehälftet durch Linien, welche die Mitten 2 ≠er Polgeren und 2 ≠er Polkanten verbinden, (durch Flächen- und Kantenaxen) dann durch Randaxen. Dies ist leicht zu erweisen.

9. Ist der Winkel ach = 45°, so ist auch der Winkel cah = 45° und ch = ah d. i. $\frac{2}{3}$ cf = $\frac{2}{3}$ ae, also cf = ae, die Hauptaxe = der Linie von einer Randecke durch die Hauptaxe rechtwinklig zum Mittelpunkt der gegenüber liegenden Fläche. — (So beim primitiven Rautenflach des Kalkspaths).

Fig. 65. Hauptdurchschnitt des Rautenflachs wie Fig. 64. Hälfte die Polkanten cd und af in b und e. Ziehe eine Linie ab aus einer untern Randecke a nach der Mitte b der gegenüber liegenden obern Polkante; ziehe de aus einer obern Randecke d nach der Mitte e der untern Polkante. Fig. 6

$$\triangle\, agf \sim \triangle\, cgb. \text{ Gleiche Winkel.}$$

gf : gc = ag : gb = cb : af = 1 : ½ u. s. w., nach Aehnlichkeit der Beweise Fig 64.

Die Linien ab, ed, 3theilen die Axe, und jede wird durch die Axe in ⅔ die nach der Ecke, ⅓ das nach der Kante zugelegen, eingetheilt.

Fig. 66 Fig. 66. 3theile 2 #e Kanten cd in p, q, af in o, n; ziehe op, nq, so 3theile diese Linien die Axe cf.

3theile 2 #e Geren ac in i, k, fd in l, m; ziehe kl, im, so 3theilen diese Linien ebenfalls die Axe. Der Beweis ist leicht.

Daß die Hauptaxe gehälftet wird durch eine Rand-, Flächen- und Kantenaxe ist bemerkt worden.

Fig. 67 Fig. 67. Hauptdurchschnitt wie Fig. 64.

Ziehe lc aus dem Viertheilspunkt einer untern Polgere fd nach einer obern Polecke c. lm senkrecht auf cf gezogen hälftet cf wie wir sahen.

$\triangle$ clm $\cong$ $\triangle$ lmf.

cm = mf

lm = lm

$\alpha = \beta$

Also cl, die bezeichnete Linie = lf = ¾ der Polgere df.

Aus diesen Betrachtungen ergiebt sich die Art den Hauptdurchschnitt eines Rautenflachs zu verzeichnen.

Fig. 67b Fig. 67b. Ziehe ab. 3theile es in c und d. Ziehe Linien rechtwinklig durch d und c. Mache dk = lc = 2de = 2pc. Ziehe bi, la, ak, kb, so ist lbka Durchschnitt eines Rautenflachs. Eben so ist der Hauptdurchschnitt ambi verzeichnet, so daß di = 2df etc.

Will

Will man den Durchschnitt des primitiven Kalkrautenflachs verzeichnen, so mache man de = db. Beim Durchschnitt des winkelvertauschenden Rautenflachs sey di = bd. —

Es sey Axe und Kante eines Rautenflachs gegeben, darnach soll der Hauptdurchschnitt verzeichnet werden. Ziehe (Fig. 67b) die gegebene Axe ab, 3theile sie in d und c. Ziehe wiederum die Linien ek und lp rechtwinklig durch d und c. Fasse die gegebene Kante in den Zirkel, setze diesen auf die obere Polecke und kreuze etwa den links gelegenen Theil der obern Queerlinie. Z. B. in i. Auf diesen Kreuzpunkt fällt die obere Randecke. Verfahre eben so von der untern Polecke aus, jedoch mit dem rechts gelegenen Theile der untern Queerlinie, so erhälst du den untern Randeckpunkt l. Verbinde Pol- und Randeckpunkte, so hast du den verlangten Durchschnitt (ambi)[63]. Fg. 67b

Es ist leicht die Anwendung auf den Fall zu machen, daß die Axe und die Polgere eines Rautenflachs gegeben wären.

Umgestaltungen des Rautenflachs.

§. 44.

A. Abstumpfung und 3flächige Zuspitzung.

Ich halte ein Rautenflach zwischen einer senkrechten Axe. Nun beginne ich mit Abstumpfung einer obern

63) Bemerke daß Fig. 67b bi = $\frac{2}{3}$ bl. Vergleiche cl (Fig. 67) die $\frac{2}{3}$ df. Beide Durchschnitte seyen gleich groß, so ist bi = $\frac{2}{3}$ cl.

Polecke, gehe über zur Abstumpfung einer obern Polkante, weiter zur Abstumpfung der diese Polkante begränzenden obern Randecke und von hier über die untere angränzende Fläche zur untern Polecke. Bestimmen wir die Folge dieser Abstumpfungen genauer.

1. Abstumpfung der obern Polecke.

2. Abstumpfung der obern Polkante mit größerer Neigung gegen die Axe, als die Polkante selbst hat. 3 solcher Abstumpfungsflächen bilden eine 3flächige Zuspitzung der Polecke, die Zuspitzungsflächen auf die Polkanten aufgesetzt.

3. Regelmäßige Abstumpfung der Polkante, da die Abstumpfungsfläche dieselbe Neigung gegen die Axe hat, als die abgestumpfte Kante.

4. Abstumpfung der Polkante mit größerer Neigung nach der Randecke, geringerer nach der Polecke als die Polkante selbst hat. Dies kann auch als Abstumpfung der obern Randecke mit Neigung nach der obern Polecke betrachtet werden.

5. Abstumpfung der obern Randecke, die Abstumpfungsfläche weder nach der obern, noch nach der untern Polecke geneigt.

6. Abstumpfung der obern Randecke mit Neigung nach der untern Polecke.

Mit Uebergehung einer Abstumpfung welche # der untern an die Randecke gränzenden Fläche, folgt nun:

7. Abstumpfung der untern Polecke, welche nicht im rechten Winkel die Axe schneidet, sondern mit ihr einen

kleinern Winkel macht. Je 3 solcher Abstumpfungsflächen bilden eine 3flächige Zuspitzung der untern Polecke, die Zuspitzungsflächen auf die Seitenflächen aufgesetzt.

Zuletzt folgt die Abstumpfung der untern Polecke rechtwinklig durch die Axe, welche der Abstumpfung der obern Polecke gleich. Mithin schließt sich hier diese Kreisreihe der Abstumpfungen.

8. Für sich steht die Abstumpfung der Randkanten.

§. 45.

Körper, welche aus den angegebenen Abstumpfungen entspringen.

I. 2 Abstumpfungsflächen der Polecken rechtwinklig durch die Axe. Je 3 und 3 Abstumpfungskanten fallen entweder §. 44. 1

a. zwischen das obere Rand△ und die obere Polecke und zwischen das untere Rand△ und die untere Polecke. Der Körper hat 6 5ecke und 2 gleichseitige Dreiecke — die Abstumpfungsflächen.

b. Sie fallen in 3 und 3 Randgeren, oder in ein oberes und ein unteres Rand△. Dann schneiden sie, wie wir sahen, von der Axe an jedem Ende $\frac{1}{3}$ ab. Die Abstumpfungsflächen sind gleichseitige △e, die Ueberbleibsel der 6 ursprünglichen Flächen sind stumpfe oder spitze gleichschenklige △e. Es entsteht daher ein dem 8flach ähnelnder Körper. Nur aus dem spitzen Rautenflach, dessen Flächenwinkel 60° und 120°, entsteht ein regelmäßiges 8flach.

Die Flächenaxe des dem 8flach ähnelnden Körpers wie das 8flach selbst ist ⅓ der Axe des Rautenflachs.

c. Die 2 Abstumpfungsflächen durchschneiden die Randkanten oder fallen zwischen das obere und das untere Rand△. So entsteht ein 8flach ähnelnder Körper mit 2 #en größeren 6seitigen Flächen — den Abstumpfungsflächen. Die Ueberbleibsel der 6 Flächen des Rautenflachs sind unregelmäßige Vierecke [64].

* * *

§. 44. 1 und 5. II. Werden die 2 Abstumpfungsflächen der Polecken, verbunden mit den 6 Abstumpfungsflächen der Randecken, die weder nach der untern noch nach der obern Polecke geneigt, mithin der Axe # sind, so entsteht, wenn die Flächen des Rautenflachs schwinden, eine regelmäßige 6seitige Säule.

Diese Abstumpfung der Randecken, aus welcher die Seitenfläche der Säule entspringt, schneidet einen gleichen Theil von der obern Polkante und der untern Polgere ab. Der Schnitt würde z. B. von einer untern Randgere — welche die untere Polgere hälftet — nach der Mitte der obern Polkante gehn.

Vergleiche Fig. 64. bk ist die der Axe cf #e Höhenlinie des auf angegebene Weise geschnittenen Dreiecks

64) Es ist dies Werners 6seitige Tafel mit abwechselnd schief angesetzten Endflächen.

— der Säulenfläche. — Schnitte, welche $\frac{1}{2}$ der Polgeren und Polkanten wegnehmen, berühren sich in der Mitte der Randkanten.

III. Eine zweite regelmäßige 6seitige Säule entspringt aus der Verbindung der 2 regelmäßigen Abstumpfungsflächen der Polecken und der 6 Abstumpfungsflächen der Randkanten. § 44. 1 und 8.

Zusatz.

Neigung der Polgeren und Polkanten gegen die senkrechte, der Axe $\#$e Seitenfläche oder Seitenkante der Säule, und gegen die waagrechte, die Axe rechtwinklig schneidende, Endfläche derselben.

1. Die Summe der 2 äußern an der Hypotenuse liegenden Winkel eines rechtwinkligen $\triangle$s ist $=$ 3 Rechten oder 270°.

Fig. 67c. Fg. 67c

$$d = a + c$$
$$e = a + b$$
$$e + d = 2a + c + b$$

$=$ 2 Rechten $+$ 1 Rechten $=$ 3 Rechten.

2. Es ist eine Säule mit rechtwinklig angesetzten Endflächen gegeben. Stumpft man ihre Endkanten ab, so sind 3 Fälle möglich.

A. man schneidet bei der Abstumpfung eine gleichschenklige Säule ab — deren rechtwinkliger Durchschnitt durch die Seitenkanten ein gleichschenkliges rechtwinkliges $\triangle$ ist.

Fig. 67d. Dann bildet die, Fig. 67d durch ed vorgestellte Abstumpfungsfläche gleiche Winkel mit der Fg. 67d

Endfläche und der Seitenfläche der abgestumpften Säule, jeder ist 135°. —

B. Oder man schneidet eine ungleichschenklige Säule ab, und zwar entweder

Fig. 68 Fig. 68. a. so, daß der längere Schenkel (Fig. 68) be in die Seitenfläche der abgestumpften Säule fällt. Dann bildet die Abstumpfungsfläche ed mit jener Seitenfläche einen Winkel bei e der größer als 135°, mit der Endfläche einen Winkel bei d der kleiner als 135°. Der erstere Winkel muß kleiner als 180°, der letztere größer als 90° seyn.

Fig. 69 Fig. 69. b. so, daß (Fig. 69) der längere Schenkel bd der Abstumpfungssäule in die Endfläche der abgestumpften fällt. Dann sind die Winkelgrößen, wie die Figur 69 zeigt, umgekehrt wie im vorigen Falle. In beiden Fällen ist der Winkel, den die Abstumpfungsfläche mit der Seitenfläche macht, mehr dem Winkel den sie mit der Endfläche bildet 270°.

Fig. 70 Fig. 70. 3. Die Axe eines Rautenflachs (Fig. 70) ab ist # der Seitenfläche oder Seitenkante cd einer Säule. Daher ist der Winkel bac den die Axe mit der Polgere oder Polkante bildet, mehr dem Winkel acd, den dieselbe Gere oder Kante mit der Säulenfläche (oder Kante) bildet, = 180°.

Hat man, wie öfters den Winkel acd, so findet man den Axenwinkel bac, indem man erstern Winkel von 180° abzieht.

Fig. 71. 4. a. Die Fläche (oder Polgere) des primitiven Rautenflachs vom Kalkspath (Fig. 71) ce, neigt sich unter gleichen Winkeln gegen die Endfläche fg und gegen die Seitenfläche fd einer 6seitigen Säule, d. i. unter Winkeln von 135°. Der Winkel, den die Polgere mit der Axe bildet, cab, ist also 180° — 135° = 45°. Fig. 71

b. Die Polgere der Rautenflache, welche spitzer sind als das primitive des Kalkspaths, bilden daher mit der Seitenfläche einer Säule Winkel, die größer als 135°, mit der Endfläche Winkel die in eben dem Maaße kleiner als 135°, mit der Axe·Winkel, die kleiner als 45°. Z. B. die Polgere des von Hauy sogenannten winkelvertauschenden Rautenflachs bildet (Fig. 72) mit der Säulenendfläche fg einen Winkel von 117°, mit der Säulenseitenfläche also einen Winkel von 270° — 117° = 153°, mit der Axe also einen Winkel von 180° — 153° = 27°. Fig. 72

Die Polgere des möglichst spitzen Rautenflachs würde (nach Fig. 68) mit der Endfläche der Säule einen Winkel ceg von nahe 90°, mit der Säulenseitenfläche einen Winkel ecd von nahe 180° bilden, in welchem Fall der Winkel mit der Axe, cab, fast 0 seyn müßte.

c. Mit den Polgeren der Rautenflache, welche stumpfer sind als das primitive Rautenflach des Kalkspaths, verhält es sich umgekehrt als bei den spitzern. Zum Beispiele diene das von Hauy sogenannte gleichaxige Rautenflach. Fig. 73. Seine Polgere ca bildet mit der Seitenfläche der Säule einen Winkel dce von 117°, mit der Endfläche daher einen Winkel ceg von 270° — 117° = 153° mit der Axe aber einen Winkel cab = 180° — Fig. 73

$117^{\circ} = 63^{\circ}$. Die Polgere des möglichst stumpfen Rautenflachs würde (nach Fig. 69) mit der Endfläche einen Winkel ceg von fast 180°, mit der Seitenfläche einen Winkel dca von wenig über 90°, mit der Axe einen Winkel cab von fast 90° bilden.

Es steht, nach dem Gesagten, das primitive Rautenflach des Kalkspaths in der Mitte zweier einander entgegengesetzten Reihen von Rautenflachen, da seine Flächen gleiche Winkel mit der waagrechten Endfläche und der senkrechten Seitenfläche einer Säule bilden [65]).

5. Daß die Polkante eines Rautenflachs mit der Endfläche einer Säule einen stumpferen, mit der Seitenfläche oder Seitenkante einen minder stumpfen Winkel bildet als die Polgere, ergiebt sich aus früher aufgestellten Sätzen von selbst. Auch dies, daß wenn nur einer der 3 Winkel gegeben ist, den die Polgere (oder Polkante)

a) mit der Seitenfläche) der Säule
b) mit der Endfläche)
c) mit der Axe des Rautenflachs bildet, die 2 übrigen leicht berechnet werden können.

Nehmen wir Fig. 73. Es sey gegeben

1. $c = 117^{\circ}$. Dann ist

$$e = 270^{\circ} - 117^{\circ} = 153^{\circ}$$
$$a = 180^{\circ} - 117^{\circ} = 63^{\circ}.$$

2. $e = 153^{\circ}$. Dann ist

$$c = 270^{\circ} - 153^{\circ} = 117^{\circ}$$
$$a = 180^{\circ} - 117^{\circ} = 63^{\circ}.$$

65) Wir werden sehen, daß das winkelvertauschende Rautenflach des Kalkspaths hinsichtlich der Polkanten eben so in der Mitte zweier entgegengesetzten Reihen der Rautenflache steht.

3. $a = 63^\circ$. Dann ist

$$c = 180^\circ - 63^\circ = 117^\circ$$

$$e = 270^\circ - 117^\circ = 153^\circ.$$

Ende des Zusatzes.

Zwischen der Abstumpfung der Polecken und der der Randecken, da die Abstumpfungsfläche weder nach der obern noch nach der untern Polecke geneigt ist, liegen nun die 3 Arten von Abstumpfungen der Polkanten inne, welche §. 44 unter 2, 3, 4 aufgeführt worden sind.

IV. Zuerst eine Reihe von Abstumpfungen der Polkanten, welche stärker gegen die Axe geneigt sind, als die Polkanten selbst. 3 solcher Abstumpfungen an der obern, 3 an der untern Polecke, können, wie wir erwähnten, als 3flächige Zuspitzungen dieser beiden Ecken betrachtet werden, die Zuspitzungsflächen auf die Polkanten aufgesetzt. Alle Rautenflache, welche hieraus entstehen, sind stumpfer als das zugespitzte Rautenflach. Denn sie sind augenscheinlich stumpfer als das (folgende) Rautenflach, welches aus regelmäßiger Abstumpfung der Polkanten entsteht, und dieses selbst ist, wie wir gleich sehen werden, stumpfer als das veränderte Rautenflach. Ich will hier nur eine solche Zuspitzungsweise der Polecken aufführen, deren Wesen ich jedoch erst weiter unten beleuchten werde. Fig. 73b stelle das von Hauy sogenannte contrastirende Rautenflach des Kalkspaths vor. Theile die obern Polkanten ab, bc durch n und o in $\frac{1}{3}$ und $\frac{2}{3}$, und schneide von der obern Randecke g nach n und o. Führe 5 ähnliche Schnitte, so erhälst du die Anfänge der Flächen des gleichartigen Rautenflachs §. 44 2 Fg. 73b

§. 44. 3 V. Eine regelmäßige Abstumpfung der Polkanten. 3 Abstumpfungsflächen der obern, 3 der untern Polkanten bilden, wenn zuletzt die Flächen des abgestumpften Rautenflachs schwinden, ein neues stumpferes Rautenflach. Denn die Polgeren des neuen Rautenflachs haben dieselbe Neigung gegen die Axe wie die abgestumpften Polkanten des ersten Rautenflachs, also eine größere als dessen Polgeren.

Fig. 74 Fig. 74. Die Schnitte sind auf dem abzustumpfenden Rautenflach so zu verzeichnen. Fig. 74 abcdefg ein spitzes Rautenflach. 3theile dessen Randkanten. Theile dessen Polkanten und Polgeren, so daß $\frac{2}{3}$ (wie bi, bu nach den Pol- $\frac{1}{3}$ (wie ic, ud) nach den Randecken fällt.

hopi ist Verzeichnung des Schnittes, welcher die Kante bg abstumpft. Eine 4te Linie fällt auf die Hinterseite.

nmq schneidet de, klr aber fe weg. 2 Verzeichnungslinien jeder dieser beiden Abstumpfungsflächen sind nicht zu sehen.

Die Randecken des eingeschriebenen Rautenflachs fallen in die Punkte u, s, t. Linien, welche u und s, s und t verbinden, entsprechen den Randkanten, eine Linie ut der Randgere des eingeschriebenen Rautenflachs.

1. $\triangle$ fbd $\sim$ $\triangle$ tbu.

$$tu : fd = bu : bd = \frac{2}{3} : \frac{3}{3}.$$

Die Randgere des eingeschriebenen Rautenflachs ist $\frac{2}{3}$ der Randgere des umschriebenen.

Fig. 75 Fig. 75. 2. Fig. 75 efgh stellt den Hauptdurchschnitt des Rautenflachs Fig. 74 dar, in welchem der

Hauptdurchschnitt iklm des eingeschriebenen durch Abstumpfung der Polkanten entstandenen Rautenflachs verzeichnet ist.

$\triangle$ gfh $\sim$ $\triangle$ ikh

ik : gf = ih : gh = $\frac{2}{3}$: $\frac{3}{3}$.

Die Polgere des eingeschriebenen Rautenflachs ist $\frac{2}{3}$ der Polkante des umschriebenen.

Es verhält sich also die Polgere des eingeschriebenen Rautenflachs zur Polkante des umschriebenen, wie die Randgere des eingeschriebenen Rautenflachs zur Randgere des umschriebenen.

3. $\triangle$ gfh $\sim$ $\triangle$ ikh

$\triangle$ hfe $\sim$ $\triangle$ lmf

Hieraus ergiebt sich daß fk) mb) = $\frac{1}{3}$ fh.

Daher fk = km = mh, und km = $\frac{1}{3}$ fh. D. i. die Axe des eingeschriebenen Rautenflachs ist $\frac{1}{3}$ der Axe des umschriebenen.

4. $\triangle$ gkh $\sim$ $\triangle$ iqh.

iq : gk = hi : hg = $\frac{2}{3}$: $\frac{3}{3}$. Da nun

iq = $\frac{2}{3}$ gk

iq = $\frac{2}{3}$ is so ist

gk = ir. D. i.

die Höhe des Randdreiecks des eingeschriebenen Rautenflachs ist $\frac{2}{3}$ der Höhe des Randdreiecks des umschriebenen. Dies folgte schon aus dem Verhältniß der Randgeren. —

Hauy führt beim Kalkspath 4 Rautenflache auf, welche in folgendem Verhältniß stehn:

Stumpfe die Polkanten des spitzesten — des contrastirenden — ab, so erhälst du das minder spitze winkelvertauschende, stumpfe die Polkanten des winkelvertauschenden ab, so erhälst du das stumpfe primitive, stumpfe endlich die Polkanten des primitiven ab, so erhälst du das gleichaxige Rautenflach.

Die Verwandtschaft dieser 4 Rautenflache entspricht mithin ganz derjenigen, welche wir so eben betrachtet haben.

Fig. 76 Fig. 76 stellt die Hauptdurchschnitte jener 4 Rautenflache dar.

1. on = $\frac{2}{3}$ kl
ik = $\frac{2}{3}$ gf
fe = $\frac{2}{3}$ bc. D. i.

die Polgere jedes eingeschriebenen Rautenflachs der Reihe ist $\frac{2}{3}$ der Polkante des ihm umschriebenen.

2. Ist die Axe des contrastirenden Rauterflachs
bd = 27 so ist
die Axe des winkelvertausch. fh = 9
— — primitiven km = 3
— — gleichaxigen oq = 1

3. Ist die Randgere des contrastirenden Rauterflachs
= 1 oder 27 so ist
die Randgere des winkelvertausch. = $\frac{2}{3}$ . . 18
— — primitiven — = $\frac{4}{9}$ . . 12
— — gleichaxigen — = $\frac{8}{27}$ . . 8

Fig. 77 Fig. 77. Es sey abc ein gleichseitiges Rind△ des contrastirenden Rautenflachs, seine Seite bc =

der Randgere dieses Rautenflachs, so ist bk Randgere des winkelvertauschenden, bi des primitiven, bh des gleichartigen Rautenflachs. Die entsprechenden Höhen der 4 Randdreiecke sind bd, be, bf, bg. Wie die Figur entworfen sey und welches ihre Verhältnisse, bedarf keiner Auseinandersetzung.

VI. Eine Reihe Abstumpfungen der obern Randecke mit Neigung nach der obern Polecke, der untern Randecke mit Neigung nach der untern Polecke. Diese Reihe fällt zwischen die eben abgehandelte regelmäßige Abstumpfung der Polkanten, und die regelmäßige der Axe ‡e Abstumpfung der Randecke. §. 44. 4

A. Aus dieser Reihe Abstumpfungen hebe ich die folgende zuerst aus, weil sie der vorigen regelmäßigen Abstumpfung der Polkanten gerade entgegengesetzt ist.

Fig. 78. Spitzes Rautenflach. Von der untern Randgere ke schneide durch die Polgeren bk und be die obere Randecke f ab. Durch ähnliche Schnitte die 2 andern obern Randecken l und g. Fig. 78

Von einer obern Randgere fg aus, schneide durch 2 an diese Randgere gränzende untere Polgeren fh — die 2te ist auf der Figur nicht sichtbar. — So stumpfe die untere Randecke e, so die 2 andern untern Randecken ab.

Aus solcher Abstumpfung der Randecken entsteht ein Rautenflach, dessen Polkanten bm, bn, ho in die Polgeren (bk, be, fh) des umschriebenen fallen, das also spitzer ist als das umschriebene. Die Axe bh bleibt unverkürzt, die Randecken fallen in die Flächenmitten n, m, daher in die Ebene des Randdreiecks fg.

1. $bm = \frac{1}{2} bk$.

Die Polkante des eingeschriebenen Rautenflachs ist ½ der Polgere des umschriebenen.

2. Linien von m nach o, von n nach o stellen Randkanten vor. Jede solche Linie ist gleichfalls ½ der Polgere des umschriebenen Rautenflachs. Ein Schnitt durch 4 gehälftete ‡‡e Kanten bl, kf, he — die 4te ist nicht zu sehn — entblößt eine Raute, die = und # bfeg. mo ist eine Linie zwischen den Mitten 2 benachbarter Seiten dieser Raute # der langen Gere, daher ½ dieser Gere — oder der Polgere be.

3. Eine Linie mn würde eine Randgere des eingeschriebenen Rautenflachs darstellen.

$\triangle$ kbe $\sim$ $\triangle$ mbn

$he : mn = bk : bm = 1 : \frac{1}{2}$.

Die Randgere des eingeschriebenen Rautenflachs ist ½ der Randgere des umschriebenen, daher das Randreieck des eingeschriebenen Rautenflachs ¼ des Randdreiecks des umschriebenen Rautenflachs ist.

Fig. 79 Fig. 79. 4. Fig. 79 Hauptdurchschnitt lbhe des Rautenflachs Fig. 78, und des ihm umschriebenen Rautenflachs qbnh. qn = qn.

Die Flächenaxe des umschriebenen Rautenflachs ist = der Randaxe des eingeschriebenen. Da nun die Flächenaxe eines Rautenflachs = einer # 4 Kanten, so ist auch die Randaxe des eingeschriebenen Rautenflachs = einer und # 4 Kanten des umschriebenen. —

Da die Randaere oder die Seite des Randdreiecks des umschriebenen Rautenflachs doppelt so groß als die

Randdreiecksseite des eingeschriebenen, so verhalten sich die Höhenlinien beider Randdreiecke eben so. nl = 2no. Daß np = 2op ist bekannt.

Betrachten wir jetzt die 4 von Hauy aufgestellten Rautenflache des Kalkspaths noch einmal.

Stumpfe die Randecken des stumpfsten, des gleichartigen Rautenflachs auf die eben angegebene Weise ab, so entsteht das minder stumpfe primitive, stumpfe gleichmäßig die Randecken des primitiven ab, so erhälst du das spitze winkelvertauschende, stumpfe endlich gleichmäßig die Randecken des winkelvertauschenden ab, so entsteht das noch spitzere contrastirende.

Fig. 80. abcd Hauptdurchschnitt des gleichartigen Rautenflachs. Ihm ist das primitive ecfd, diesem das winkelvertauschende gbhd, diesem das contrastirende ibkd eingeschrieben, Fig. 80

1. Die Hauptaxe bd aller 4 Rautenflache ist dieselbe. Es fallen daher je 3 obere und je 3 untere Randdreiecke der 4 Rautenflache, da sie dieselbe Axe 3theilen, auch in dieselben 2 Ebenen.

2. Die Kante bf des primitiven ist $\frac{1}{2}$ der Polgere des gleichartigen, die Kante bg des winkelvertauschenden ist $\frac{1}{2}$ der Polgere des primitiven, die Kante bk des contrastirenden, ist $\frac{1}{2}$ der Polgere des winkelvertauschenden.

3. Die Randaxe ki des contrastirenden Rautenflachs ist eins mit der Flächenaxe der winkelvertauschenden, daher = und # dessen Kanten gb, dh; die Randaxe gh des winkelvertauschenden Rautenflachs $\ddagger$ den Kanten bf und ed des primitiven; die Randaxe fe des primitiven

Rautenflachs ist $\#$ den Kanten dc und ab des gleichaxigen.

Es ergiebt sich auch, daß die Randaxe ik des contrastirenden Rautenflachs $\frac{1}{2}$ der Polgere eb des primitiven, der sie auch $\#$. Eben so ist die Randaxe gh, des winkelvertauschenden Rautenflachs $\frac{1}{2}$ der Polgere bc des gleichaxigen, und $\#$ dieser Gere.

Die Randaxe jedes Rautenflachs dieser Reihe macht also mit der Axe denselben Winkel wie die Polkante des ihm unmittelbar umschriebenen stumpfern Rautenflachs, und wie die Polgere des diesem wieder umschriebenen noch stumpferen Rautenflachs.

Fig. 81 Fig. 81. 4. Es sey abc Randdreieck des gleichaxigen Rautenflachs, so ist def Randdreieck des primitiven, ghi, des winkelvertauschenden, klm, des contrastirenden. Es sey die Seite des Rand$\triangle$s oder

die Randgere ab des gleichaxigen Rautenflachs = 8 ,so ist
— — ef — primitiven — — — = 4
— — gh — winkelvertauschend. — = 2
— km — contrastirenden — — = 1

Daß sich die Höhen der 4 Randdreiecke eben so verhalten wie die Seiten, zeigte schon die Eintheilung der Linie af Fig 80, da af : gf : gk : nk = 24 : 12 : 6 : 3 = 8 : 4 : 2 : 1.

Es sei

das Randdreieck des contrastirenden Rautenfl. = 1 so ist
— — winkelvertauschend. — = 4
— — primitiven — — = 16
— — gleichaxigen — — = 64

Ich

Ich werde weiter unten das Verhältniß gegenwärtiger Folge der 4 Rautenflache zu den von No. V. näher beleuchten.

VI. B. Fig. 80. Verlängere dk bis s. △ bic ∾ △ src. Zu §. 44. 4

bs : bc = ir : ic = 3 : 18.

Hiernach ist bc eingetheilt. Es ergiebt sich, daß wenn man die obere Polgere des gleichaxigen Rautenflachs in 6 Theile theilt, und eine Linie von $\frac{1}{6}$ Punkt (s), welcher der obern Polecke (b) zunächst liegt, nach der untern Polecke (d) zieht, diese Linie dieselbe Neigung gegen die Axe hat, wie die Polgere des contrastirenden Rautenflachs.

Durch den Punkt s ziehe eine Linie # der Randgere und schneide von dieser nach der Polecke d. Führe 5 ähnliche Schnitte, so entsteht das contrastirende Rautenflach, welches mit dem gleichaxigen dieselbe Axe hat. Die Schnitte gehören in die Abtheilung: Abstumpfung der obern Randecke mit Neigung nach der obern Polecke.

VI. C. Die regelmäßige Abstumpfung der Polkanten erzeugt ein Rautenflach das stumpfer, die unter A betrachtete Abstumpfung der Randecken, eins das spitzer ist als das verwandelte. Zwischen beiden muß daher eine Abstumpfung der Randecken inne liegen, deren Flächen dieselbe Neigung gegen die Axe haben, wie die Flächen des verwandelten Rautenflachs. §. 44. 4

Fig. 82. Rautenflach. Hälfte die Randkanten in i. a. c. d und verbinde die Hälftpunkte durch die Linien Fig. 82

ia, ac, cd. Schneide von ac nach der Polecke h durch die Linien ab, bc; eben so von ia nach h, von cd nach h rc. Aus 12 dergleichen Schnitten entsteht eine regelmäßige 6seitige Doppelpyramide.

Beweis. af = fc = ce = ed rc. als Hälften gleicher Randkanten. Die Rautenwinkel bei f, e rc. sind gleich, daher △ afc ≅ △ ced u. s. w. Also ac = cd = ia. rc. Die △e afb, bfc, bgd rc. sind gleich und ähnlich. (2 S. 1 W.) Daher ab = bc = bd. Daher △ abc ≅ △ cbd. (3 S.) So beweißt man, daß die 12 △e, welche durch die angegebenen Schnitte gebildet werden, gleich und ähnlich sind.

Aus dem Beweise ergiebt sich, daß die △e gleichschenklig sind, da wir die Linien ab, bc, bd rc. gleich fanden.

Jeder Polwinkel der 6 obern und 6 untern △e muß kleiner als 60° seyn, weil sie zusammen sonst 6 × 60° = 360° groß wären und in eine Ebene fielen. Die △e sind mithin spitze gleichschenklige und die Grundkanten immer kürzer als die Polkanten.

Fig. 83 Fig. 83. Die 6seitige Doppelpyramide. Alle Winkel, welche die gleichen Polkanten mit der Axe bilden, sind gleich. aeb ein gleichschenkliges △ = △ adb rc. Daher der Winkel eab = eba = dab = dba rc. Alle Winkel, welche die gleichen Höhenlinien der gleichen △e mit der Axe bilden, sind gleich. agb ein gleichschenkliges △, daher Winkel gab = gba.

Es bilden demnach die 6 Abstumpfungsflächen denselben Winkel mit der Axe, wie die Flächen des abgestumpften Rautenflachs. Schneidet man daher # den Abstumpfungsflächen fort, so führt dies zuletzt auf ein Rautenflach, welches dem ursprünglichen ähnlich.

Da jede Polkante wie ae Hypotenuse eines rechtwinkligen △s age (Fig. 83) die Höhenlinie ag aber eine Kathete desselben △s, so ist die Höhenlinie kürzer als die Polkante.

Fig. 84. Auf die Axe ab errichte das gleichschenklige △ agb aus Höhenlinen und aeb aus den längern Polkanten. Es bilden 2 zusammentreffende Polkanten an der Randecke e einen spitzern Winkel aeb, als 2 in der Mitte g einer Grundkante zusammenstoßende Höhenlinien — als der Winkel agb. Dagegen ist der Winkel eba, den die Polkante mit der Axe bildet, größer als der Winkel gba, der Höhenlinie mit der Axe. Fig. 84

Da jede Höhenlinie senkrecht auf der Mitte der Grundkante steht, so ist (Fig. 83) agb der Winkel der Grundkante de. Die 6 Paar ähnlich gelegenen Höhenlinien, schließen demnach 6 gleiche Grundkantenwinkel ein. —

Je 4 in einer Ebene liegende Höhenlinien bilden ein gleichseitiges 4eck (Parallelogramm). Da 2 überzwerch einander gegenüber liegende Winkel dieses 4ecks, als Grundkantenwinkel gleich sind, so sind auch die 2 andern — an den Polecken — unter sich gleich, weil jeder einen dergleichen Grundkantenwinkel zu 2 Rechten ergänzt. Demnach sind die 6 Winkel, welche 3 Paar an der obern,

3 Paar an der untern Polecke einander gegenüber liegende Flächen der 6seitigen Doppelpyramide bilden, einander gleich. — Dies folgt schon aus dem Obigen, da jeder = 2en Winkeln, welche einander in der Polecke gegenüber liegende 2 Höhenlinien mit der Axe bilden.

Was von 4 in einer Ebene liegenden Höhenlinien gesagt ist, gilt auch für 4 in einer Ebene liegende (gleiche) Polkanten.

Die gemeinschaftliche Grundfläche der 6seitigen Doppelpyramide ist ein regelmäßiges 6eck. Daß es gleichseitig, sahen wir. Es ist aber auch gleichwinklig.

Man vergleiche 6 △e, deren jedes von der obern halben Axe, einer obern Polkante und einer Linie gebildet wird, die von dem Punkt, in welchem die Axe die gemeinsame Grundfläche berührt, nach der Grundecke gezogen wird, in welchem die Polkante endet. Diese 6 △e sind gleich und ähnlich (2 S. 2 W) Daher sind ihre waagrechten Katheten — die Linien auf der Grundfläche von 6 Grundecken nach der (Axen) Mitte gezogen — gleich. Deshalb sind auch die 6 Dreiecke gleich und ähnlich, welche jene 6 Linien mit den 6 Grundkanten bilden (3 S.), also auch ihre 6 Winkel, welche um den Axenmittelpunkt in der Grundfläche liegen. Jeder dieser Winkel ist daher $\frac{360}{6} = 60°$, daher sind die 6 △e gleichwinklig.

Jeder Winkel der 6seitigen gemeinschaftlichen Grundfläche ist nun = 2en Winkeln 2er benachbarter solcher △e, mithin $= 2 \times 60 = 120°$. Das Grund-6eck der 6seitigen Doppelpyramide ist daher gleichseitig und gleichwinklig — regelmäßig.

Fig. 85. 6seitige Doppelpyramide. Fälle fh, dh senkrecht auf ae; di, fi senkrecht auf eb, so ist der Winkel dhf Winkel der Kante ae, dif Winkel der Kante be. Fig. 85

Die △e dhe, dif, fie, die sind ≅. (1 S. 2 W.) Es sind also die 24 △e gleich, welche an den 6 Grundecken auf solche Weise verzeichnet werden. Daher sind die Seiten dh, hf, fi, id rc. gleich.

Die Linien ce, fd rc. sind gleich als Seiten gleichseitiger Dreiecke, welche in das regelmäßige 6eck der Grundfläche beschrieben werden.

Es ist demnach das △ dhf ≅ △ dif ≅ allen ähnlich gebildeten △en. (3 S.) In diesen △en ist der Winkel dhf = dif rc. da sie ähnlichen Seiten gegenüber liegen. D. i. der Winkel der Polkante ae = dem der Polkante eb rc.

Es sind demnach alle Polkantenwinkel der 6seitigen Doppelpyramide gleich [66]).

* * *

Betrachten wir nun die Aeußersten einer Reihe regelmäßiger 6seitiger Doppelpyramiden, von der möglichst spitzen zur möglichst stumpfen.

1. Flächenwinkel.

Der spitze △swinkel von fast 0° bis nahe 60°. Die Summe der 6 Polwinkel daher von fast 0° bis nahe 360°. Die 2 gleichen Winkel an der Grundkante von fast 90° bis

66) Wir ziehen den allgemeinen Schluß: sind die Polkanten einer 6seitigen (einfachen oder doppelten) Pyramide gleich lang, so ist die Grundfläche ein regelmäßiges Sechseck, und alle Polkantenwinkel sind gleich groß.

nahe 60°. Die Winkel um eine Grundecke fallen zwischen 360° und 240°.

2. Kantenwinkel.

Die Grundkantenwinkel von nahe 180° bis nahe 0. In der Mitte steht der Winkel von 90°. — Er findet sich bei der 6seitigen Doppelpyramide, die aus Abstumpfung der Randecken des primitiven Kalkrautenflachs entsteht. Der Durchschnitt durch 4 in einer Ebene liegende Höhenlinien ist hier ein Geviert. — Der Polkantenwinkel von nahe 120° bis nahe 180°. Der Polkantenwinkel der spitzesten Pyramide ist größer als der Winkel der regelmäßigen 6seitigen Säule, die als das Ende der spitzen 6seitigen Pyramiden mit abgestumpfter Polecke betrachtet werden kann [67]). Die Summe der Polkantenwinkel schwankt daher zwischen etwas mehr als 6 × 120 = 720° und etwas weniger als 6 × 180 = 1080°, zwischen der Winkelsumme eines 6ecks und der eines 8ecks.

* * *

§. 44. 6 VII. Wir übergehen die regelmäßige Abstumpfung der Randecke, da sie schon in Verbindung mit der Abstumpfung der Polecken abgehandelt ist. Es folgt nun die Abstumpfung der obern Randecke mit Neigung nach der untern Polecke. 3 solcher Abstumpfungen, verbunden mit der entsprechenden Abstumpfung der 3 untern Randecken mit Neigung nach der obern Polecke, geben ein Rautenflach, das spitzer als das verwandelte.

67) Vergleiche den Beweis Fig. 62 und wende ihn hier an.

zwischen letzterem und der unendlich spitzen 6seitigen Säule liegt eine Reihe solcher Rautenflache inne. Ist ein Rautenflach mit regelmäßig abgestumpften Randecken, d. i. mit 6 Säulenflächen, gegeben, so bildet man aus diesem gegenwärtige Reihe der Rautenflache durch Abstumpfung der Kanten, welche zwischen den Flächen des Rautenflachs und den Säulenflächen liegen [68]). Diese Abstumpfung kann entweder regelmäßig seyn, so daß die Abstumpfungsfläche gleiche Winkel mit der Fläche des Rautenflachs und der Säulenfläche macht, oder sie kann mehr nach der erstern oder mehr nach der letztern geneigt seyn. Als Beispiel diene folgendes. Fig. 80 ebfd Hauptdurchschnitt des primitiven, ibkd, Hauptdurchschnitt des contrastirenden Rautenflachs. Verlängere dessen Polgere dk bis s. Dieser Punkt theilt die Polkante bf in $\frac{1}{4}$ das nach der Pol; $\frac{3}{4}$ die nach der Randecke zu liegen. Stumpfe des primitiven Rautenflachs obere Randecke f von s nach d ab, also mit Neigung nach der untern Polecke, so entsteht das contrastirende. — Auf ähnliche Weise schneide das winkelvertauschende Rautenflach aus dem gleichartigen (Fig. 80. ax : ab = ag : ak = 12 : 18 = 2 : 3. Schneide nun in der Richtung von xd).

* * *

VIII. Mit Uebergehung der Abstumpfung, wel- §. 44. ?
che der untern Fläche des Rautenflachs #, schreite ich zur 3flächigen Zuspitzung der untern, und zur entspre-

68) Haüy. Man füge z. B. die Flächen des winkelvertauschenden Rautenflachs (Tafel 23. Fig. 3) der Fig. 18. Tafel 24 zu.

chenden 3flächigen Zuspitzung der obern Polecke fort. Die Zuspitzungsflächen sind auf die Flächen aufgesetzt. Hierdurch läßt sich eine Reihe von Rautenflachen erzeugen, unter denen das mindest stumpfe, stumpfer als das zugespitzte Rautenflach, das möglichst stumpfe aber fast mit den Abstumpfungsflächen der Polecken zusammenfällt. Aus dieser Reihe will ich 2 Glieder betrachten. —

1. Ein Rautenflach dem ähnlich, welches aus regelmäßiger Abstumpfung der Polkanten entsteht.

Fig. 86 Fig. 86. Hauptdurchschnitt eines Rautenflachs. Vergleiche Fig. 64. fe $= \frac{1}{2}$ ce. Verlängere fe nach a, so daß fa $=$ fe, daher ae $=$ ec. Ziehe ab.

$\triangle$ abe $\cong$ $\triangle$ cbe. 2 S. 1 W.

Also ab $=$ bc der Polkante, und der Winkel abe gleich dem Winkel cbe den die Polkante mit der Axe bildet.

Aus f (dem Hälftpunkte der Polgere bi) ziehe fh $\#$ ab.

$\triangle$ aeb $\sim$ $\triangle$ fed.

be : de $=$ ae : fe $=$ 2 : 1.

Da nun be $= \frac{1}{3}$ bg, so ist bd $= \frac{1}{6}$ bg der Axe.

$\triangle$ abc $\sim$ $\triangle$ fhc

bh : hc $=$ af : fc $= \frac{1}{4} : \frac{3}{4}$.

Der Winkel fde $=$ abe $=$ cbe.

Es wird also ein Schnitt, der von der obern Randgere (deren Mittelpunkt f) aus, $\frac{1}{6}$ der Axe das nach der obern Polecke gelegen, abschnitte, und zugleich bh. $\frac{1}{4}$ der gegenüber liegenden obern Polkante, und 5 diesem ähnliche Schnitte, die Anfänge eines Rautenflachs erzeugen, dessen Polgeren (fd) mit der Axe bg denselben Winkel bilden, wie die Polkante bc, welches also dem ähnlich, das aus regelmäßiger Abstumpfung der Polkanten entsteht. Beide einander ähnliche Rautenflache würden vereint eine regelmäßige 6seitige Doppelpyramide hervorbringen.

Fig. 87. Fig. 86 mit Weglassung von ba, ac. Fig. 87
Aus der untern Randecke i ziehe nach e, dem Hälftpunkte der Polkante, bc. (Vergleiche Fig. 65) ie ⧣ fh.

△ irg ∾ △ bre. 3 W.

Der Winkel c = b = a = d. Daher ir = ig.

Zieht man also eine Linie von einer untern Randecke nach der Mitte der obern gegenüber liegenden Polkante, so macht diese Linie denselben Winkel mit der Axe wie die Polkante, $\frac{2}{3}$ der Linie ist = der Polkante, die ganze Linie $1\frac{1}{2}$ der Kante.

Fig. 88. 2. In den Hauptdurchschnitt abcd des Fig. 88
gleichaxigen Rautenflachs, ist der Hauptdurchschitt edbf des eingeschriebenen primitiven, in diesen wiederum hdgb der Hauptdurchschnitt des dem primitiven eingeschriebenen winkelvertauschenden Rautenflachs verzeichnet.

Hälfte die Polgere bh und Polkante bg des letztern Durchschnitts in k und i, ziehe ki. Diese Linie ist ⧣ bf der Kante des primitiven und bc der Polgere des gleichaxigen Rautenflachs, da sie ⧣ gh der Randaxe des winkelvertauschenden, der Flächenaxe des primitiven Rautenflachs.

bp = $\frac{1}{2}$ bd, bo = op = $\frac{1}{4}$ bd, wie sich aus Vergleichung der ähnlichen △e bok und bph ergiebt.

Schneidet man also von einer obern Randecke des winkelvertauschenden Rautenflachs (deren Mitte k) nach dem Hälftpunkte i der gegenüber liegenden obern Polkante, wodurch $\frac{1}{4}$ der Axe bd weggeschnitten wird, und führt 5 ähnliche Schnitte, so erhält man die Anfänge von den 6 Flächen eines Rautenflachs, welches mit dem gleichartigen übereinstimmt.

Fig. 89ª Fig. 89ª. In den Hauptdurchschnitt des winkelvertauschenden Rautenflachs bgdh ist der des contrastirenden bldk eingeschrieben. Ziehe ki und gh wie Fig. 88.

$\triangle$ gml $\backsim$ $\triangle$ bmh (gleiche Winkel)

bm : ml = bh : gl = 2 : 1 oder bm = 2 ml.

$\triangle$ bno $\backsim$ $\triangle$ bmp

bn : bm = bo : bp = 1 : 2. Daher

lm = mn = nb oder bl ist in 3 gleiche Theile getheilt.

Eine Linie kn, von einer obern Randecke des contrastirenden Rautenflachs, nach dem $\frac{1}{3}$ Punkt n der gegenüber liegenden obern Polgere gezogen, schneidet $\frac{1}{4}$ (bo) der Axe bd ab. Sie ist ♯ gh der Randaxe des umschriebenen winkelvertauschenden Rautenflachs, und macht daher mit der Hauptaxe denselben Winkel, wie die Polkante des primitiven und die Polgere des gleichartigen Rautenflachs. (Vergleiche Fig. 73ᵇ.)

Mit der 3flächigen Zuspitzung der Polecken, welche auf die Flächen aufgesetzt ist, schließt die Reihe der Abstumpfungen, welche ich §. 44 aufgestellt. Denn die Abstumpfung der untern Polecke, welche nun folgen würde, gehört mit der zuerst abgehandelten Abstumpfung der obern Polecke zusammen.

§. 46.

Zur Ergänzung, Ausführung und Uebersicht der beiden vorigen Abschnitte.

A.

Ueberblicken wir noch einmal die Reihe der aufgeführten Abstumpfungen des Rautenflachs und die daraus entspringenden Körper.

Gesondert stehn 3 Arten der Abstumpfung, die der Polecken, Randecken und Randkanten.

Fig. 89ᵇ. Die erstere (Durchschnitt eines spitzen Rautenflachs Fig 89ᵇ) mit I bezeichnet, erzeugt für sich dem 8flach ähnelnde Körper; verbunden mit regelmäßiger Abstumpfung der Randecken (Fig. 89ᵇ II) oder Randkanten, erzeugt sie 2 regelmäßige 6seitige Säulen. Fg. 89ᵇ

Jede der übrigen Arten von Abstumpfung oder 3flächiger Zuspitzung, erzeugt 3 und 3 Flächen eines Rautenflachs. Dies ist entweder stumpfer als das ursprüngliche (Fig. 89ᵇ IV V. VIII.¹ ᵘⁿᵈ ²) oder spitzer (Fig. VI. 89ᵇ VI.ᵃ VII.) oder ihm ähnlich. (Fig. 89 VI.ᶜ) Die Abstumpfung, aus welcher letzeres entspringt, führt zunächst in die regelmäßige 6seitige Doppelpyramide.

B.

Jedes Rautenflach ist zunächst mit 2 andern verwandt. Das eine stumpfere entspringt aus Abstumpfung der Polkanten. Seine Flächen haben dieselbe Neigung gegen die Axe, wie die Polkanten des Urrautenflachs. Das zweite ist spitzer. Es entspringt aus der

Fig. 78 dargestellten Abstumpfung der Randecken, seine Polkanten haben dieselbe Neigung gegen die Axe wie die Polgeren des Urrautenflachs.

Fig. 90 Um und in jedes Rautenflach läßt sich das ihm zunächst verwandte stumpfere Rautenflach beschreiben. Eben so das spitzere. Fig. 90 zeigt dies in dem Wechselverhältniß des primitiven und winkelvertauschenden Rautenflachs.

C.

Jedes Rautenflach kann nun als Mittelpunkt

1. 2 entgegengesetzter Reihen wachsend stumpferer Rautenflache betrachtet werden, nämlich:
   a. einer Reihe umschriebener, welche mit ihm dieselbe Axe haben. — (Z. B. das contrastirende Rautenflach ibkh Fig. 80) — und
   b. einer Reihe eingeschriebener, deren Axen in dem Verhältniß von 1 : 1/3 : 1/9 : 1/27 rc. abnehmen. (Z. B. Fig. 76 das contrastirende Rautenflach abcd, welches man sich mit ibkh Fig. 88 als ein und dasselbe denke.)
2. 2 entgegengesetzter Reihen wachsend spitzerer Rautenflache betrachtet werden.
   a. umschriebener, deren Axen in dem Verhältniß von 1 : 3 : 9 : 27 wachsen. (Z. B. das gleichaxige Rautenflach ponq Fig. 76.)
   b. eingeschriebener, welche mit ihm dieselbe Axe haben. (Z. B. Fig. 80 das gleichaxige Rautenflach abcd, welches man sich mit ponq Fig. 76 als ein und dasselbe denke.)

D.

Wenn in den erwähnten Reihen, die Axenneigung von Polkante und Polgere eines Rautenflachs die Neigung der Polkanten und Polgeren der 2 ihm zunächst verwandten Rautenflache bestimmt, so bestimmen andere feste Linien seines Körpers die Neigung der Polkanten und Polgeren entfernterer Glieder seiner Verwandtschaftsreihe. Nehmen wir Fig. 80 das stumpfste gleichaxige Rautenflach abcd. Die mathematisch bestimmte Linie eb bestimmt die Neigung der Polgere des primitiven, der Polkanten des winkelvertauschenden Rautenflachs; die Linie xd die Neigung der Polgeren des winkelvertauschenden, der Polkanten des contrastirenden, endlich die Linie sd die Neigung der Polgeren des contrastirenden Rautenflachs gegen die Axe.

Nehmen wir entgegengesetzt das spitzeste Rautenflach, das contrastirende, so finden wir die Neigungen der Polkanten und Polgeren der entfernteren stumpferen Rautenflache seiner Verwandtschaftsreihe ebenfalls in bestimmten Linien gegeben. (Fig 80) Seine Randaxe ik neigt sich gegen die Hauptaxe, wie die Polkante des winkelvertauschenden und wie die Polgere des primitiven Rautenflachs. (Fig. 89²) Die Linie kn von einer obern Randecke nach dem obern 3theil der gegenüber liegenden obern Polgere hat mit der Polkante des primitiven, der Polgere des gleichaxigen Rautenflachs gleiche Neigung gegen die Axe.

§. 47.

Zum Schluß.

Ich breche hier die Betrachtung des Rautenflachs ab, und deute nur vorläufig den Verfolg an.

Wir haben die Reihe der Abstumpfungen und 3flächigen Zuspitzungen der Rautenflache durchgenommen und gesehn, wie jedes Rautenflach auf solche Weise durch Erzeugung von 3 und 3 Flächen in ein neues Rautenflach verwandelt werden kann

Auf ähnliche Weise kann die Reihe der Zuschärfungen, der Polkanten oder Randecken und die der 6flächigen Zuspitzungen der Polecken betrachtet werden. Durch diese Zuschärfungen und Zuspitzungen entstehn 3 und 3 Paar neue Flächen — 6seitige Doppelpyramiden, deren Flächen nur in seltenen bestimmten Fällen gleichschenklige, gewöhnlich aber ungleichseitige Dreiecke sind.

Fig. 91 Fig. 91 stellt eine solcher 6seitigen Doppelpyramiden vor, welche ich, da sie vornämlich beim Kalkspath vorkommen, und durch diesen zuerst bekannt geworden sind, Kalkpyramiden nenne. Die Figur zeigt, wie die Polkanten abwechselnd länger und kürzer sind. Die kürzern machen einen stumpfern Winkel mit der Axe als die längern, der Kantenwinkel der längern ist stumpfer.

Jede Kalkpyramide wird aus verschiedenen Rautenflachen auf verschiedene Weise erzeugt — ist mit dieser verwandt. So z. B Fig. 92, welche beim Kalkspath vorkommt, und von Hauy metastatisch genannt worden ist. Sie ist mit dem primitiven, winkeltauschenden, contrastirenden und vermischten Rautenflach [69]) verwandt. Als Beispiel, wie die Reihen der Kalkpyramiden, welche aus gewissen Zuschärfungen des Rautenflachs erzeugt werden können, vollständig aufzufassen sind, diene folgendes.

Fig. 92. Ein Rautenflach, dessen Polkanten regelmäßig zugeschärft sind. Die Zuschärfungskante rr kann einerseits nur um ein geringstes stumpfer seyn als die zugeschärfte Kante. Dann ist die Kante m nahe 180°, die in der Richtung der Polgere sich bildende Kante x desgleichen. — Im entgegengesetzten äußersten Falle ist die Zuschärfungskante nahe 180°, d. i. sie fällt fast mit Abstumpfung der Polkante zusammen. Dann ist der Winkel der Kante x fast so groß als der Polkantenwinkel des Rautenflachs, das aus Abstumpfung der Polkanten entsteht. Fig. 92

Es sey m das contrastirende Rautenflach, dann wird im letztern Falle der Winkel der Kante x mit dem Polkantenwinkel des winkeltauschenden Rautenflachs fast zusammentreffen. — Eine nähere Betrachtung findet, daß zwischen diesen beiden Aeußersten, zwischen der möglichst spitzen und möglichst stumpfen Zuschärfung, und den daraus entstehenden Kalkpyramiden, eine bestimmte Zu-

69) Hauy. Fig. 6. Tafel 23. Außerdem ist diese Kalkpyramide mit dem spitzen Rautenflach Nro. 10 bey Bournon verwandt. Auf ähnliche Weise ist die von Hauy paradoxal genannte Kalkpyramide (Fig. 42. 43. 46) mit dem gemischten und winkeltauschenden Rautenflach verwandt und mit Bournons Rautenflach Nro. 10.

schärfung liegt, durch welche eine regelmäßige 6seitige Doppelpyramide erzeugt wird. —

* * *

Nach Betrachtung der Kalkpyramiden werde ich kürzlich zeigen, wie die im Geschlecht des Rautenflachs herrschende Gestaltenwandlung das Gesetz des Ebenmaaßes völlig bestätigt.

Dann will ich die eigentliche Sippe des Würfels als Sippe eines Rautenflachs betrachten. Der Winkel den die Fläche oder Polkante eines Rautenflachs mit der Axe bildet, muß kleiner als 90°, größer als 0° seyn. In der Mitte steht der Winkel von 45°, den (nach Hauy's früherer Ansicht) die Fläche des primitiven, die Polkante des winkeltauschenden Kalkspaths mit der Axe macht.

Dagegen bildet die Fläche des Würfels mit der Axe einen Winkel von ungefähr 35°, die Kante von ungefähr 55°. So erscheint der Würfel wegen des erstern Winkels den spitzern, wegen des letztern, den stumpfern Rautenflachen angehörig, als wahrhafter Zwitter. —

Dies werde ich näher ausführen, und verweise vorläufig auf die beigefügte Tabelle der verschiedenen Winkelgrößen der 4 Rautenflache des Kalkspaths und der Rautenflache der Würfelsippe.

Aufgaben.

Zu §. 3.
Der Würfel.

1. Wie ist er zu stellen?

2. Welcher Art, und wie viel Flächen, Kanten, Ecken, Geren, Axen hat er?

3. Welche Winkel machen die Geren mit den Kanten?

4. Man schneide eine Würfelecke durch ihre 3 Grundgeren ab. Der Schnitt geht rechtwinklig durch die Axe. Der Grundkantenwinkel der abgeschnittenen 3seitigen Pyramide sey 55°.

Welcher Winkel bildet die Gere } mit der Würfelaxe?
— — — Kante }

Wie vielster Theil der Axe wird durch die angegebene Abstumpfung der Ecke weggeschnitten?

Zu §. 4.
Das 8flach.

1. Wie ist es zu halten? Beschreibe es.

2. Welcher Art, und wie viel Flächen, Kanten, Ecken, Axen hat es?

3. Wo liegt die Mitte eines gleichseitigen △s? d. h. der Punkt, welcher gleich weit von den 3 Winkeln und wiederum gleich weit von den Mitten der 3 Seiten entfernt ist?

4. Eine Linie, welche 2 △mitten des 8flachs # der Axe verbindet, verhält sich zur Axe?

5. Eine Linie, welche 2 △mitten des 8flachs rechtwinklig durch die Axe verbindet, verhalt sich zur Kante?

Zu §. 5.

Das Rauten12flach.

1. Wie ist es zu halten? Beschreibe es.

2. Welcher Art, und wie viel Flächen, Kanten, Ecken, Geren, Axen hat es?

Zu §. 6.

Der Leuzit.

1. Wie ist er zu halten? Wie zu beschreiben?

2. Welcher Art, und wie viel Flächen, Kanten, Geren, Ecken, Axen hat er?

Zu §. 7.

Das 4flach.

1. Wie ist es zu stellen? Beschreibe es.

2. Welcher Art, und wie viel Flächen, Kanten, Ecken, Axen hat es?

3. Wie verhält sich eine Linie, welche 2 △mitten des 4flachs verbindet, zur Kante desselben?

Zu §. 8.

Würfel und 8flach.

A. Der umschriebene Würfel.

1. Stelle die Reihe der Modelle vom Würfel ins 8flach. Beschreibe sie.

2. Wie verhalten sich die Axen und Kanten des eingeschriebenen 8flachs zu bestimmten Linien des umschriebenen Würfels?

3. Sind die △e des so erhaltenen 8flachs gleichseitig?

4. Wie viel Grade beträgt der Kantenwinkel des 8flachs — wie viel der Winkel, welchen 2 an derselben Ecke einander gegenüber liegende △e des 8flachs bilden?

5. Wie verhält sich die Flächenaxe des eingeschriebenen 8flachs zur (Eck) Axe des umschriebenen Würfels?

6. Wie verhält sich die Kantenaxe des eingeschriebenen 8flachs zur Kantenaxe des umschriebenen Würfels?

B. Das umschriebene 8flach.

1. Stelle die Reihe der Modelle vom 8flach in den Würfel. Beschreibe sie.

2. Wie verhalten sich Kante, Gere, Axe des eingeschriebenen Würfels zu bestimmten Linien des umschriebenen 8flachs. Durchschnittszeichnungen sind nothwendig.

C. 1. Wie verhalten sich Kante, Gere, Axe, Geviert, Körper des dem 8flach eingeschriebenen Würfels, zu denen des umschriebenen Würfels?

2. Wie verhalten sich Kante, Axe, Flächenaxe des eingeschriebenen 8flachs zu denen des umschriebenen 8flachs? —

Zu §. 9.

Würfel und Rauten12flach.

A. Der umschriebene Würfel.

1. Stelle die Reihe der Modelle vom Würfel ins Rauten12flach. Beschreibe dieselbe.

2. Wie verhalten sich die 4kantigen Axen, die langen Geren des eingeschriebenen 12flachs zu Linien des umschriebenen Würfels?

3. Wie ist die Lage des eingeschriebenen 12flachs im hohlen umschriebenen Würfel?

B. Der eingeschriebene Würfel.

1. Stelle die Reihe der Modelle vom Rauten12flach in den Würfel. Beschreibe dieselbe.

2. Wie verhalten sich die Kanten, Geren, Axen des eingeschriebenen Würfels zu bestimmten Linien des umschriebenen 12flachs? Wie besonders die lange Gere der 12flachsraute zur Würfelgere?

3. Wie ist die 12flachsraute nach dem Verhältniß ihrer Geren zu verzeichnen?

4. Welche Körper nehmen die 6 Schnitte beim Uebergange aus dem Rauten12flach in den Würfel weg? Wie verhalten sich diese abgeschnittenen Körper — ihre Dreieckshöhenlinien, Axen, Grundkantenwinkel, — wie ihr körperlicher Inhalt, besonders im Vergleich zum eingeschriebenen Würfel?

5. Wie verhält sich die kurze Gere des 12flachs zur 4kantigen Axe desselben?

6. Wie verhält sich die Kante des 12flachs zur 3kantigen Axe?

7. Ist die kurze Gere des Rauten12flachs oder die Kante länger?

8. Ist die 3kantige Axe länger oder die 4kantige?

9. Welche Winkel bilden 2 einander an einer 4kantigen Ecke gegenüber liegende Kanten des 12flachs — welchen Winkel die Kante mit einer 3kantigen Axe — welche Winkel die Kante mit einer kurzen Gere, mit der sie an einer 3kantigen Ecke zusammenstößt? (Gegeben sind die Winkel, unter denen sich je 2 3kantige Axen schneiden.)

10. Wie groß sind die Rautenwinkel des Rauten=12flachs?

11. Rechtwinklig durch dieselbe 3kantige Axe des Rauten12flachs ziehe Linien aus folgenden 4 in derselben Ebene liegenden Ecken.

1) aus 2 4kantigen auf die gegenüber liegenden Flächen.

2) aus 2 3kantigen, senkrecht auf die gegenüber liegenden Kanten.

In welche Theile werden hierdurch die 3kantige Axe; im ersten Falle die 2 Geren, die 2 Kanten im andern Falle getheilt?

12. Aus den 2 stumpfen Rautenwinkeln des Rauten=12flachs fälle 2 senkrechte einander #e Linien auf 2 #e Kanten. Welche Eigenschaften haben die so erzeugten △e?

13. Schneide eine möglichst hohe regelmäßige 6seitige Säule aus dem Rauten12flach. Wie verhalten sich ihre Seitenkanten zu den 6 durchschnittenen Kanten des 12=flachs?

14. Hälfte das Rauten12flach durch dieselben 6 Kanten.

C. 1. Ein Würfel ist um, einer in dasselbe Rauten12flach beschrieben, wie verhalten sich beide — Kanten, Geren, Axen, Flächen, Körper — zu einander?

2. Ein Rauten12flach ist um eins in denselben Würfel beschrieben, wie verhalten sich beide zu einander?

Zu §. 10.

8flach und Rauten12flach.

A. Das umschriebene 8flach.

1. Stelle die Folge der Modelle vom 8flach in das Rauten12flach. Beschreibe dieselbe.

2. Welche Punkte und Linien des umschriebenen 8flachs und des eingeschriebenen 12flachs fallen zusammen?

3. Wie verhält sich die Kante, die lange Gere des 12flachs zu Linien des 8flachs?

4. Beim 8flach mit abgestumpften Kanten sind wie viel Kanten und wie viel Gruppen #er Kanten?

5. Welche Kanten bilden bei demselben Körper rechte Winkel mit Flächen des 8flachs?

B Das eingeschriebene 8flach.

1. Stelle die Folge der Modelle vom Rauten12flach ins 8flach. Beschreibe dieselbe.

2. Welche Punkte und Linien des umschriebenen 12flachs und des eingeschriebenen 8flachs treffen zusammen?

3. Wie verhält sich die kurze Rautengere zur Axe des 8flachs?

4. Wie bildet man das umschriebene 12flach aus dem eingeschriebenen 8flach durch Zufügen? Grundkantenwinkel des hinzugefügten Körpers. Seine Axe im Verhältniß zur 3kantigen Axe des 12flachs und zur Flächenaxe des 8flachs.

5. Wie verhält sich die Flächenaxe des eingeschriebenen 8flachs zur 3kantigen Axe des umschriebenen 12flachs?

C. 1. Ein 8flach um, eins in dasselbe Rauten12flach beschrieben, wie verhalten sie sich zu einander, ihre (Eck) Axen, Flächenaxen 2c.?

2. Ein Rauten12flach um, eins in dasselbe 8flach beschrieben, wie verhalten sich beide zu einanderk?

D. 1. Wie verhält sich der Würfel um ein 12flach beschrieben, zum 8flach in dasselbe 12flach beschrieben?

2. Wie verhält sich das 8flach um ein 12flach beschrieben zum Würfel in dasselbe 12flach beschrieben?

3. Ein Würfel und ein 8flach um dasselbe Rauten12flach beschrieben, wie verhalten sie sich zueinander?

4. Ein Würfel und ein 8flach in dasselbe Rauten12flach beschrieben, wie verhalten sie sich zu einander?

Zu §. 11.

Rauten12flach und Leuzit.

A. Das umschriebene Rauten12flach.

1. Stelle die Folge der Modelle vom Rauten12flach in den Leuzit. Beschreibe dieselbe.

2. Welche Punkte und Linien des umschriebenen 12flachs und des eingeschriebenen Leuzits treffen zusammen?

3. Wie verhält sich die lange Leuzitgere zur ungleich 4kantigen Axe?

4. Die Linie, welche von einer ungleich 4kantigen Leuzitecke rechtwinklig durch die Hauptaxe zur gegenüber

liegenden ungleichkantigen Ecke führt, welcher Linie entspricht sie beim 12flach?

5. Der eingeschriebene Leuzit ist gegeben. Bestimme die 4kantige Axe des umschriebenen 12flachs.

B. Das eingeschriebene Rauten12flach.

1. Stelle die Folge der Modelle vom Leuzit in das 12flach. Beschreibe dieselbe.

2. Welche Punkte und Linien des umschriebenen Leuzits und des eingeschriebenen 12flachs treffen zusammen?

Welche Verhältnisse des 12flachs sind daher auf den Leuzit überzutragen? Nämlich:

A. Wie verhält sich die Hauptleuzitaxe zur Linie, welche 2 seiner 3kantigen Ecken rechtwinklig durch eine ungleichkantige und # der Hauptaxe selbst verbindet?

B. Wie verhält sich die Linie zwischen 2 benachbarten Hauptecken zur Linie von einer 3kantigen Ecke rechtwinklig durch eine Hauptaxe zur gegenüber liegenden 3kantigen Ecke?

C. Wie verhält sich die kürzere Gere zur 3kantigen Axe?

D. Wie groß ist der Winkel, den 2 kurze Geren an einer Hauptecke bilden?

3. Wie verwandle ich das eingeschriebene 12flach durch Hinzusetzen in den umschriebenen Leuzit? Wie verhält sich die Axe des zugesetzten Körpers zur längeren Leuzitgere und zur ungleich 4kantigen Leuzitaxe; wie verhält sich diese zur Flächenaxe des eingeschriebenen 12flachs?

4. Wie verhält sich die Verbindungslinie 2er benachbarter Hauptecken zur ungleich 4kantigen Axe — wie die

Linien zwischen 2 3kantigen Ecken rechtwinklig durch die Hauptaxe? Beide sind derselben ungleich 4kantigen Axe #.

5. Die 3kantige Leuzitaxe zu 6theilen, nach Aehnlichkeit der Verhältnisse des 12flachs.

6. Die kürzere Leuzitgere zu 3theilen, und die 2 gleichen Kanten, welche den spitzen Trapezwinkel bilden, zu hälften.

7. Eine Raute in das Leuzittrapez zu beschreiben, deren eine Gere mit der längern Leuzitgere zusammenfällt, und 2 Seiten mit 2 Leuzitkanten.

8. Beweise das es 24 längere, 24 kürzere Leuzitkanten giebt.

C. 1. Ein Rauten12flach um, eins in denselben Leuzit beschrieben, wie verhalten sich beide? Flächenaxen, lange und kurze Geren? —

2. Wie verhält sich die Linie, welche 2 3kantige Leuzitecken rechtwinklig durch eine ungleich 4kantige Axe verbindet, zu der, die man zwischen 2 ungleich 4kantigen Ecken rechtwinklig durch eine Hauptaxe gezogen?

3. Wie verhält sich letztere Linie zur Hauptaxe?

4. In welche Theile zerfällt eine senkrechte Hauptaxe durch 5 Schnitte — 2 durch 4 obere und 4 untere ungleich 4kantige Ecken; 2 durch 4 obere und 4 untere 3kantige Ecken; 1 durch die waagrechte gemeinschaftliche Grundfläche.

5. Wie verhält sich die Hauptleuzitaxe zur ungleich 4kantigen Axe in Liniengrößen des eingeschriebenen 12flachs ausgedruckt? —

6. Ein Leuzit um, einer in dasselbe Rautenl2flach beschrieben, wie verhalten sich beide? — Zunächst die ungleich 4kantigen Axen und längeren Geren.

7. Verzeichne ein Leuzittrapez ohne daß dir seine Winkelgrößen gegeben sind.

Zu §. 12.

Würfel und Leuzit.

A. Der umschriebene Würfel.

1. Stelle die Folge vom umschriebenen Würfel in den Leuzit. Beschreibe dieselbe. Wie verhält sich diese Folge zu der aus dem Würfel ins 8flach?

2. Welche Punkte und Linien des umschriebenen Würfels und des eingeschriebenen Leuzits treffen zusammen?

3. Schneide die 24 Zuspitzungsflächen des Würfels am Würfel mit abgestumpften Kanten.

4. Wie verhalten sich die Zuspitzungsflächen zu den Würfelaxen?

5. Wie schneidet man eine vollendete einzelne Zuspitzungsfläche?

6. Zeichne ein Würfelrechteck und in dieses 4 vollendete Zuspitzungsflächen der 4 Ecken.

7. Wie verhält sich die 3kantige Axe des eingeschriebenen Leuzits zur Axe des umschriebenen Würfels — wie zur eigenen kürzern Gere?

8. Welche Winkel bilden 2 einander gegenüber liegende kürzere Geren an einer Hauptecke?

9. Wie verhält sich die Hauptleuzitaxe zur 3kantigen Axe?

10. Verlängere 2 an der obern, 2 an der untern Hauptleuzitecke zusammentreffende in einer Ebene liegende

kürzere Geren bis sie über die 3kantigen Ecken hinaus zusammentreffen. Welche Figur entsteht? Wie verhält sich dieselbe zum umschriebenen Würfel? Welche Figur würde derselben beim Rauten12flach entsprechen?

B. Der eingeschriebene Würfel.

1. Stelle die Folge vom umschriebenen Leuzit in den eingeschriebenen Würfel. Beschreibe dieselbe.

2. Welche Punkte und Linien des umschriebenen Leuzits und des eingeschriebenen Würfels fallen zusammen?

3. Wie verhält sich die Hauptleuzitaxe, wie die Linie zwischen 2 benachbarten Hauptecken, wie die kurze Leuzitgere zu bestimmten Linien des eingeschriebenen Würfels?

C. 1. Es sey ein Würfel um, einer in denselben Leuzit beschrieben.

Zeichne 2 Würfelrechtecke, eines in, eines um denselben Leuzitdurchschnitt — letzteren durch 2 Paar in einer Ebene liegende #e kurze Geren, und durch 2 Paar in derselben Ebene liegende kürzere Kanten — beschrieben.

1b. Um den wie vielsten Theil der Würfelkantenaxe — oder der Würfelaxe — ragt die ungleich 4kantige Leuzitecke über die Kantenaxe des eingeschriebenen Würfels hinaus?

2. Wie verhalten sich Kanten, Geren, Axen, Flächen, Körper der beiden Würfel?

3. Wie verhielten sich 2 Würfel, deren einer in, einer um dasselbe Rauten12flach beschrieben war?

4. Um den äußern Würfeldurchschnitt von C 1 zeichne einen zweiten Leuzitdurchschnitt, dem unter C 1 angegebenen ähnlich.

Wie verhalten sich Hauptaxen, 3kantige Axen, kurze Geren, ungleich 4kantige Axen des um und des in denselben Würfel beschriebenen Leuzits zu einander?

5. In welche Theile zerfällt die ungleich 4kantige Axe des Leuzits, getheilt durch 2 Kanten des ihm eingeschriebenen Würfels, durch 2 ungleich 4kantige Eckpunkte des diesem eingeschriebenen Leuzits, und 2 Kanten des wiederum diesem Leuzit eingeschriebenen Würfels?

6. Wie verhält sich die Hauptleuzitaxe zur ungleich 4kantigen Leuzitaxe in Linienverhältnissen des Würfels ausgedrückt?

Zu §. 13.

8flach und Leuzit.

A. Das umschriebene 8flach.

1. Stelle die Folge aus dem 8flach in den Leuzit. Beschreibe dieselbe.

2. Welche Punkte und Linien des umschriebenen 8flachs und des eingeschriebenen Leuzits fallen zusammen?

3. Wie verhält sich die Hauptleuzitaxe, wie die Linie, welche 2 3kantige Leuzitecken rechtwinklig durch die Hauptaxe verbindet, wie die zwischen 2 benachbarten Hauptleuzitecken, wie die 3kantige Leuzitaxe — zu bestimmten Linien des dem Leuzit umschriebenen 8flachs?

4. 8flach mit abgestumpften Kanten. Gieb genau die Zuspitzung der 8flachecken an, aus welchen der Leuzit entspringt.

5. Welchen Winkel macht eine Zuspitzungsfläche mit der ihr an der zugespitzten Ecke gegenüber liegenden Fläche des 8flachs?

6. Wie verhalten sich die Zuspitzungsflächen zu den Flächenaxen des 8flachs in Hinsicht auf Gleichlaufen?

7. Verzeichne den Hauptleuzitdurchschnitt in den Durchschnitt eines 8flachs. Verlängere die 4 kurzen Leuzitgeren bis sie über die Hauptleuzitecke hinaus die gegenüber liegende Höhenlinie des 8flachs treffen. — Ziehe die 8flachkantenaxe und eine Flächenaxe des 8flachs. Verbinde die Flächenmitten des 8flachs durch das Rechteck des eingeschriebenen Würfels. Gieb die Winkelgrößen in der Figur nach Graden an, wie sie sich aus der früheren Betrachtung ergeben.

8. Welche Winkel bilden 2 kurze Leuzitgeren, die einander an einer Hauptleuzitecke gegenüber liegen? (Vergleiche Leuzit und Rauten12flach. Leuzit und Würfel.)

9. Eine vollendete Zuspitzungsfläche des 8flachs, welchen Theil der ihr an der zugespitzten Ecke gegenüber liegenden Höhenlinie schneidet sie ab?

10. 6theile die Axe des 8flachs.

11. 4theile die Hauptaxe des dem 8flach eingeschriebenen Leuzits.

Wie verhält sich die 8flachsaxe zur Hauptaxe des eingeschriebenen Leuzits?

12. Wie verhält sich die kurze Leuzitgere zur 3kantigen Leuzitaxe? Wie zur Flächenaxe des umschriebenen 8flachs?

13. Wie vielster Theil der Kantenaxe des umschriebenen 8flachs — oder der Kante — ist die ungleich 4kantige Leuzitaxe?

14. Wie verhält sich die ungleich 4kantige Leuzitaxe zur Hauptleuzitaxe in Linientheilen des umschriebenen 8flachs?

15. Stimmt dies Verhältniß mit dem durch Vergleichung des Rauten12flachs und des Leuzits gefundenen?

16. Wie stimmt es mit dem durch Vergleichung des Würfels und Leuzits gefundenen? Ist die ungleich 4kantige Axe oder die Hauptleuzitaxe länger? Anzuwenden auf 2 Linien, welche die Hälften dieser beiden Axen sind.

B. Das eingeschriebene 8flach.

1. Stelle die Reihe der Modelle vom Leuzit in das 8flach. Beschreibe dieselbe.

2. Welche Punkte und Linien des umschriebenen Leuzits und des eingeschriebenen 8flachs fallen zusammen?

3. Wie verhält sich die 8flachkante zur Linie des umschriebenen Leuzits, welche 2 3kantige Ecken rechtwinklig durch eine Hauptaxe verbindet?

4. Wie verhält sich die 3kantige Leuzitaxe zur Flächenaxe des eingeschriebenen 8flachs?

C. 1. Es ist ein 8flach um, eins in denselben Leuzit beschrieben, wie verhalten sich beide zu einander? Wie ihre Axen, Kanten, Flächenaxen?

2. Welcher Theil der ungleich 4kantigen Axe geht beim Uebergange aus dem Leuzit in das 8flach verloren? Mit welchen Linien des Rauten12flachs fallen die Kanten des eingeschriebenen 8flachs zusammen? —

3. Es ist ein Leuzit um, einer in dasselbe 8flach beschrieben, wie verhalten sich beide zu einander?

4. Vergleiche das Verhältniß des um und in den Leuzit beschriebenen 8flachs mit dem Verhältniß des um und in das Rauten12flach beschriebenen 8flachs.

Zu §. 14.

1. Wie verhalten sich Rauten12flach, Würfel und 8flach, welche in denselben Leuzit beschrieben sind, zu einander?

2. Wie verhalten sich dieselben um denselben Leuzit beschriebenen Körper zu einander?

3. Sind erstere Verhältnisse mit letzteren übereinstimmend? Verhält sich z. B. der umschriebene Würfel zum umschriebenen 8flach, wie der eingeschriebene zum eingeschriebenen?

Die Nebensippe des 4flachs.

Zu §. 15.

4flach und Würfel.

A. Der umschriebene Würfel.

1. Stelle die Folge aus dem Würfel in das 4flach. Beschreibe dieselbe.

2. Welche Punkte und Linien des eingeschriebenen 4flachs fallen mit Punkten und Linien des umschriebenen Würfels zusammen?

3. Wie groß ist der Kantenwinkel des 4flachs? Wie groß der Winkel den eine 4flachkante mit der ihr an einer Ecke gegenüber liegenden 4flachshöhenlinie bildet?

4. Fälle aus einer 4flachsecke eine senkrechte Linie auf die ihr gegenüber liegende Fläche. Beweise, daß sie die Mitte dieser Fläche trifft.

5. Verzeichne den Durchschnitt eines 4flachs durch 2 in einer Ebene liegende Höhenlinien. Verzeichne auch die Axen, und bemerke alle Winkelgrößen.

6. Wie verhält sich im △ von ungefähr 90, 70, 20° die Hypotenuse zur Seite die dem Winkel von 20° gegenüber liegt?

7. Der Mittelpunkt des 4flachs ist um wie viel weiter von seinen Ecken als von seinen Flächenmitten entfernt? Wie theilt er eine Kantenaxe?

8. Wie verhält sich $\frac{2}{3}$ der 4flachshöhenlinie : Axe : Kante?

9. Wie verhält sich die Axe des eingeschriebenen 4flachs zur Axe des umschriebenen Würfels?

10. Verwandle das eingeschriebene 4flach durch Hinzusetzen in den umschriebenen Würfel. Wie groß muß die Axe des aufgesetzten Körpers seyn — wie groß der Winkel seiner Grundkante?

B. Der eingeschriebene Würfel.

1. Stelle die Folge aus dem 4flach in den Würfel. Beschreibe dieselbe.

2. Welche Punkte und Linien des eingeschriebenen Würfels fallen mit Punkten und Linien des umschriebenen 4flachs zusammen?

3. Wie verhält sich die Gere des eingeschriebenen Würfels zur Kante des umschriebenen 4flachs.

C. 1. Ein Würfel um, einer in dasselbe 4flach beschrieben, wie verhalten sich beide zu einander?

Ver-

Verzeichne zuerst einen 4flachsdurchschnitt in das Rechteck eines umschriebenen Würfels, wiederum in den 4flachsdurchschnitt den Hauptdurchschnitt des ihm eingeschriebenen Würfels und bemerke die Winkelgrößen.

Wie verhalten sich Geren, Kanten, Axen des ein- und des umschriebenen Würfels? Wie ihre Gevierte und Körper?

2. Hälfte die Axe des 4flachs.

* * *

3. Es ist ein 4flach um, eins in denselben Würfel beschrieben, wie verhalten sie sich zu einander? Wie ihre Kanten, Kantenaxen, Axen?

Verzeichne in den Durchschnitt des eingeschriebenen Würfels der vorigen Figur den Durchschnitt eines ihm eingeschriebenen 4flachs.

Zu §. 16.

4flach und 8flach.

A. Das eingeschriebene 8flach.

1. Stelle die Folge aus dem 4flach in das 8flach. Beschreibe dieselbe.

2. Welche Punkte und Linien des umschriebenen 4flachs und des eingeschriebenen 8flachs treffen zusammen?

3. Wie verwandelt man das eingeschriebene 8flach in das umschriebene 4flach durch Hinzufügen?

4. Wie verhalten sich Axen, Kanten, Höhenlinien, Flächenaxen des eingeschriebenen 8flachs zu den entsprechenden Linien des umschriebenen 4flachs? Wie verhalten sich die △e beider Körper?

B. Das umschriebene 8flach.

1. Stelle die Folge aus dem 8flach ins 4flach. Beschreibe dieselbe.

2. Welche Punkte und Linien des umschriebenen und eingeschriebenen Körpers treffen zusammen?

3. Wie verhalten sich die Kanten des eingeschriebenen 4flachs zu denen des umschriebenen 8flachs?

C. 1. Verzeichne den Hauptdurchschnitt eines 4flachs.

In diesen Durchschnitt verzeichne den des eingeschriebenen 8flachs.

In den Durchschnitt des 8flachs verzeichne einen 2ten 4flachsdurchschnitt so, daß dessen Ecken in die Höhenlinien des ersten 4flachdurchschnitts fallen.

In den 2ten 4flachsdurchschnitt verzeichne einen 2ten 8flachsdurchschnitt.

Bemerke alle Winkelgrößen, und die verhältnißmäßigen Größen aller Linientheile.

2. Ein 4flach ist um, eins in dasselbe 8flach beschrieben, wie verhalten sich beide zu einander? Welche zusammentreffende Punkte haben sie? Wie verhalten sich ihre Kanten, Axen, △eckhöhenlinien, Kantenaxen?

3. Ein 8flach ist um, eins in dasselbe 4flach beschrieben, wie verhalten sich beide zu einander, ihre Axen, Kanten, Flächenaxen, △ecksöhehenlinien? —

Zu §. 17.

4flach und Rauten12flach.

A. Das umschriebene 4flach.

1. Stelle die Folge aus dem 4flach in das 12flach. Beschreibe dieselbe.

2. Welche Punkte und Linien des umschriebenen 4flachs und des eingeschriebenen 12flachs fallen zusammen?

3. Wie verhält sich die Kante des 4flachs zur langen Gere des eingeschriebenen 12flachs?

4. Vergleiche den betrachteten Uebergang aus dem 4flach ins 12flach mit dem aus dem 8flach ins 12flach.

5. Unter welchem Winkel sitzt die Zuspitzungsfläche auf der Fläche des 4flachs?

6. Welchen Winkel macht die Zuspitzungsfläche mit der ihr an der zugespitzten Ecke gegenüber liegenden 4flachkante?

7. Wie verhalten sich 3 oder 6 Zuspitzungskanten an 3 Grundecken zu einer senkrechten Axe des 4flachs?

8. Vergleiche die bestimmte Zuspitzung des 4flachs mit dem Uebergange des Würfels ins 12flach. Wiederhole die siebente Frage.

9. Wie verhalten sich Zuspitzungsflächen zu einer Kantenaxe hinsichtlich des #s.

10. Welche Winkel bildet die Zuspitzungsfläche mit der 4flachaxe und mit der ihr gegenüber liegenden Zuspitzungskante? Welchen Winkel die Zuspitzungskante mit der 4flachsaxe?

B. Das eingeschriebene 4flach.

1. Stelle die Folge aus dem 4flach ins 12flach. Beschreibe dieselbe.

2. Welche Punkte oder Linien beider Körper fallen zusammen?

C. 1. Es ist ein 4flach um, eins in dasselbe Rauten12flach beschrieben, wie verhalten sie sich zu einander? Wie ihre Kanten, Axen, Kantenaxen?

2. Es ist ein Rauten12flach um, eins in dasselbe beschrieben, wie verhalten sich beide zu einander? Wie ihre Geren, Kanten, Axen?

3. Verzeichne den Durchschnitt eines 12flachs in den eines 4flachs und wiederum in den 12flachsdurchschnitt den eines 2ten 4flachs.

Zu §. 18.
4flach und Leuzit.

A. Das umschriebene 4flach.

1. Stelle die Folge aus dem 4flach in den Leuzit. Beschreibe dieselbe. Vergleiche sie mit der Folge aus dem 8flach in den Leuzit.

2. Welche Punkte und Linien des umschriebenen 4flachs und des eingeschriebenen Leuzits fallen zusammen?

3. Welchen Winkel macht die hier zur Sprache kommende Zuschärfungsfläche der 4flachkanten mit der Fläche des 4flachs?

4. Welchen Winkel macht die Zuspitzungsfläche des 4flachs mit der Kante auf welchem sie aufsitzt?

5. Welchen Winkel mit der gegenüber liegenden Fläche?

6. Wie vielsten Theil der gegenüber liegenden Höhenlinie schneidet sie ab?

7. Vergleiche diese Zuspitzungsfläche mit der, aus welcher das Rauten12flach entspringt.

8. Wie verhält sich die Kante des umschriebenen 4flachs zur Linie, welche 2 Hauptleuziteckten verbindet?

B. Das eingeschriebene 4flach.

1. Stelle die Folge aus dem Leuzit in das 4flach. Beschreibe dieselbe.

2. Welche Punkte und Linien des umschriebenen Leuzits und des eingeschriebenen 4flachs fallen zusammen?

3. Wie verhält sich die 4flachskante zur Linie, welche 2 Hauptecken des ihm umschriebenen Leuzits verbindet?

C. 1. Verzeichne den Hauptdurchschnitt eines 4flachs, in diesen den eines Leuzits, in diesen den eines 2ten Leuzits. Ziehe die 2 Axen des 4flachs, auch die Kantenaxe. Gieb die Größen der Linientheile und der Winkel an.

2. Es sey ein 4flach um, eins in denselben Leuzit beschrieben, wie verhalten sich beide zu einander?

3. Es sey ein Leuzit um, einer in dasselbe 4flach beschrieben, wie verhalten sich beide zu einander?

Zu §. 19.

Verhältniß der um und in dasselbe 4flach beschriebenen Hauptkörper unter einander.

1. Verzeichne einen Hauptdurchschnitt des 4flachs, und in diesen die Durchschnitte des eingeschriebenen Würfel, 8flachs, Rauten12flachs und Leuzits. Verzeichne in diese einen gemeinschaftlichen Hauptdurchschnitt eines 4flachs.

2. Wie verhält sich die Kante des umschriebenen 4flachs zur Axe des Würfels, zur Kantenaxe oder Kante

des 8flachs, zu der Linie, welche 2 3kantige Ecken des Rauten12flachs und des Leuzits rechtwinklig durch eine Hauptaxe verbindet?

3. Wie die Kante des eingeschriebenen 4flachs zu denselben Linien?

4. Wie verhalten sich hiernach die umschriebenen Körper unter einander? Wie die eingeschriebenen?

Zu §. 20.

1. Das Gesetz des Ebenmaaßes lautet: wenn man Eine Fläche oder Kante, oder Ecke eines Körpers auf bestimmte Weise verändert (abstumpft, zuschärft, zuspitzt) so müssen alle gleichartigen Flächen, Kanten und Ecken desselben Körpers auf gleiche Weise verändert werden.

In wiefern widersprechen die Uebergänge vom Vierflach in den Würfel, das 8flach, Rauten12flach und den Leuzit, diesem Gesetze — in wiefern nicht?

Zu §. 19.

A. Das Pyramiden4flach.

1. Beschreibe dasselbe. Wie entsteht es durch Wegnahme, wie durch Hinzufügen?

2. Bei welcher Gelegenheit ward es betrachtet?

3. Gieb die Eigenschaften des möglichst stumpfen und des möglichst spitzen Pyramiden4flachs an.

Zu §. 22.

B. Das Rauten12flach mit zugeschärften 4kantigen Ecken.

1. Betrachte es. Welcher Körper würde entstehn, wenn die Zuschärfungsflächen so vergrößert würden, daß die Flächen des 12flachs schwänden?

2. Wie würdest du die 12 Schnitte auf dem Rauten-12flach genau verzeichnen?

3. Vergleiche den Körper mit dem Würfel und Leuzit.

Zu §. 23.

Das Rauten12flach, dessen 4kantige Ecken mit 4 Flächen zugespitzt sind, die Zuspitzungsflächen auf die Seitenkanten aufgesetzt.

1. Betrachte es. Welchen Körper würden die Zuspitzungsflächen für sich bilden?

2. Vergleiche dies Rauten12flach mit dem im vorigen §. betrachteten.

Zu §. 24.

Reihe Leuzitähnelnder Körper.

1. Gieb die Eigenschaften eines Leuzitähnelnden Körpers an, dessen 6 Hauptecken möglichst stumpf, eines zweiten dessen 6 Hauptecken möglichst spitz. Wie würden beide Körper aus dem Würfel, 8flach und Rauten-12flach erzeugt werden?

Zu §. 25.

Der Pyramidenwürfel.

A. Der eingeschriebene.

1. Stelle die Folge aus dem Würfel in den Pyramidenwürfel. Beschreibe dieselbe.

2. Welche Punkte und Linien des umschriebenen Würfels und des eingeschriebenen Pyramidenwürfels fallen zusammen?

B. Der umschriebene.

1. Stelle die Folge aus dem Pyramidenwürfel in den Würfel. Beschreibe dieselbe.

2. Welche Punkte und Linien des umschriebenen Pyramidenwürfels und des eingeschriebenen Würfels fallen zusammen?

3. Wie groß darf der möglichst stumpfe und der möglichst scharfe Zuschärfungskantenwinkel der Würfelkante, nicht seyn?

4. Bilde den umschriebenen Pyramidenwürfel aus dem eingeschriebenen Würfel durch Zusetzen.

Bestimme die Grundkantenwinkel, Flächenwinkel der möglichst spitzen und möglichst stumpfen aufgesetzten Pyramide.

5. Wie geht der Pyramidenwürfel aus dem Leuzit, Rauten12flach und 8flach hervor?

Zu §. 26.

Das Pyramiden8flach.

A. Das eingeschriebene.

1. Stelle die Folge aus dem 8flach in das Pyramiden8flach. Beschreibe dieselbe.

2. Welche Punkte und Linien des Pyramiden8flachs und des ihm umschriebenen 8flachs fallen zusammen?

B. Das umschriebene.

1. Stelle die Folge aus dem Pyramiden8flach in das 8flach. Beschreibe dieselbe.

2. Welche Punkte und Linien des umschriebenen Pyramiden8flachs und des ihm eingeschriebenen 8flachs fallen zusammen?

3. Wie groß können der möglichst große und der möglichst kleine Winkel der Zuschärfungskanten des 8flachs seyn?

4. Bilde aus dem 8flach das Pyramiden8flach durch Hinzufügen. Wie groß können die Winkel der Kanten und Flächen der möglichst stumpfen und der möglichst spitzen hinzugefügten Pyramide seyn? —

5. Bilde das Pyramiden8flach aus dem Würfel, Rauten12flach und Leuzit.

Zu §. 27.

Das Pyramidenrauten12flach oder 48flach.

A. Das eingeschriebene.

1. Stelle die Folge aus dem Rauten12flach in das 48flach. Beschreibe dieselbe.

2. Welche Punkte und Linien des umschriebenen 12flachs und des eingeschriebenen 48flachs treffen zusammen?

B. Das umschriebene.

1. Stelle die Folge aus dem 48flach in das 12flach. Beschreibe dieselbe.

2. Welche Punkte und Linien des um- und des eingeschriebenen Körpers treffen zusammen?

3. Bilde das möglichst stumpfe und das möglichst spitze 48flach aus dem Rauten12flach durch Hinzufügen. Wie groß können die Kanten- und Flächenwinkel beider seyn?

4. Wie verhält sich das 48flach zu Würfel, 8flach, Leuzit — den umschriebenen und den eingeschriebenen?

Die Nebensippe des Kies12flachs.

Zu §. 28.

1) Würfel und Kies12flach.

A. Das eingeschriebene 12flach.

1. Stelle die Folge aus dem Würfel in das Kies12flach. Beschreibe dieselbe.

2. Gieb Flächen, Kanten, Ecken des Kies12flachs an. Hauptkante, Hauptlinie, Queergere.

3. In wiefern weicht die gegenwärtige Abstumpfung der Würfelkanten von derjenigen ab, aus welcher das Rauten12flach entsteht?

4. Eine Reihe dem regelmäßigen 12flach ähnelnder Körper, einer davon das Kies12flach. Am einen Ende steht der Würfel, am andern das Rauten12flach.

5. Wie verhält sich die Hauptkante des Kies12flachs zur Hauptaxe?

B. Das umschriebene Kies12flach.

1. Stelle die Folge aus dem Kies12flach in den Würfel. Welche Punkte und Linien beider Körper fallen zusammen?

C. 1. Es sey ein Würfel um, einer in dasselbe Kies12flach beschrieben, wie verhalten sich beide zu einander?

2. Es sey ein Kies12flach um, eines in denselben Würfel beschrieben, wie verhalten sich beide zu einander?

3. Wie verhält sich die Queergere zur Hauptkante und Hauptaxe des Kies12flachs.

4. In welche Theile wird die Hauptlinie durch die Quergere zerlegt?

5. Kiesraute und ihre Eigenheit.

Zu §. 29.

8flach und Kies12flach.

A. Das eingeschriebene 8flach.

1. Stelle den Uebergang aus dem 12flach in das 20flach. Beschreibe denselben.

2. Beschreibe das 20flach. Welche Linien des 20flachs stimmen ganz mit Linien des 12flachs überein, aus welchem es hervorgegangen?

3. Stelle den Uebergang aus dem 20flach in das 8flach. Beschreibe denselben.

4. Wie verhält sich das eingeschriebene 8flach zu dem ihm umschriebenen Kies12flach? Welche Punkte beider Körper treffen zusammen?

5. Wie verhält sich besagtes 8flach zu dem Würfel, welcher dem Kies12flach umschrieben ist, in welches das 8flach selbst eingeschrieben?

B. Das umschriebene 8flach.

1. Stelle den Uebergang aus dem 8flach ins 20flach. Beschreibe denselben. Bestimme die Regel der Zuschärfung der 8flachsecken.

2. Wie vielster Theil der 8flachaxe ist die Hauptkante und die Hauptkantenaxe des 20flachs?

3. Stelle den Uebergang aus dem 20flach ins Kies12flach.

4. Welche Punkte und Linien des umschriebenen 8flachs und des eingeschriebenen 12flachs fallen zusam-

men? Wie verhalten sich die Queergeren des 12flachs zur Axe des 8flachs? Wie die Hauptkante und Hauptaxe?

5. Wie verhält sich das umschriebene 8flach zu dem Würfel, welcher dem Kies12flach eingeschrieben ist?

6. Wie verhalten sich Hauptkante und Hauptkantenaxe des 20flachs zu den gleichen Linien des Kies12flachs dieser Folge.

C. Wie verhält sich ein 8flach das um, zu einem 8flach das in dasselbe Kies12flach beschrieben worden?

Wie verhält sich ein Kies12flach das um, zu einem Kies12flach das in dasselbe 8flach beschrieben worden?

Zu §. 30.

Das Rauten12flach und das Kies12flach.

A. Das eingeschriebene Rauten12flach.

1. Stelle die Folge aus dem Kies12flach in das Rauten12flach. Beschreibe dieselbe. Welche Punkte und Linien des um- und des eingeschriebenen Körpers fallen zusammen?

2. Wie verhält sich die kurze Gere des Rauten12flachs zu gewissen Linien des umschriebenen Kies12flachs?

B. Das umschriebene Rauten12flach.

1. Stelle die Folge aus dem Rauten12flach in das Kies12flach.

2. Vergleiche dieselbe mit der Folge aus dem 8flach ins Kies12flach.

Zu §. 31.
Leuzit und Kies12flach.

A. Das eingeschriebene Kies12flach.

1. Stelle die Folge aus dem Leuzit in das Kies12flach. Beschreibe dieselbe. Welche Punkte und Linien des umschriebenen Leuzits und des eingeschriebenen 12flachs treffen zusammen? — Wie verhält sich die Hauptaxe des Kies12flachs zu der des den Leuzit?

2. Beweise daß 2 einander gegenüber liegende längere Leuzitkanten an der Hauptleuzitecke einen Winkel bilden, welcher dem Winkel der Hauptkante des Kies12flachs gleich ist.

3. Wie verzeichnest du den Durchschnitt durch 8 in einer Ebene liegende längere Leuzitkanten?

B. Das umschriebene Kies12flach.

1. Stelle die Folge aus dem Kies12flach in den Leuzit. Beschreibe dieselbe. Welche Punkte und Linien des eingeschriebenen Leuzits und des umschriebenen 12flachs treffen zusammen?

C. 1. Es sey ein Leuzit um, einer in dasselbe Kies12flach beschrieben, wie verhalten sich beide zu einander?

2. Es sey ein Kies12flach um, eines in denselben Leuzit beschrieben, wie verhalten sich beide zu einander?

Zu §. 32.
4flach und Kies12flach.

A. Das eingeschriebene Kies12flach.

1. Stelle die Folge aus dem 4flach in das 12flach. Beschreibe dieselbe.

2. Welche Punkte und Linien des umschriebenen 4flachs und des eingeschriebenen 12flachs treffen zusammen?

3. Der Linie zwischen 2 △ecksmitten des umschriebenen 4flachs entspricht beim 12flach? . . .

B. Das umschriebene Kies12flach.

1. Stelle die Folge aus dem 12flach in das 4flach. Beschreibe dieselbe.

2. Welche Punkte und Linien des umschriebenen 12flachs und des eingeschriebenen 4flachs treffen zusammen?

3. Der 4flachskante entspricht beim umschriebenen 12flach? . . .

C. 1. Es ist ein Kies12flach um, eins in dasselbe 4flach beschrieben, wie verhalten sich beide zu einander?

2. Es ist ein 4flach um, eins in dasselbe 12flach beschrieben, wie verhalten sich beide zu einander?

Zu §. 33.

Das Kies24flach.

1. Stelle die Folge aus dem Kies12flach in das Kies24flach. Beschreibe dieselbe.

2. Beschreibe das Kies24flach. Mit welchem Körper hat es Aehnlichkeit?

3. Stelle die Folge aus dem Kies24flach durch das Kies30flach in den Würfel. Beschreibe dieselbe.

4. Wie verhält sich das Kies24flach zum 8flach?

5. Stelle die Folge aus einem Würfel in das ihm eingeschriebene Kies12flach. An diese schließe an:

a) eine Folge aus gedachtem 12flach in den ihm eingeschriebenen Würfel.

b. eine Folge aus gedachtem 12flach in das ihm eingeschriebene 8flach, weiter in den diesem 8flach wiederum eingeschriebenen Würfel.

c. eine Folge aus gedachtem 12flach in das ihm eingeschriebene Kies24flach, weiter in den diesem eingeschriebenen Würfel.

Wie verhalten sich die 4 aufgeführten Würfel zu einander?

Zu §. 34.

Das Geschlecht des regelmäßigen 12flachs in seiner Aehnlichkeit mit dem Würfelgeschlecht.

1. Stelle die Folge aus dem 12flach in das 20flach. Beschreibe dieselbe, insonderheit das 12flach und 20flach.

2. An welche Folge erinnert sie?

3. Stelle die Folge aus dem 12flach und 20flach in das Rauten30flach. Beschreibe dieselbe, insonderheit das 30flach.

4. An welche Folgen werden wir erinnert?

5. Stelle die Folge aus dem 30flach in das 60flach. Beschreibe dieselbe. Woran erinnert sie?

6. Stelle die Folgen aus dem 12flach und 20flach in das 60flach. Beschreibe dieselben. Woran erinnern sie?

7. Wie verhalten sich die Zuspitzungsflächen der Ecken des 12- und 20flachs zu gewissen Axen dieser Körper?

8. Wie erzeugt man aus dem 60flach das 30flach, 20flach und 12flach?

9. Vergleiche das 6oflach hinsichtlich auf Flächen, Kanten, Ecken, genau mit dem ihm ähnelnden Körper des Würfelgeschlechts.

10. Entspricht im Geschlecht des regelmäßigen 12flachs ein Körper dem 48flach?

11. Kann es in diesem Geschlecht einen Körper geben der sich zu ihm verhielte, wie das 4flach zum Würfelgeschlecht?

12. Kannst du noch Verschiedenheiten zwischen der Verwandtschaftsreihe des 12flach= und des Würfelgeschlechts auffinden?

Das Geschlecht des Rautenflachs.

Zu §. 36.

Der Würfel.

1. Gieb genau Flächen, Kanten, Ecken, Geren, Axen des Würfels an, ihre Zahl und Art.

2. Wie verhalten sich Kante, Gere und Axe des Würfels zu einander?

Zu §. 37.

1. Man gebe dem Schüler etwa die Modelle der 2 stumpfen und 2 spitzen wichtigsten Rautenflache des Kalkspaths (Hauy. Fig. 1. 2. 3. 5.) Er lege sie alle in eine ähnliche Lage.

2. Hat der Schüler dies gethan, so frage man, welcher Körper zwischen den stumpfen und spitzen Rautenflachen in der Mitte stehe?

4. Man lasse den Würfel an den gehörigen Platz mit allen Rautenflachen in eine ähnliche Lage stellen.

4. Was

4. Was haben alle Rautenflache mit dem Würfel gemein?

5. Worin weichen alle gleichmäßig vom Würfel ab?

6. Man zeige das S. 3. beschriebene Würfelkantengeripp, und an ihm die Entstehung 2er entgegengesetzter Reihen stumpfer und spitzer Rautenflache.

Zu §. 38.

Verhältniß der spitzen Rautenflache zu den stumpfen.

1. Hinsichtlich der Axe.

2. Hinsichtlich der Polecken, Polkanten, Polwinkel.

3. Hinsichtlich der Randecken, Randkanten, Randaeren und Polgeren.

4. Hinsichtlich der Winkel, welche eine Polkante mit 2 einander #en ihr angränzenden Polgeren bildet.

Zu §. 39.

Die Enden der Reihe spitzer Rautenflache.

1. Gieb die möglich spitzesten und möglich stumpfsten
Flächen- }
Kanten- } Winkel an, d. i. wie sie bei dem möglich spitzesten und dem wenigst spitzen Rautenflache seyn können.

2. Wie verhalten sich Pol- und Randgeren in dieser Reihe?

3. Wie die Geren zu den Kanten?

4. Wie vielster Theil der Axe darf die Polgere des spitzesten Rautenflachs nicht seyn?

5. Bei welchem spitzen Rautenflach ist die Randgere der Kante gleich?

Zu §. 40.

Die Enden stumpfer Rautenflache.

1. Gieb die möglich spitzesten und möglich stumpfsten
Flächen= } Winkel an.
Kanten= }

2. Kante. Gere. Axe. Welche Linien wachsen, welche nehmen ab nach Maasgabe des stumpfer Werdens der stumpfen Rautenflache?

3. Wie verhält sich die Polgere zur Kante des stumpfen Rautenflachs, kann sie ihr gleich seyn?

4. Wie verhält sich die Polgere zur Randgere?

5. Wie die Hauptaxe zur Randgere?

6. Wie die Randgere zur Axe?

7. Wie die Polgere zur Axe?

8. Wie die Kante zur Axe?

9. Was könnte als das unmögliche Aeußerste der stumpfen Rautenflachreihe betrachtet werden?

Zu §. 40b.

Nähere Vergleichung der 2 entgegengesetzten Reihen von Rautenflachen.

1. Vergleiche die Aeußersten der Flächen und Kantenwinkel der Reihe spitzer und stumpfer Rautenflache.

Zu §. 41.

Winkeltausch.

1. Schreibe die Aeußersten der Kanten oder Flächenwinkel der 2 Reihen unter einander, die Würfelwinkel zwischen beiden inne.

2 Wie viel Grade haben die Flächen und Kantenwinkel vom möglichst stumpfen zum wenigst stumpfen

Rautenflache in der Reihe stumpfer Rautenflache zu durchlaufen? Wie viel Grade in der Reihe spitzer Rautenflache, vom möglichst spitzen zum wenigst spitzen?

3. Welche Winkel wachsen in den beiden Reihen rascher?

4. Ist der Polkanten- oder der Pol-Flächenwinkel irgend eines Rautenflachs größer?

5. Ist der Unterschied zwischen Kanten- und Flächenwinkeln größer oder kleiner bei den Rautenflachen, welche dem Würfel näher oder bei denen, welche ihm entfernter stehn?

Vergleiche die 4 Hauyschen Hauptrautenflache des Kalkspaths.

6. Vergleiche nochmals das Verhältniß des Anwachsens der Flächen- und Kantenwinkel beider Reihen. Zeigt sich eine Gleichheit eines bestimmten r a s c h e r n Fortschritts in beiden Reihen?

7. Es seyen die Kanten oder Flächenwinkel eines stumpfen Rautenflachs bekannt, es seyen zweitens die Flächenwinkel eines spitzen Rautenflachs übereinstimmend mit den Kantenwinkeln jenes stumpfen Rautenflachs gegeben. Lassen sich hiernach die Kantenwinkel des spitzen Rautenflachs bestimmen?

Zu §. 42.

1. Bildet die Polgere oder die Polkante eines Rautenflachs einen größeren Winkel mit der Axe?

Zu §. 43.

1. Verzeichne den Hauptdurchschnitt eines Rautenflachs — durch 2 #e Polgeren und 2 #e Polkanten die sämmtlich in Einer Ebene liegen.

2. Ziehe in gedachten Durchschnitt die 2 Höhenlinien des obern und untern Rand△s.

3. 3theile die Axe.

4. Hälfte die Axe durch mehrere Linien.

5. Aus der Mitte der obern Polgere (des Durchschnitts) ziehe eine Linie # der Axe auf die untere Polkante. Diese Linie und die Axe theilen die Linie, welche aus der untern Randecke nach der Mitte der ihr gegenüber liegenden untern Polgere läuft, in welche Theile? In welche Theile zerlegt dieselbe Linie die untere Polkante, auf welche sie fällt? Wie verhält sich diese Linie zur Hauptaxe?

6. Wenn die Polgere mit der Axe einen Winkel von 45° macht, welche Winkel sind dann auch von 45°. welche Linie ist dann der Axe gleich?

7. Eine Linie von einer untern Randecke nach der Mitte der ihr gegenüber liegenden obern Polkante — eine zweite von der obern Randecke nach der Mitte der ihr gegenüber liegenden untern Polkante theilen die Axe und werden von ihr getheilt, in welche Theile?

8. Ziehe eine Linie von einem Punkte der untern Polgere, der um ¼ dieser Polgere von der Randecke entfernt liegt, an welche sie gränzt, nach der obern Polecke. Wie verhält sich diese Linie zur Polgere? —

Zu §. 44.

Abstumpfung und 3flächige Zuspitzuug eines Rautenflachs.

1. Gieb die Reihe von Abstumpfungen und 3flächigen Zuspitzungen nach Anleitung eines Modells möglichst vollständig an.

Zu §. 45.

Körper welche aus den angegebenen Abstumpfungen entspringen.

1. Welche Körper entstehn aus Abstumpfung der Polecken, nach Maaßgabe der Stärke der Abstumpfung?

2. Welcher Körper entsteht insbesondere, wenn die Abstumpfung durch 2 Randdreiecke geht?

3. Läßt sich aus einem Rautenflach ein regelmäßiges 8flach bilden?

* * *

4. Welcher Körper entsteht aus Verbindung der Abstumpfung der Polecken und der Randecken wenn letztere so ist, daß sich die Abstumpfungsfläche weder nach der obern noch nach der untern Polecke neigt?

5. Wie verhalten sich die Theile der Polkanten und Polgeren, welche letztere Abstumpfung abschneidet?

Zusatz.

6. Wie groß ist die Summe der 2 äußeren an der Hypotenuse liegenden Winkel eines rechtwinkligen △s?

7. Es ist eine Säule mit rechtwinklig angesetzten Endflächen gegeben. Wir viel Hauptarten von Abstumpfung ihrer Endkanten giebt es?

8. Der Winkel, den eine Zuspitzungsfläche mit der Axe der Säule macht, mehr dem, welchen sie mit der

Seitenfläche (oder Seitenkante) bildet auf welcher sie aufsitzt beträgt? Anzuwenden auf den Winkel, den die Zuspitzungskante mit der Seitenkante und mit der Axe der Säule bildet.

9. Das primitive Rautenflach des Kalkspaths neigt sich gleich gegen die Endfläche und Seitenfläche einer Säule. Wie neigt es sich gegen seine Axe?

10. Wie verhalten sich in dieser Hinsicht Rautenflache die stumpfer oder spitzer sind als das primitive?

11. Bildet die Polkante oder die Polgere desselben Rautenflachs stumpfere Winkel mit der Endfläche der Säule?

12. 3 Winkel. 1) der, welchen die Fläche eines Rautenflachs mit der Säulenseitenfläche (oder Seitenkante) 2) mit der Säulenendfläche — 3) mit seiner Axe bildet. Einer dieser 3 Winkel sey gegeben, finde die 2 andern.

13. 3flächige Zuspitzung der Polecken, die Zuspitzungsflächen auf die Polkanten aufgesetzt.

* * *

14. Regelmäßige Abstumpfung der Polkanten. Stelle die Folge aus einem Rautenflach mit abgestumpften Polkanten in das Rautenflach welches hieraus hervorgeht. Ist dies stumpfer oder spitzer als das erste?

15. Verzeichne die Abstumpfungsfläche auf die Flächen des abzustumpfenden Rautenflachs.

16. Wie verhält sich

a. Die Randgere des abgestumpften zu der Randgere des 2ten (aus der Abstumpfung entspringenden) Rautenflachs?

b. Die Polkante des erstern zur Polgere des 2ten?

c. Die Axe des erstern zur Axe des 2ten?

d. Die Höhe eines Randdreiecks des ersten und 2ten.

17. Betrachte

das	contrastirende	Rautenflach des Kalkspaths
	winkelvertauschende	
	primitive	
	gleichartige	

mit Hinsicht auf 14. 15. 16. und zwar so, daß du durch die (eben betrachtete) Abstumpfung der Polkanten von dem spitzesten Rautenflach zum stumpfsten fortschreitest. Verzeichne ihre Hauptdurchschnitte in einander.

* * *

18. Von einer untern Randgere schneide durch 2 obere angränzende Polgeren nach der obern Polecke. Führe 5 ähnliche Schnitte. Das so erzeugte 2te Rautenflach ist es spitzer als das erste veränderte?

19. Wie verhalten sich die Polkanten des 2ten Rautenflachs zu den Polgeren des ersten? Eben so die Randkanten?

20. Wie verhalten sich die Randgeren } beider Rau-
— — — die Rand△e } tenflache?

21. Wie verhält sich die Randaxe des 2ten zur Flächenaxe des ersten?

22. Betrachte die bei Nro. 17 genannten 4 Kalkrautenflache. Gieb genau ihre gegenseitigen Verhältnisse an, welche hervorgehn, wenn du aus dem stumpfsten durch die eben betrachtete Abstumpfung zum spitzesten fortschreitest. Axen. Kanten. Randaxen. Randgeren. Randdreiecke. Verzeichne die Hauptdurchschnitte jener 4 Rautenflache in einander.

23. Hälfte die Randkanten, verbinde die Hälftpunkte durch Linien, von welchen aus 3 obere und 3 untere Polkanten durch 3 Schnitte nach den obern, 3 Schnitte nach der untern Polecke abgestumpft werden. Welcher Körper entsteht hierdurch?

24. Wie groß darf der Polwinkel der 6seitigen Pyramide nicht seyn?

25. Vergleiche den Winkel welchen die Fläche, mit dem welchen die Polkante der 6seitigen Doppelpyramide mit der Axe bildet.

26. Ist die Grundfläche der 6seitigen Doppelpyramide ein regelmäßiges 6eck?

27. Sind alle Polkantenwinkel gleich?

28. Wenn du = den (unter 20. 24) aufgeführten Abstumpfungsflächen weiter schneidest bis die ursprünglichen Flächen des Rautenflachs schwinden, welcher Korper entsteht?

29. Abstumpfung der obern Randecke mit Neigung nach der untern Polecke, der untern Randecke mit Neigung nach der obern Polecke. Welcher Art sind die hieraus erzeugten Rautenflache? Wie verhalten sich ihre Flächen zu den Säulenflächen die durch regelmäßige Abstumpfung der Randecken gebildet werden?

30. Zuspitzung der Polecken, die Zuspitzungsflächen auf die Seitenflächen aufgesetzt.

31. Durch solche Zuspitzung bilde ein Rautenflach dem ähnlich, das durch Abstumpfung der Polkanten entsteht.

32. Wie erzeugst du das gleichaxige Rautenflach aus dem winkelvertauschenden?

Halle, gedruckt bei Schimmelpfennigs Erben.

Geschlech…
Tafel …

Fig 1 Würfelrechteck

Fig. 2 Würfelre…

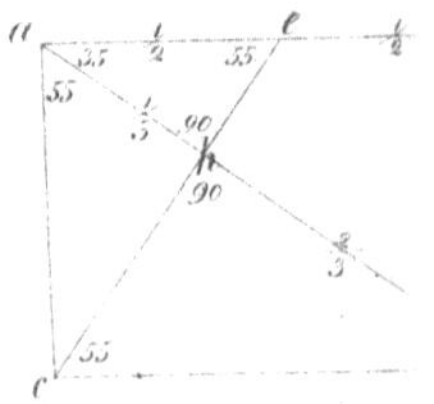

Fig. 5. 8flach

Fig. 6. 4flachs Durchschnitt

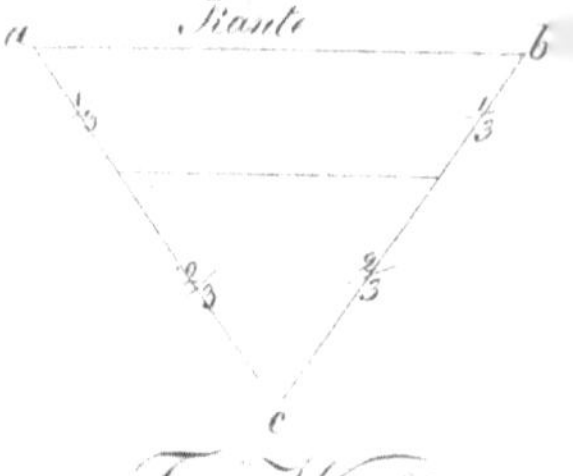

Fig. 8. Würfel mit eingeschriebenem 8flach

Fig. 9. Würfel und 8flach.

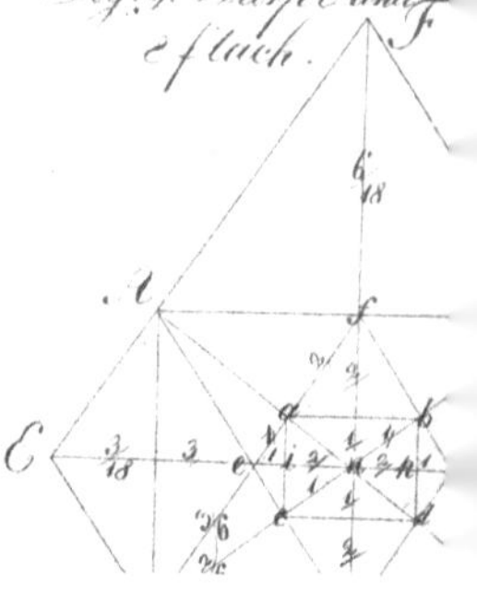

Fig 12. Raute des Rauten 12flachs

els.

Fig: 3. Fläche des 8 flachs.

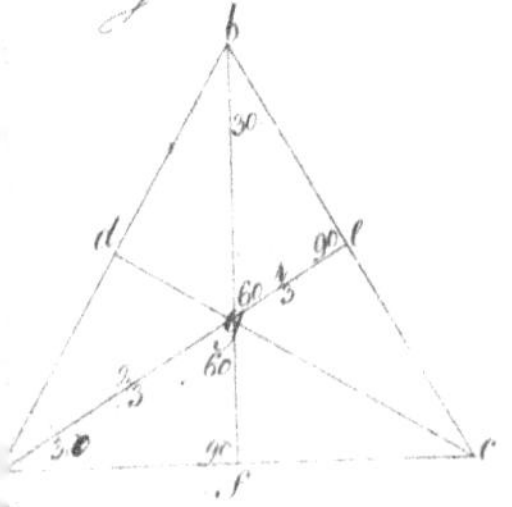

Fig. 4. 8 flach.

mit eingeschriebenem 8 flach.

Fig. 10. Würfel mit eingeschriebenem ...ten 12 flach.

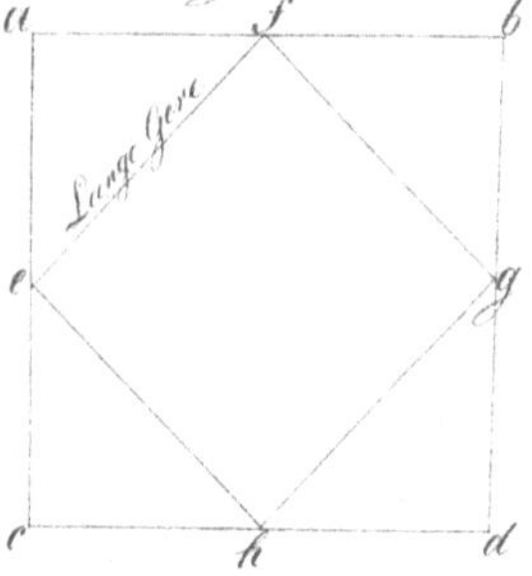

Fig. 11. Rauten 12 flach.

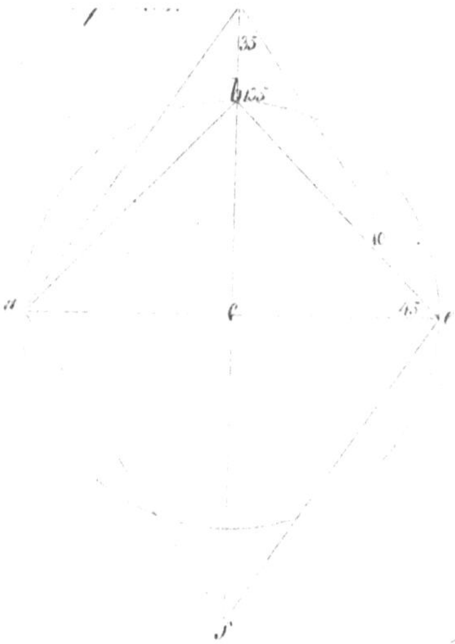

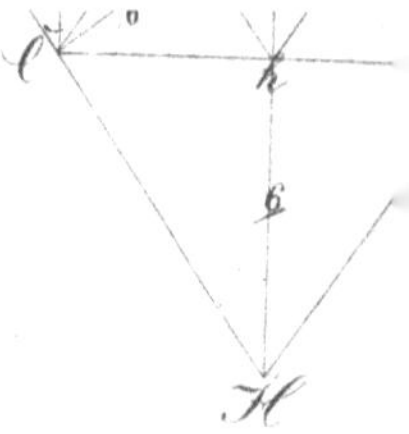

Fig. 15. Rauten 12 flach.

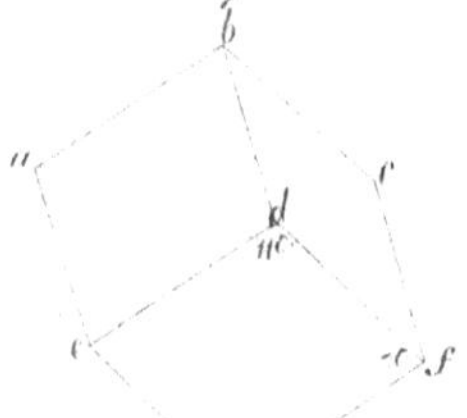

Fig. 16. Rauten 12 flach
Durchschnitt.

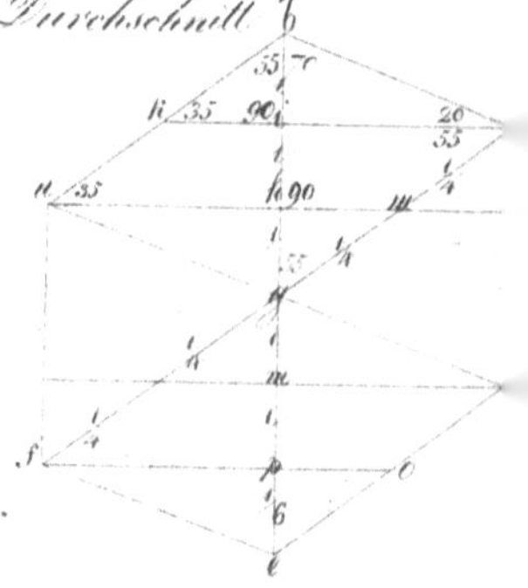

Würfel im Rauten

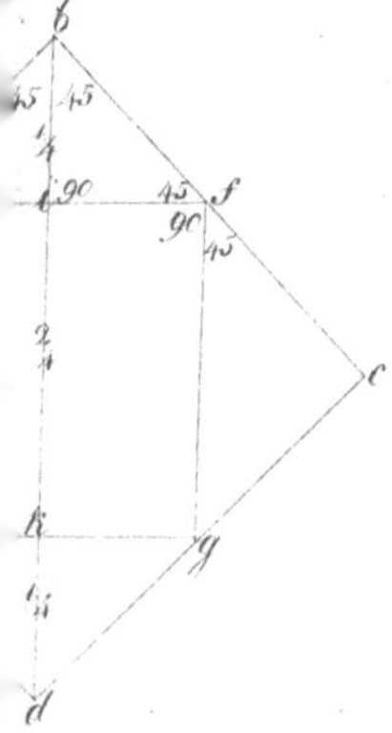

Fig. 14. Rautenflach
Durchschnitt

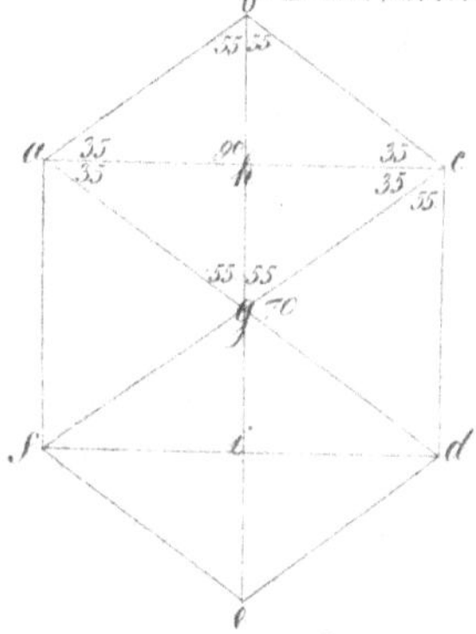

Rauten des
ten 12flachs.

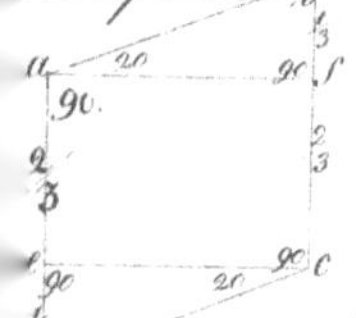

Fig. 18. Rauten 12flach
und Würfel. B

Sippe

Fig. 19. Rauten 12flach u. 8flach.

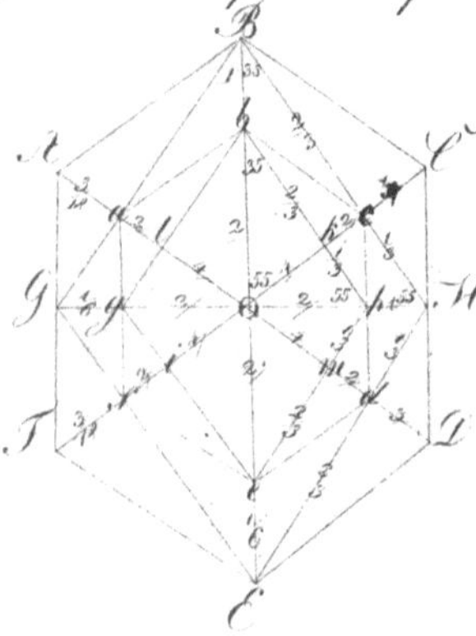

Fig. 20. Rauten 12flach. 2

Fig. 22. Leuzitfläche.

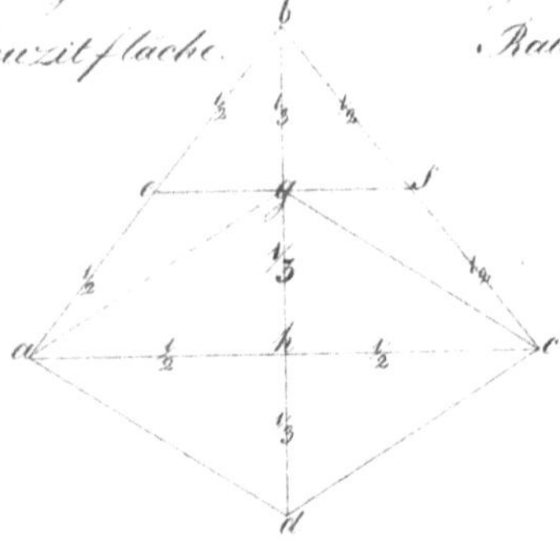

Fig. 23. Leuzit und Rauten 12flach.

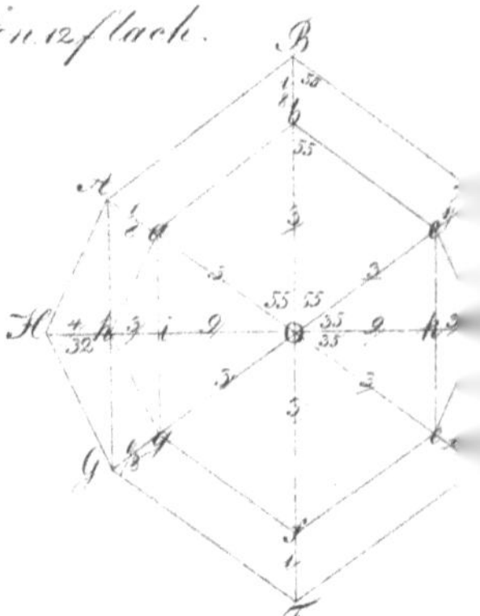

fels.

II

flache.

Fig. 21. Leuzit.

Fig. 21b. Kanten des Kanten 12 flachs.

Würfel um dem Leuzit.

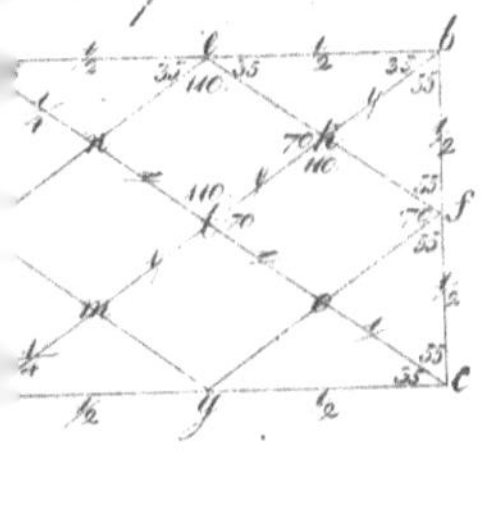

Fig. 25. Würfel und Leuzit.

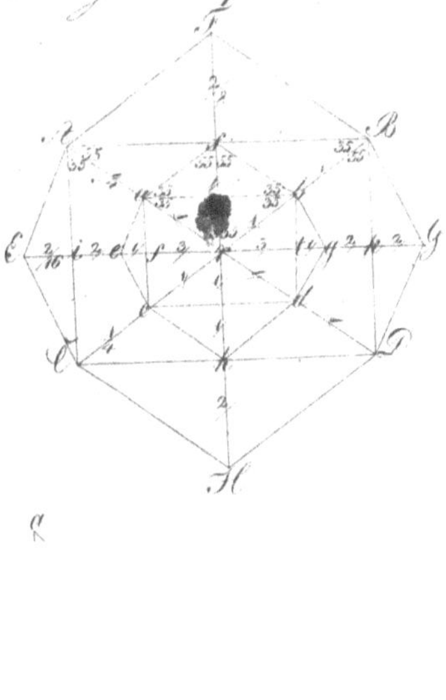

Fig: 26.
Leuzit im 8flach

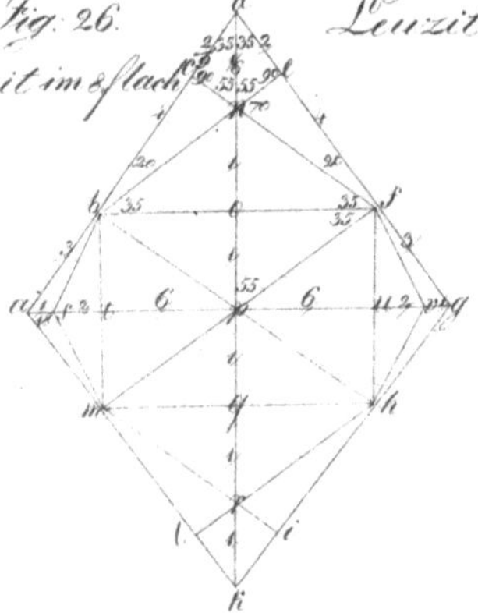

Fig: 27.a
Leuzit.

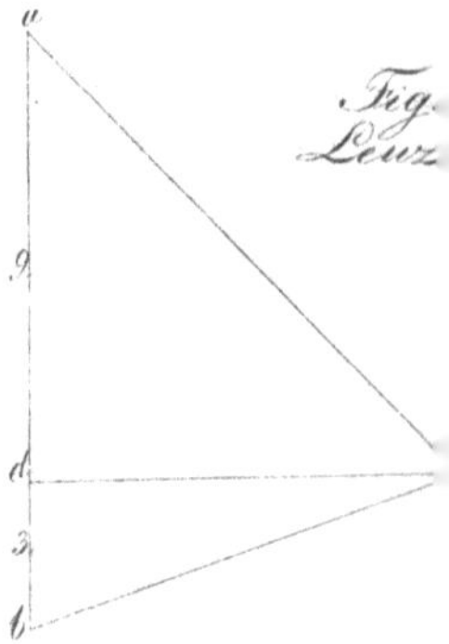

Fig.
Leuz

Fig: 28. 8flach und Leuzit

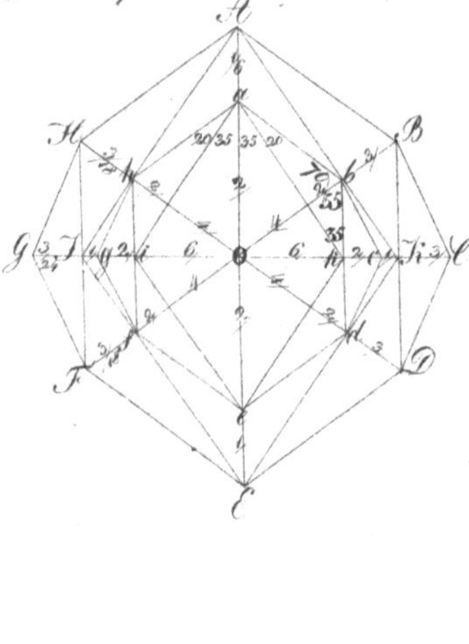

Fig: 29. Le
2 Achtflac

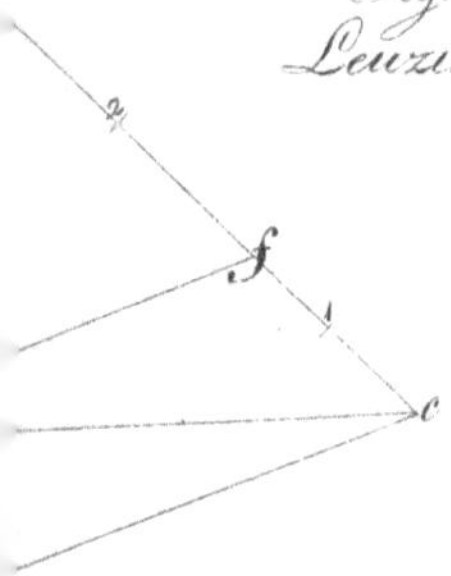

Fig. 27.c
Leuzit.

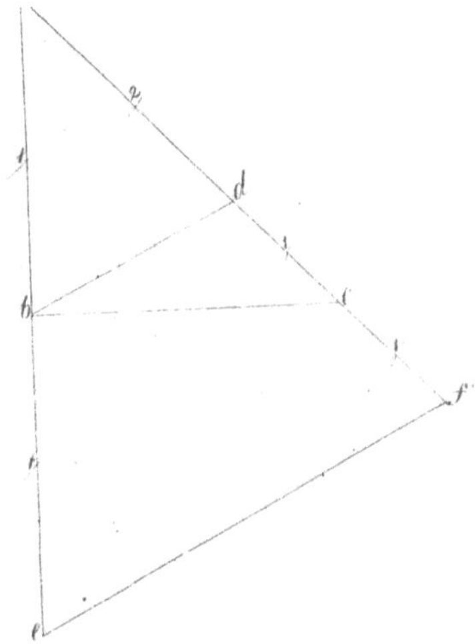

...flache.

Nebensippe des Vierflachs

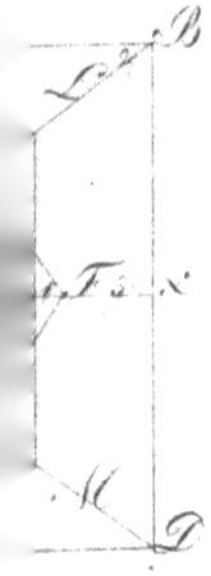

Fig. 30. Würfel um dem 4 flach.

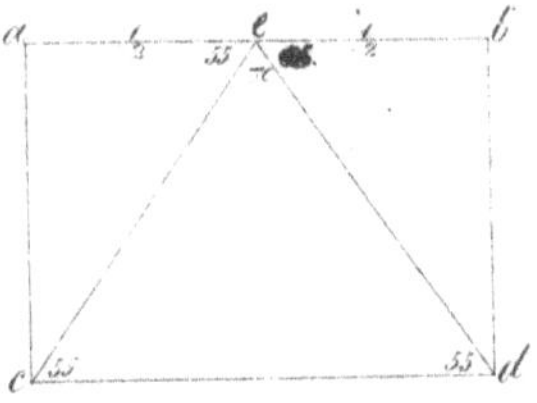

Fig. 31. 4 flachs Durchschnitt.

Nebensippe

Fig 33. Würfel und 4 flach.

Fig 32. Würfel um dem 4 flach.

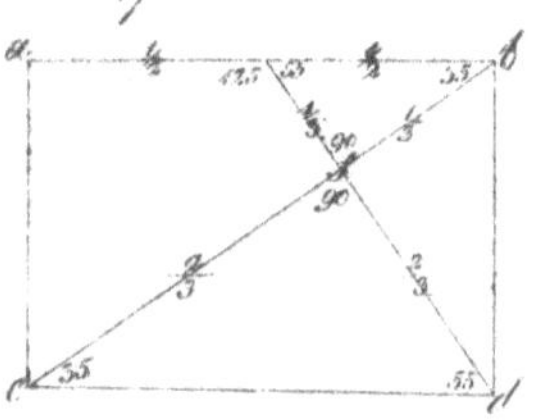

Fig. 35. 4 flachs durchschnitt.

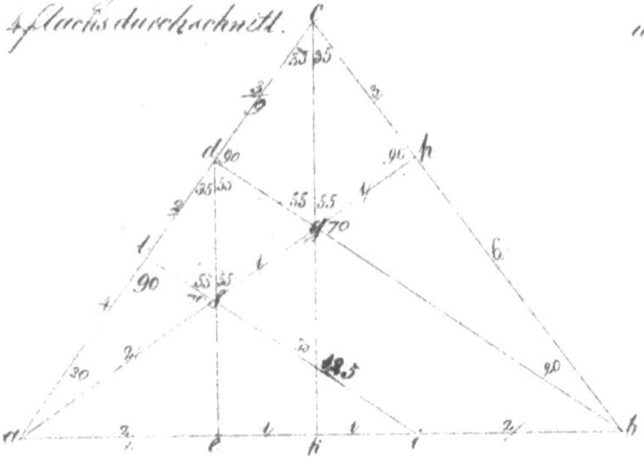

Fig. 36. 4 flach. und Rauten 12 flach

Fig. 38. 4 flach u. Leuzit.

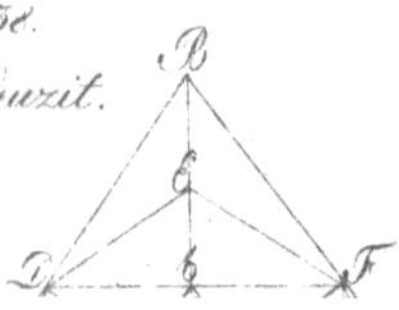

Fig. 39. 2 Vierflache. Würfel. 8 flach Rauten 12 flach Leuzit.

Fig. 34.
8 flach u. 4 flach.

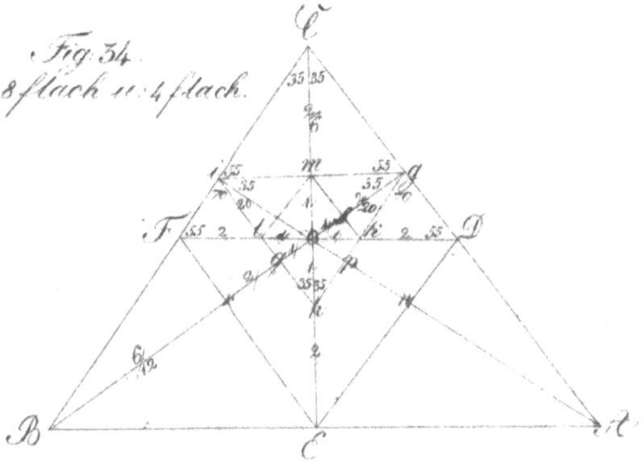

Fig. 37.
4 flach: 8 flach. Leuzit.

Anhang.

Fig. 40. Rauten 12 flach
mit zugeschärften vier-

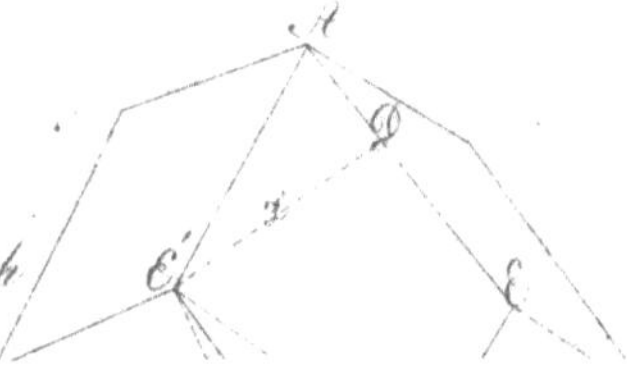

Nebensippe des Kies-

Fig. 46.
Zum Kies 12 flach.

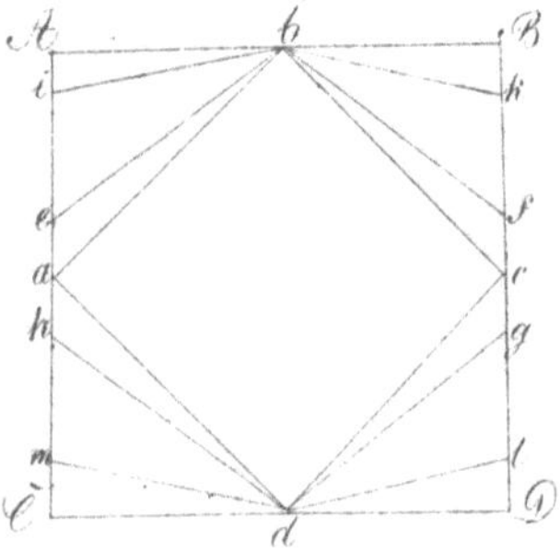

Fig. 47.
Würfel u. Kies 12 flach.

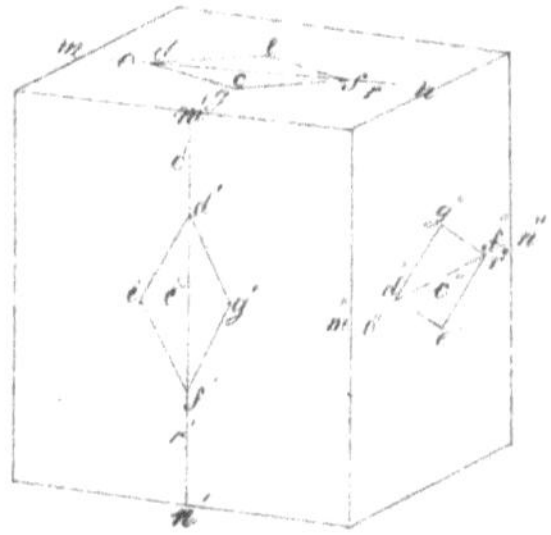

Fig. 50.
8 flach u. Kies 12 flach.

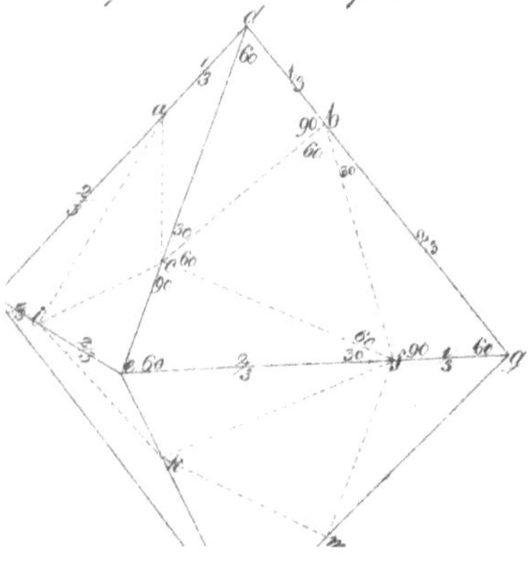

Fig. 51.
8 flach u. Kies 12 f

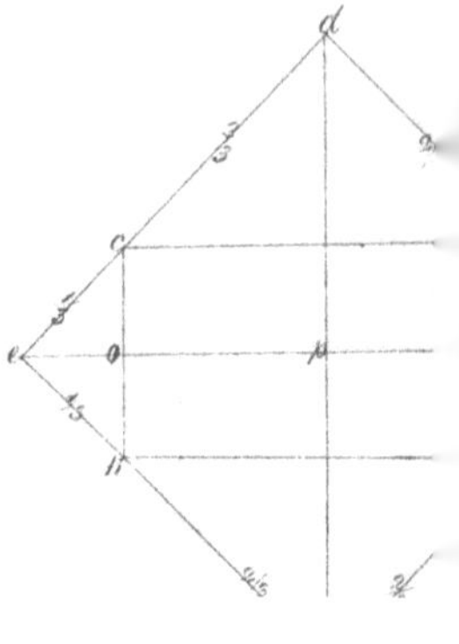

…48.
…ies 12 flach.

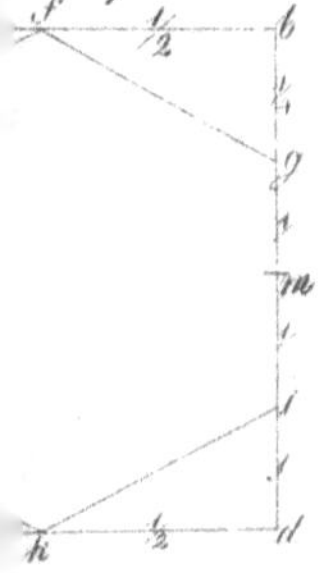

Fig. 49.
Würfel u. Kies 12 flach.

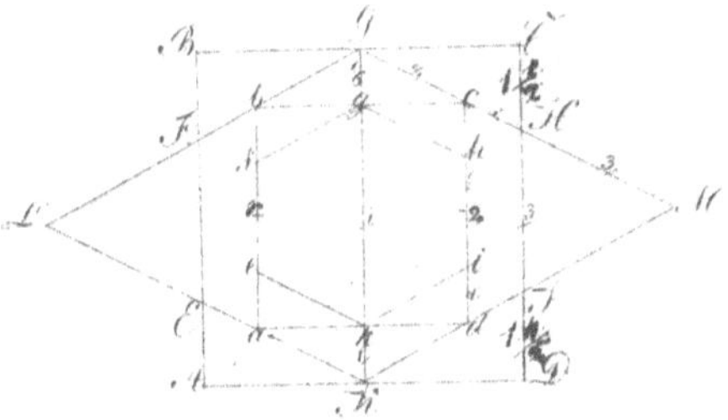

Fig. 52.
…s 12 flach u. Rauten 12 flach.

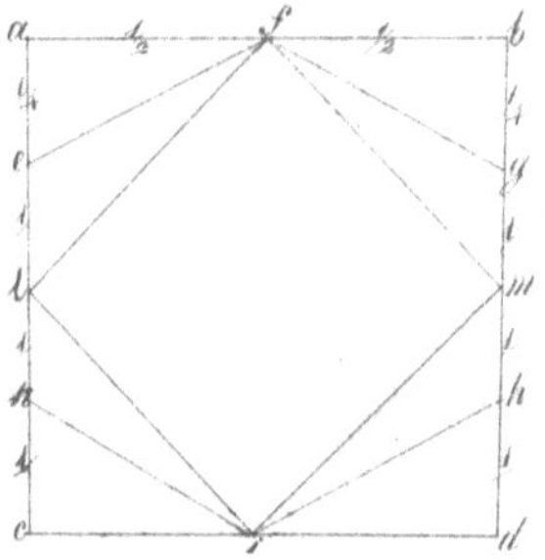

Fig. 53. Kies 12 flach
und Rauten 12 flach.

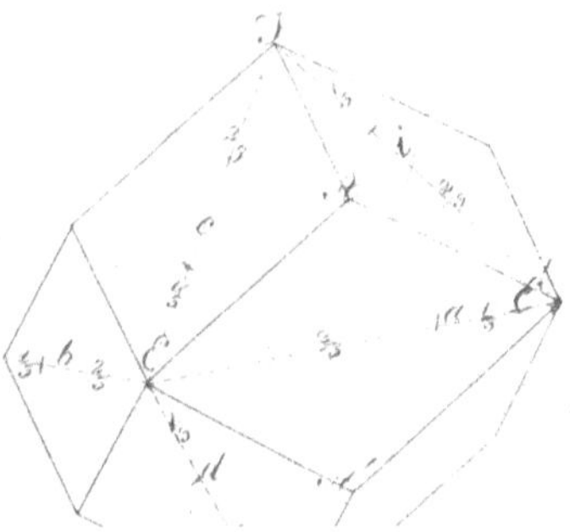

Fig. 54. Kies 12 flach und Rauten 12 flach.

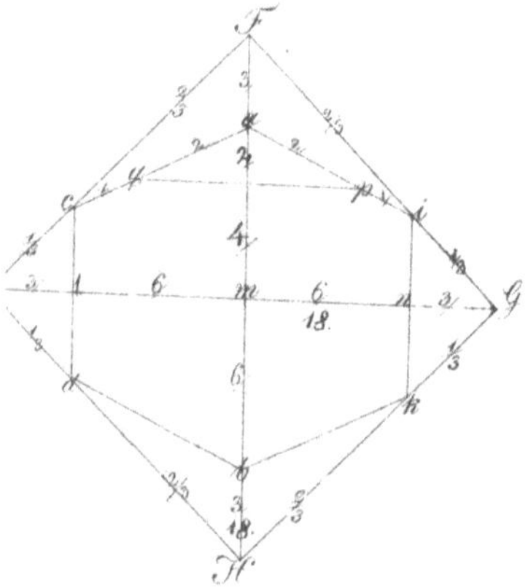

Fig. 55. Kies 12 flach u
Rauten 12 flach.

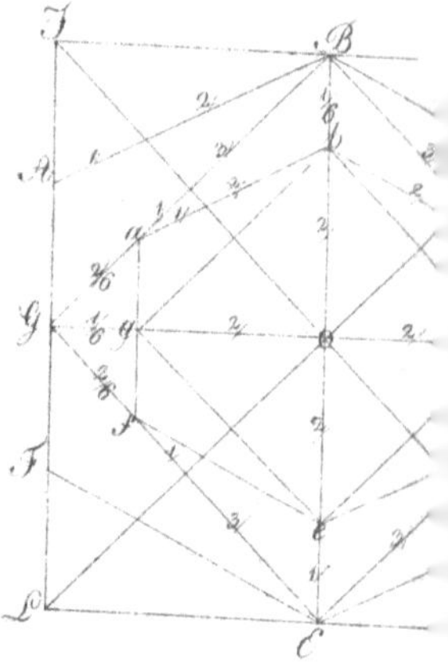

Fig. 56. Leuzit und Kies 12 flach.

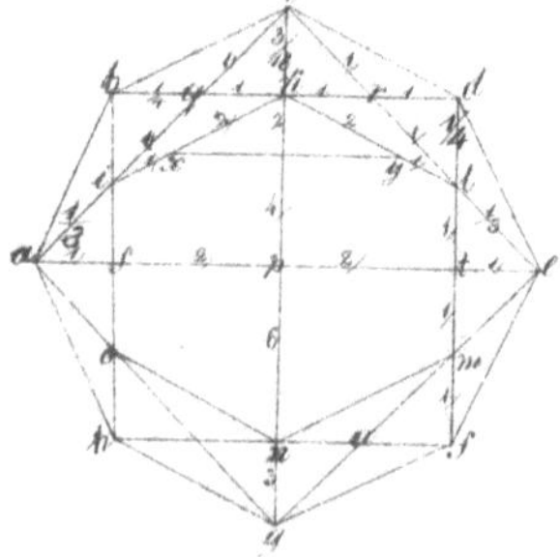

Fig. 58. Leuzit und Kies 12 flach.

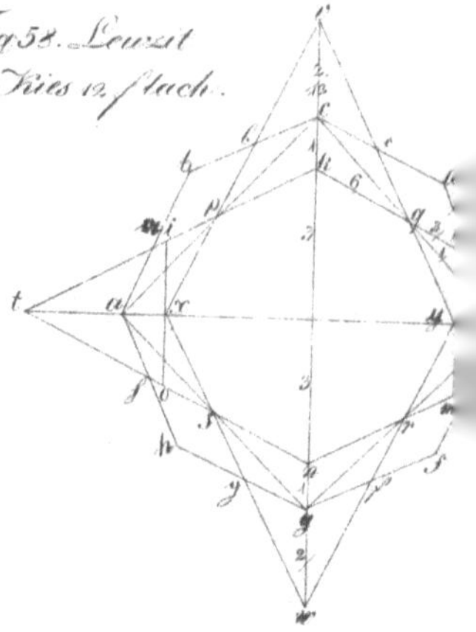

Fig. 57.
Leuzit u. Kies 12 flach.

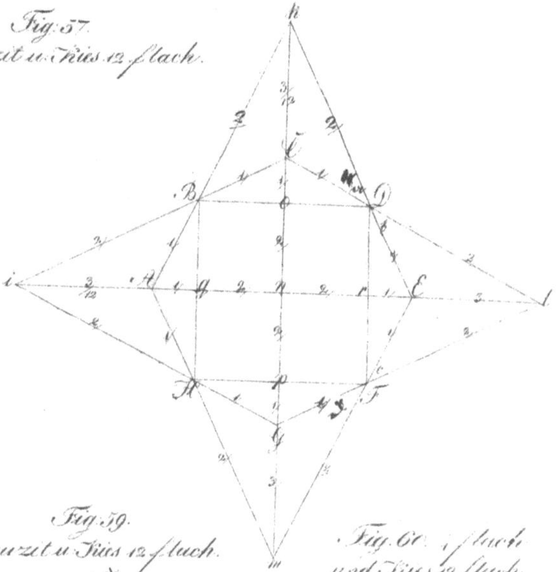

Fig. 59.
Leuzit u. Kies 12 flach.

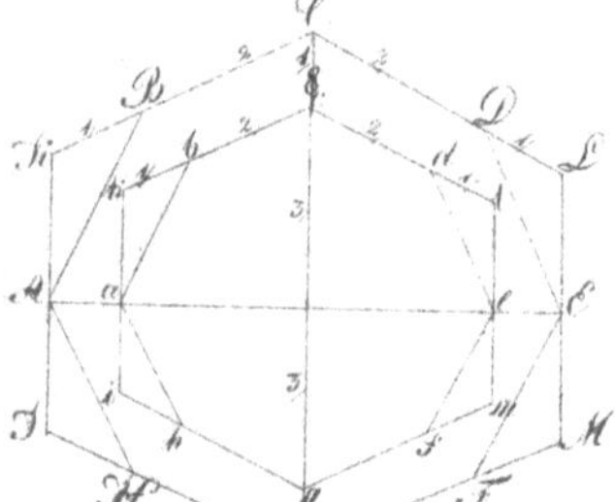

Fig. 60. [illegible] flach
und Kies 12 flach.

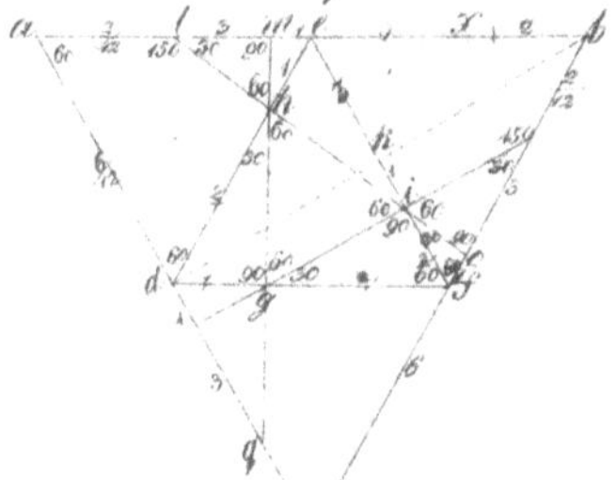

Geschlecht

Fig 62.

Fig. 63.

Fig. 64.

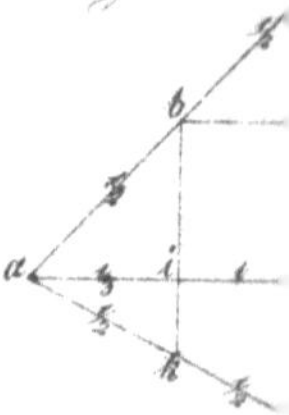

Fig. 66.

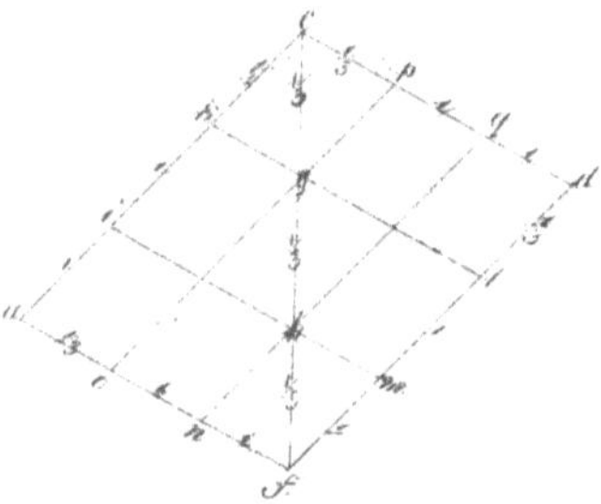

Fig. 67.b

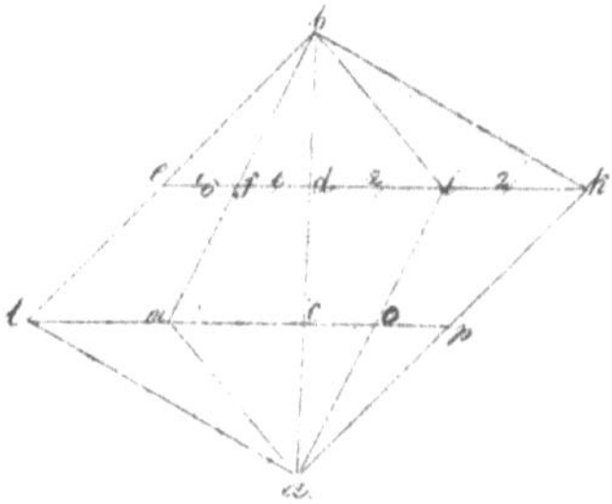

Fig. 67.

Fig. 69.

Fig. 70.

Fig. 71.

...utenflachs.

Fig. 67.

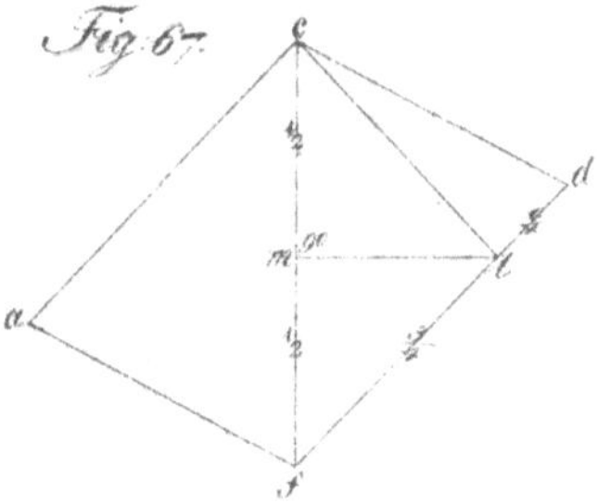

Fig. 65.

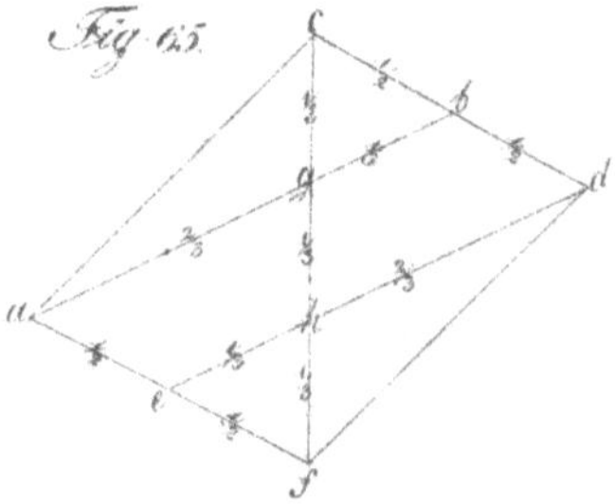

Fig. 67.ᵃ

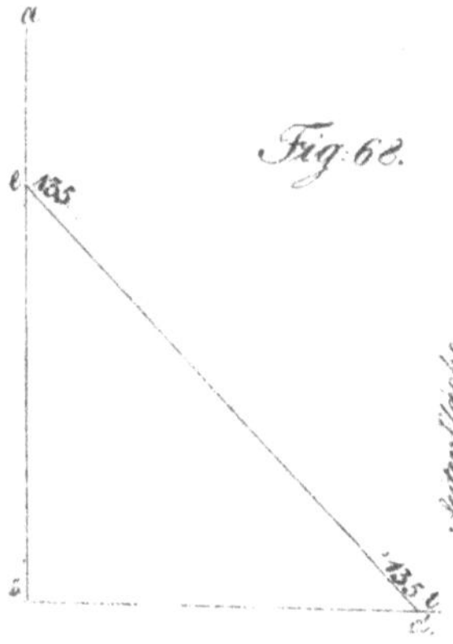

Fig. 68.

...2.

Fig. 73.

Fig. 73.ᵇ

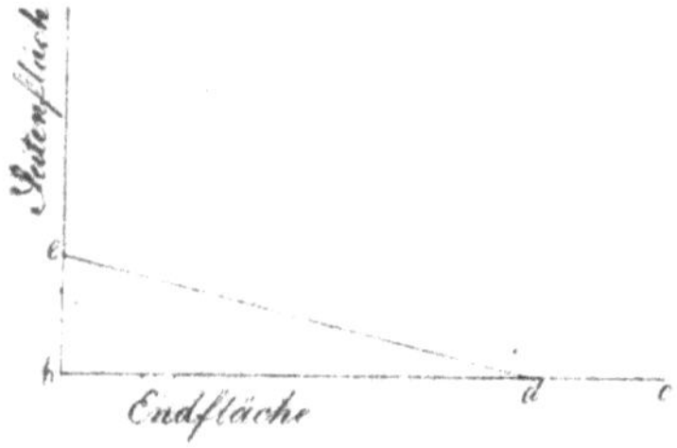

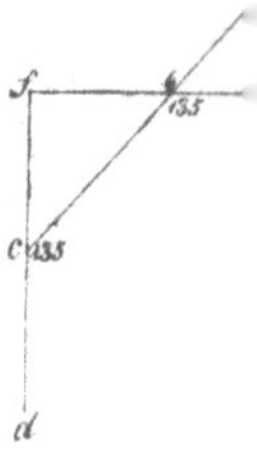

Fig. 74.

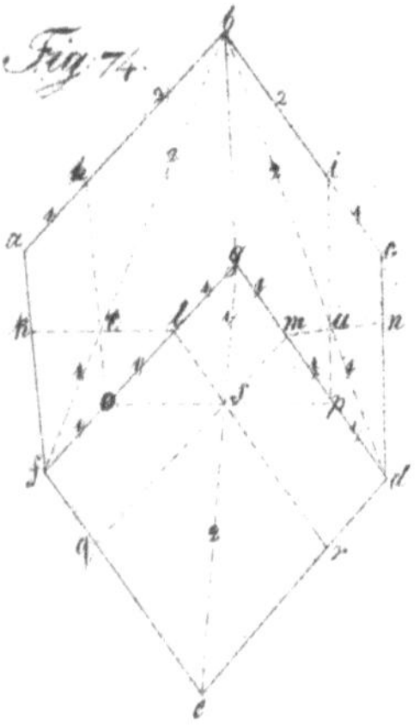

Fig. 75.

Fig

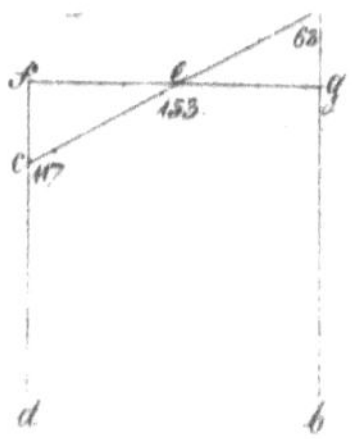

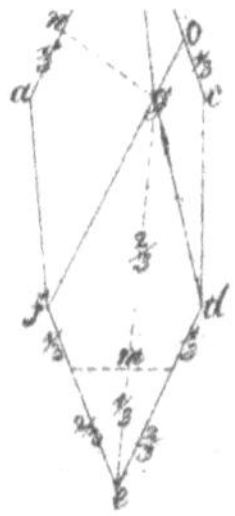

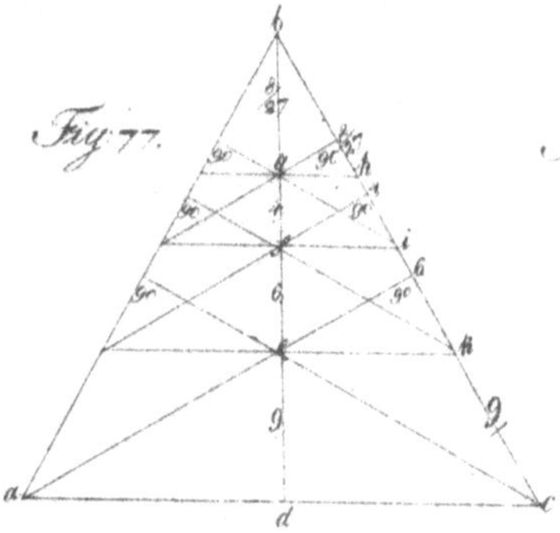

Fig. 77.

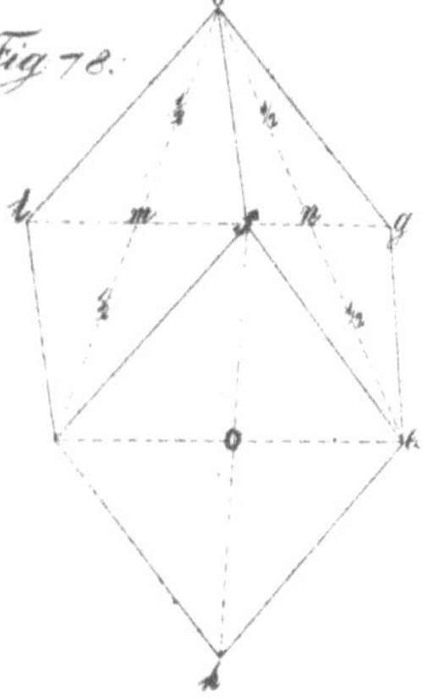

Fig. 78.

Geschlecht

Fig. 79.

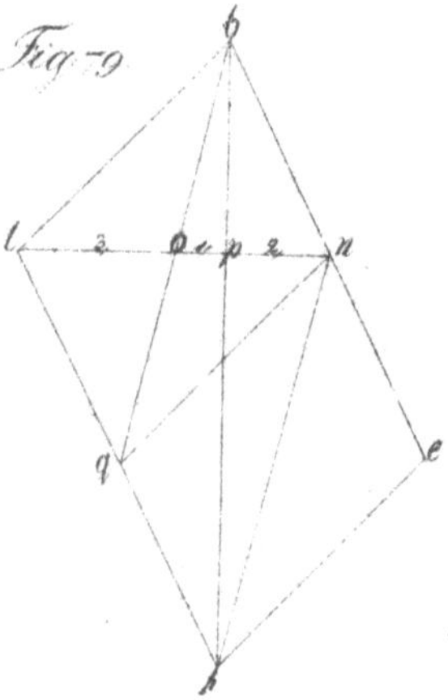

Fig. 80.

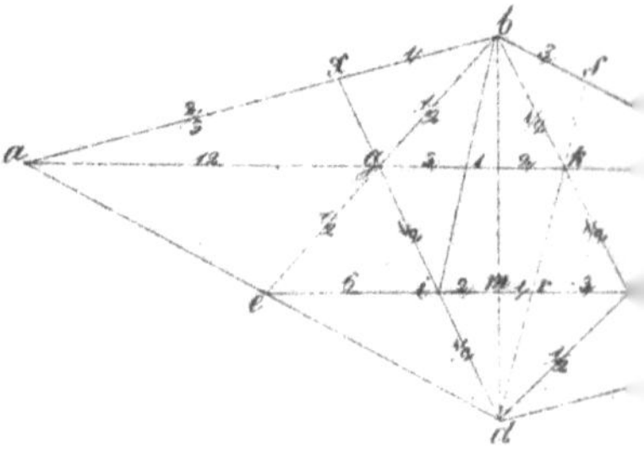

Fig. 83.

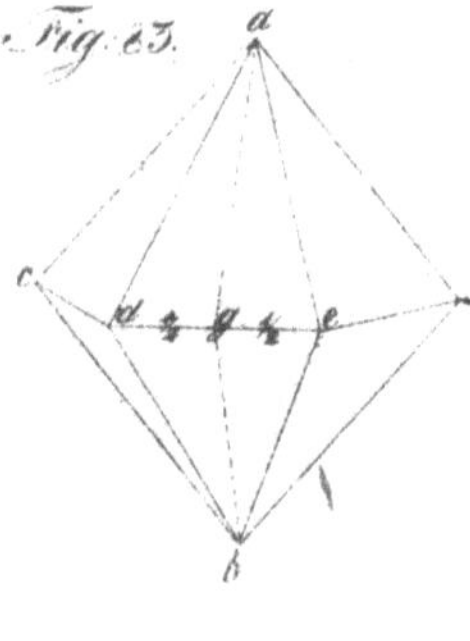

Fig. 84.

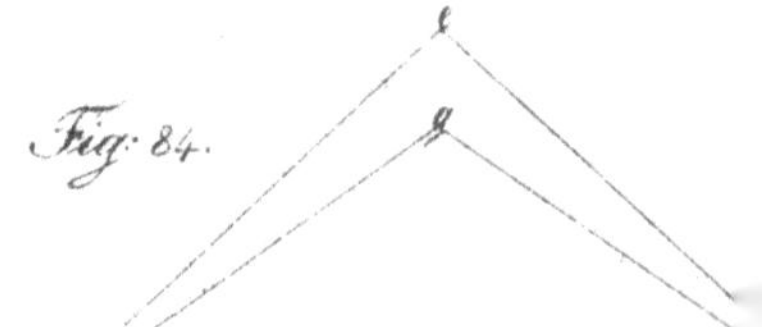

…utenflachs.

Fig. 81.

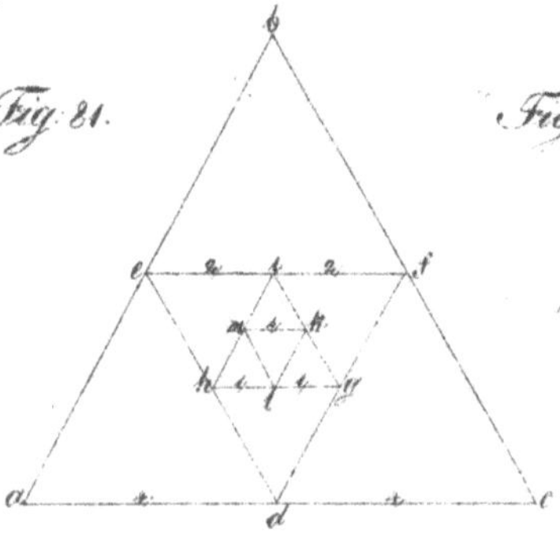

Fig. 82.

…35.

Fig. 86.

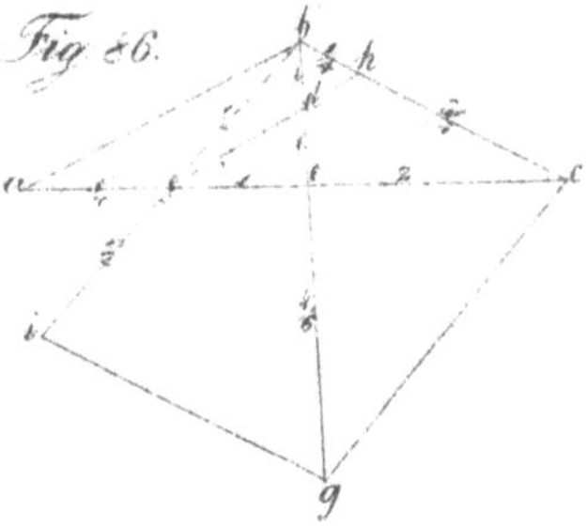

Fig. 87.

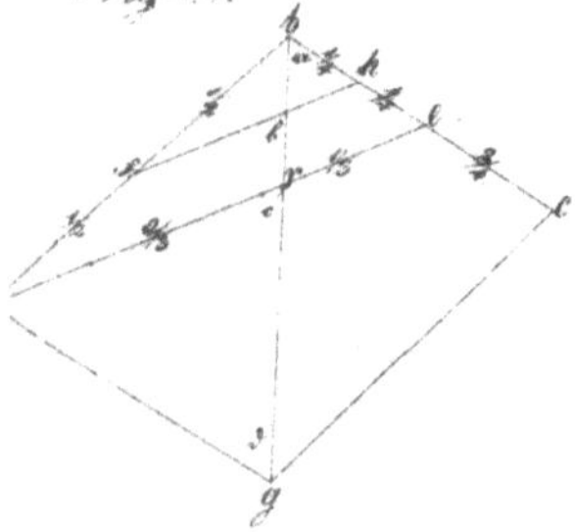

Fig. 88.

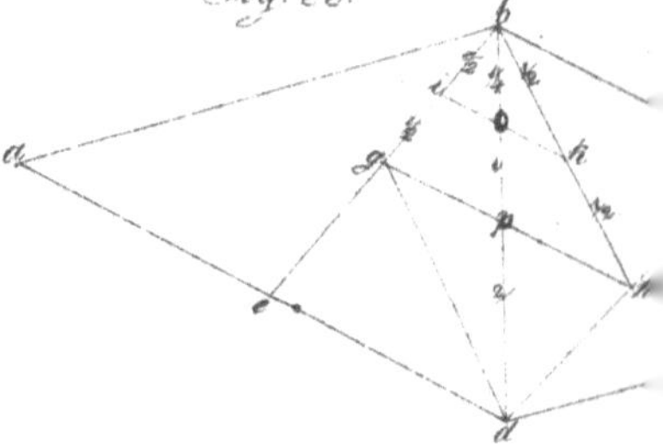

Fig. 90.

Fig. 91.

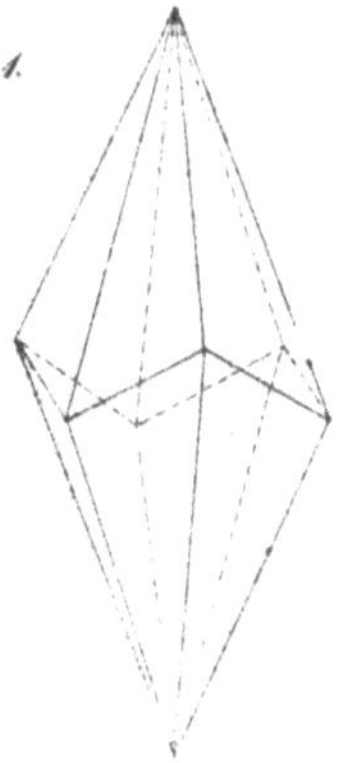

Fig. 29.[a]

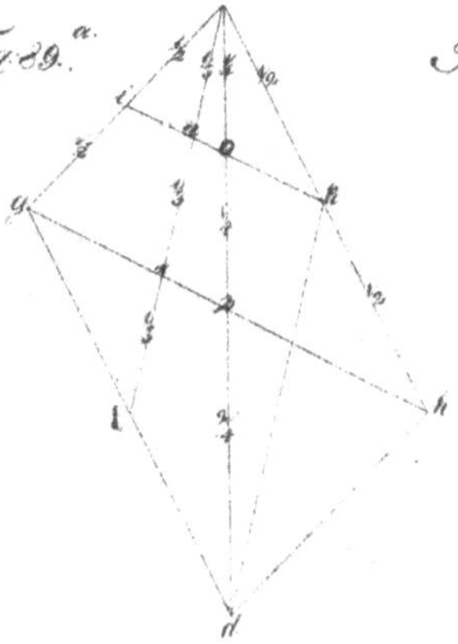

Fig. 29.[b]

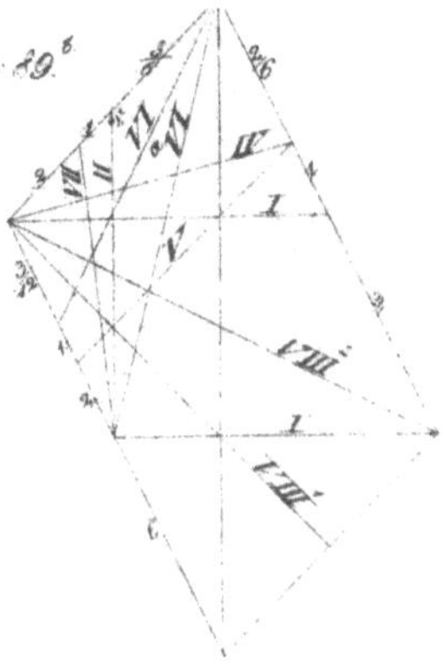

Rautenflach.	Flächenwinkel
Gleichaxiges.	114° 66°
Primitives.	102° 78°
Winkelvertauschendes	76° 104°
Contrastirendes.	46° 134°
Leuzit Rautenfl.	117° 63°
Granat Rautenfl.	110° 70°
Würfel	90°
Flußsp. Rautenfl.	60° 120°
Octo Leuzit	34° 146°

Geschlecht des

Sippe des

…nkel.	Winkel d. Hauptsch.	Winkel mit einer senkr. Fl.
4 °	139° 41°	117°
° °	108° 72°	135°
° °	72° 108°	153°
° °	41° 139°	166°

Geschlecht

° °	150° 50°	110°
° °	125° 55°	125°
°	90°	145°
° °	55° 125°	160°
° °	50° 150°	110°

… Rautenflachs.

…alkspaths.

…der Polgere	Winkel der
mit einer wager: Fl.	mit einer senkr: Fl.
153°	104°
135°	117°
117°	135°
104°	153°

… des Würfels.

160°	100°
145°	110°
125°	125°
110°	145°
100°	160°

…te	Winkel der Axe.	
…tl.	mit der Polygon.	der Polkante.
	63°	76°
	45°	63°
	27°	45°
	14°	27°

	70°	80°
	55°	70°
	35°	55°
	20°	35°
	10°	20°

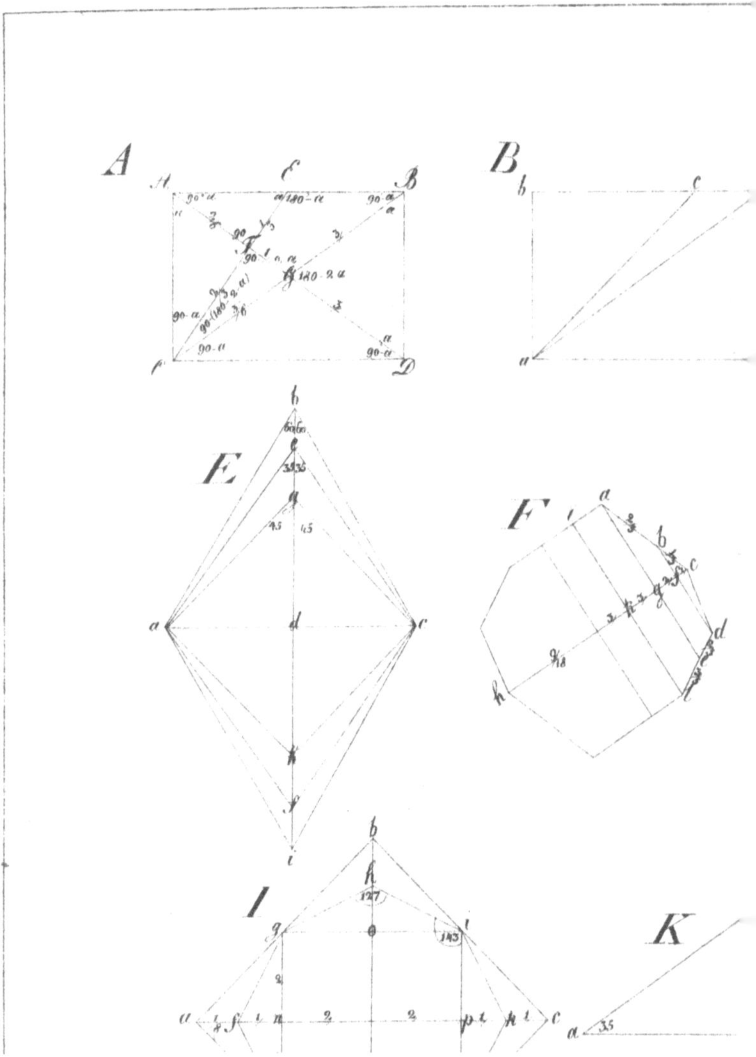

A
B
E
F
I
K
90-a
180-a
180-2a
127
143
35

Taf VIII

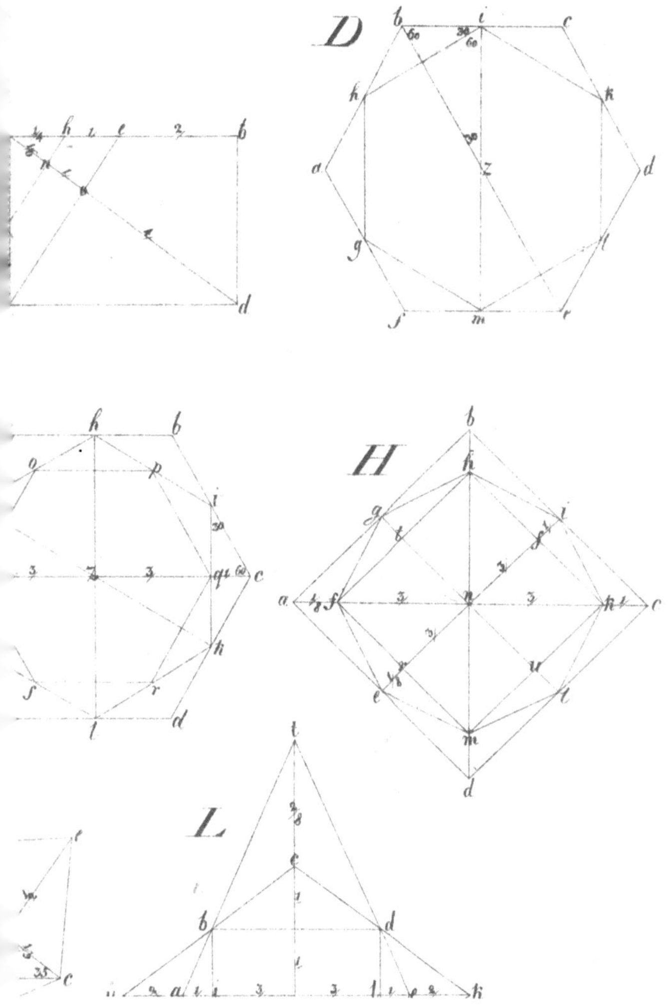

T

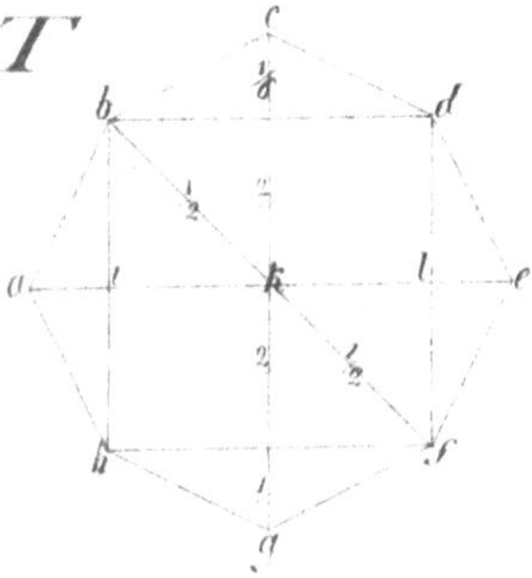

U

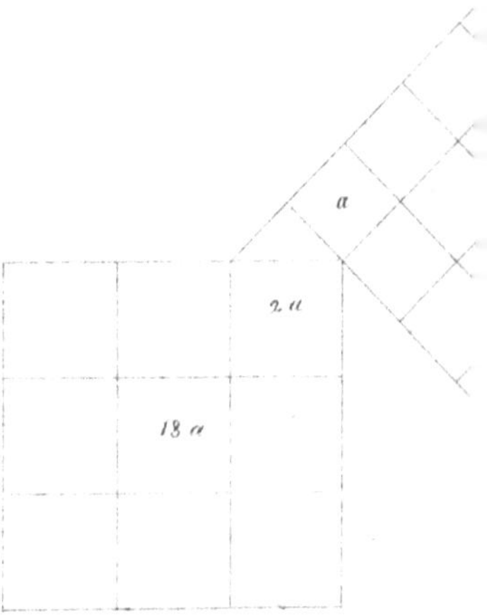

W

X

Y

Z B

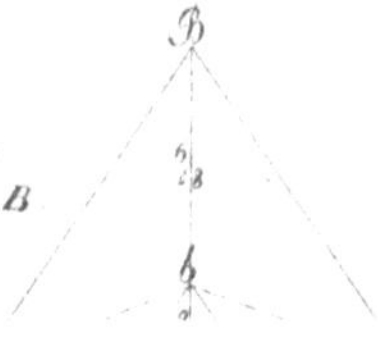

Z C

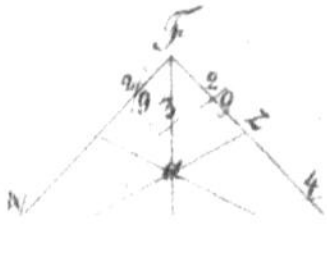

Taf IX.

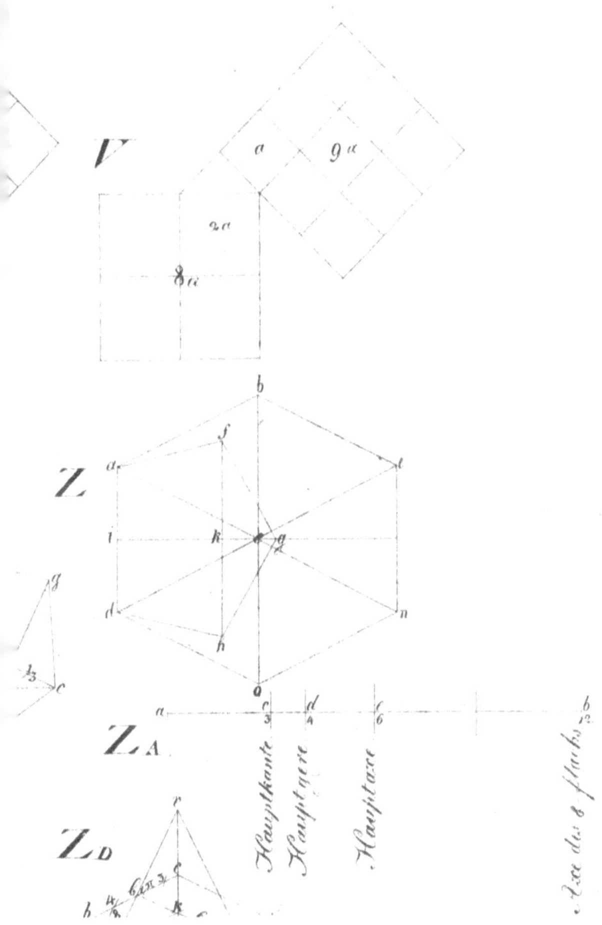
V
a
9 a
2 a
8 a
Z
b
f
a
l
i
k
g
d
n
h
o
Z A
a
c 3
d 4
e 6
b 12
Hauptkante
Hauptaxe
Axe des 8 flachs
Z D
r
c
k
b

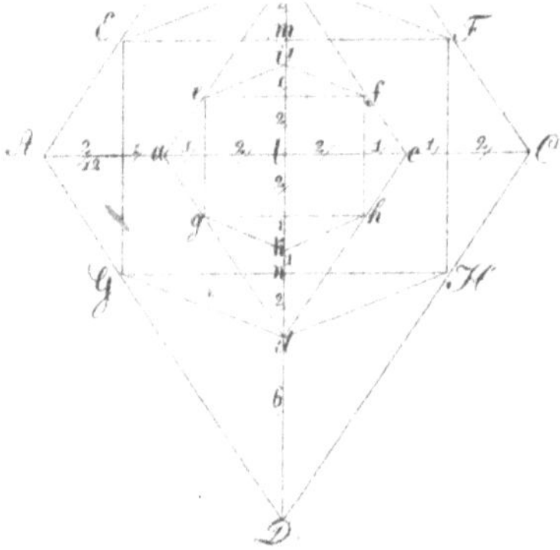

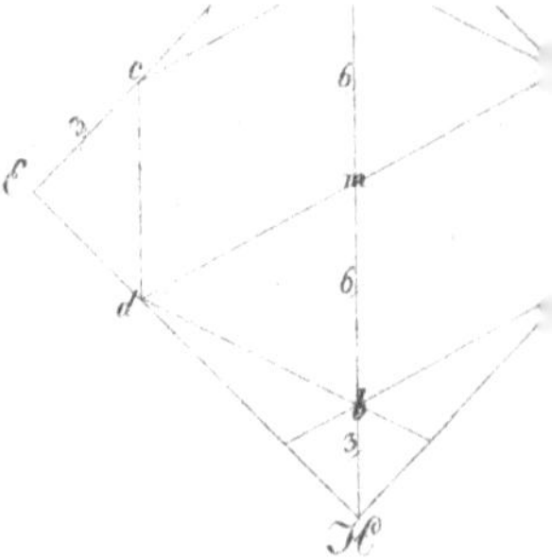

Z F.

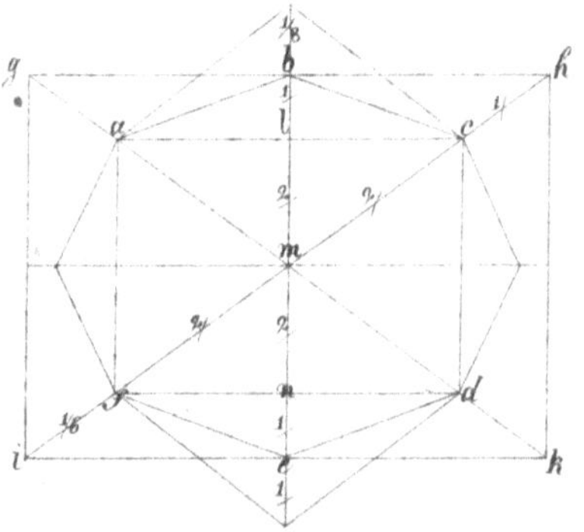

Z G

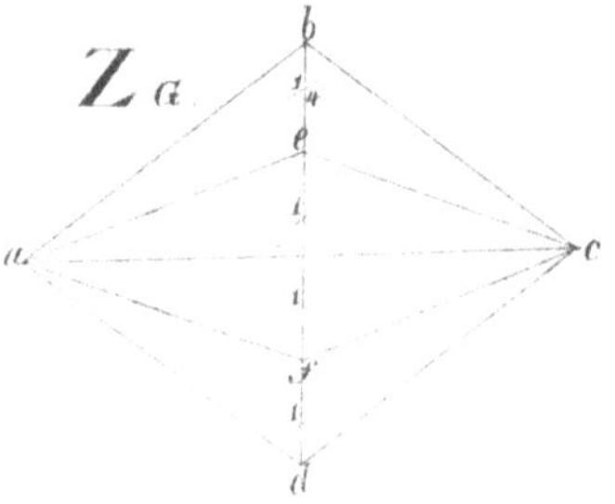

Z H

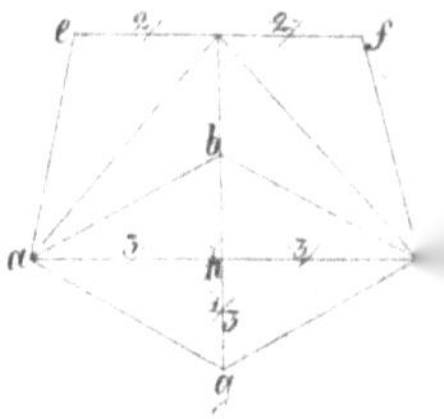

Berlin

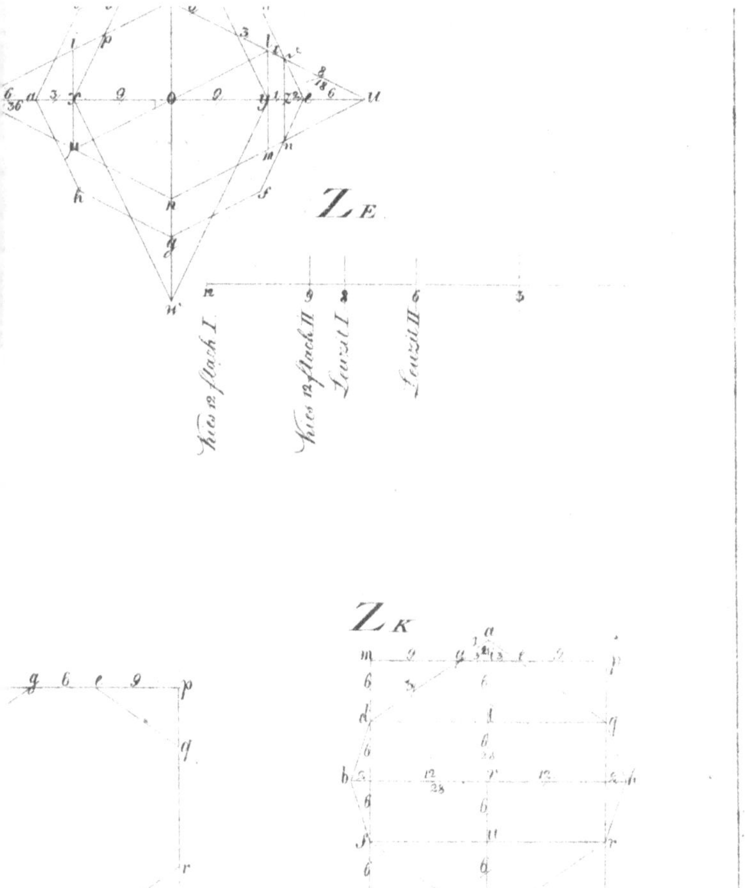
ZE
Kies 12 flach I
Kies 12 flach II
Leuzit I
Leuzit II
ZK

FSC
www.fsc.org
MIX
Papier | Fördert
gute Waldnutzung
FSC® C083411

Kolibri 360 GmbH
Ferdinand-Jühlke-Straße 7
99095 Erfurt, Deutschland
produktsicherheit@kolibri360.de